35,-

– Ho 5

Edgar Lüscher (Hrsg.)

Kernenergie und Kerntechnik

Edgar Lüscher (Hrsg.)

Kernenergie und Kerntechnik

Autoren

Georg Alefeld
o. Professor für Experimentalphysik am Physik-Department der Technischen Universität München

Wolfgang Gläser
o. Professor für Experimentalphysik am Physik-Department der Technischen Universität München

Georg Michael Kalvius
o. Professor für Experimentalphysik am Physik-Department der Technischen Universität München

Klaus Köberlein
Mitarbeiter am Institut für Reaktorsicherheit der Technischen Universität München

Lothar Koester
Technischer Direktor des Forschungsreaktors der Technischen Universität München und ao. Professor für Experimentalphysik

Hans Jörg Mang
o. Professor für Theoretische Physik am Physik-Department der Technischen Universität München

Edgar Lüscher
o. Professor für Experimentalphysik am Physik-Department der Technischen Universität München

Dieter Pfirsch
Direktor am Max-Planck-Institut für Plasmaphysik in Garching und Honorarprofessor an der Technischen Universität München

Edgar Lüscher (Hrsg.)

Kernenergie und Kerntechnik

Mit 138 Bildern

Friedr. Vieweg & Sohn Braunschweig/Wiesbaden

CIP-Kurztitelaufnahme der Deutschen Bibliothek

Kernenergie und Kerntechnik / Edgar Lüscher (Hrsg.). – Braunschweig; Wiesbaden: Vieweg, 1982.
ISBN 3-528-08500-2

NE: Lüscher, Edgar (Hrsg.)

Verlagsredaktion: *Alfred Schubert*

Umschlaggestaltung: Peter Lenz, Wiesbaden
Satz: Vieweg, Braunschweig
Druck: E. Hunold, Braunschweig
Buchbinderische Verarbeitung: W. Langelüddecke, Braunschweig
Printed in Germany

ISBN 3-528-08500-2

Vorwort

Dieses Buch ist aus den Fortbildungskursen für Gymnasial- und Realschullehrer in Dillingen (Bayern) entstanden. Das Ziel dieser Kurse ist die Orientierung über den neuen Stand in einem Teilgebiet der Physik. Die Vortragenden sind bekannte Spezialisten auf den entsprechenden Gebieten.

Die Kernenergie und Kerntechnik nimmt im Rahmen der allgemeinen Energiediskussion einen wichtigen Platz ein. Für einen Physiklehrer – und darüberhinaus für jeden aufgeschlossenen Menschen – ist daher eine möglichst sachliche Kenntnis der kernphysikalischen und kerntechnischen Grundlagen sehr wichtig. Bedenkt man nur, daß der Preis von Rohöl von $ 2.41 pro Faß im Jahr 1973 auf über $ 35 pro Faß Ende 1981 gesteigert wurde und bedenkt man weiter, daß alternative, nichtnukleare Energiequellen den steigenden Energieumsatz nicht decken können, ist eine objektive Auseinandersetzung mit der Kerntechnik nicht zu umgehen. In der neuesten Studie (1980) der National Academy of Sciences kommen die Experten zum Schluß, daß ohne einen weiteren Ausbau der Kernkraftwerke ein zu starker Einsatz von Kohle notwendig wird und dabei irreversible Schäden der Umwelt entstehen (vgl. Kap. 6). Zwei große Hürden stehen dem weiteren Ausbau der Kernenergie im Wege. Erstens muß das Problem der Aufarbeitung und Lagerung von radioaktivem Abfall gelöst werden. Dies ist eine rein technische Aufgabe und kann befriedigend behandelt werden. Die zweite Hürde ist viel schwieriger zu bewältigen, da die Bürger überzeugt werden müssen, daß ein Kernkraftwerk mit fast unglaublicher Sicherheit betrieben werden kann (vgl. Kap. 5) und im Störungsfall sicher abgeschaltet werden kann. Die verheißende Möglichkeit einer kontrollierten Kernfusion als Energiequelle ist noch viele Jahrzehnte – wenn überhaupt – entfernt von einer Verwirklichung (vgl. Kap. 7). In der Sowjetunion sollen bis 1990 25 % der elektrischen Energieproduktion aus Kernkraftwerken stammen.

Wichtigstes Anliegen dieses Buches ist, einen Beitrag zur objektiven Kenntnis der Grundlagen der Kernphysik und der Kerntechnik, also zur Versachlichung der oft emotionell geführten Diskussionen, zu leisten.

Edgar Lüscher

München, Dezember 1981

Inhaltsverzeichnis

1 Einige Grundlagen zur Kernphysik

E. Lüscher

In diesem ersten Kapitel werden einige wichtige Begriffe, Geräte und Verfahren dargestellt, die in der Kernphysik häufig vorkommen und damit auch die Grundlagen zum Verständnis kerntechnischer Prozesse bilden.

1.1 Zur Erinnerung einiges über die Sprachregelung

Kern- und Elementarteilchenphysik beschreiben das subatomare Geschehen. In der subatomaren Physik sind *drei* verschiedene Wechselwirkungen im Spiele, während in der Atom- oder Festkörperphysik beispielsweise lediglich die elektromagnetische Wechselwirkung wesentlich ist, deren Reichweite sehr lang – theoretisch unendlich lang – ist. Phänomene im Universum werden durch *zwei* langreichweitige Wechselwirkungen – elektromagnetische- und Gravitationswechselwirkung – beherrscht.

Von den *drei* Wechselwirkungen im subatomaren Bereich treten bei Abständen kleiner als Atomgrößen nur zwei, nämlich die hadronische oder starke und die schwache Wechselwirkung in Erscheinung.

Die vier fundamentalen Wechselwirkungen sind in Tabelle 1.1 mit einigen Eigenschaften nach Mayer-Kuckuk[1]) aufgeführt.

Tabelle 1.1

Wechselwirkung	Maß für die Stärke der Wechselwirkung	Reichweite	Beispiele typischer Prozesse	Feldquantum	Quellen
starke Wechselwirkung	1 (per definitionem)	10^{-15} m	Kernkräfte, Nukleon-Nukleon Wechselwirkung	Meson (resp. Gluon)	Quarks
elektromagnetische Wechselwirkung	$\frac{1}{137}$	unendlich	γ-Zerfall	Photon	Ladungen
schwache Wechselwirkung	$5 \cdot 10^{-14}$	sehr kurz	β-Zerfall μ-Zerfall	intermediäres Boson	Leptonen
Gravitations-Wechselwirkung	$2 \cdot 10^{-39}$	unendlich	Massenanziehung	Graviton?	Massen

---

1) *T. Mayer-Kuckuk,* Physik der Atomkerne, Teubner, Stuttgart 1970

Möglicherweise existiert noch eine fünfte fundamentale Wechselwirkung – die superschwache – aber die Ergebnisse der zur Klärung durchgeführten Experimente sind noch nicht schlüssig.

Die Arbeiten der Nobelpreisträger für Physik 1979 *Glashow, Weinberg* und *Salam* sowie anderer Forscher zeigen die Möglichkeit der Vereinheitlichung der fundamentalen Wechselwirkungen. Heute (1981) ist man ziemlich sicher, daß die elektromagnetische und die schwache Wechselwirkung zusammengefaßt werden können. Berechtigte Hoffnungen bestehen, daß es in absehbarer Zeit gelingen könnte, auch die starke Wechselwirkung einzubeziehen. Leider zeigt sich noch kein Schimmer von Morgenröte am Erwartungshorizont für die Möglichkeit, die Gravitationswechselwirkung ebenfalls in eine einheitliche Feldtheorie zu integrieren. Dazu muß wahrscheinlich ein neuer *Einstein* geboren werden. Diese Thematik ist allerdings Gegenstand der *Elementarteilchenphysik*[1]), sie gehört nicht zum engeren Bereich der Kernphysik und soll hier nicht vertieft werden.

Es ist wichtig, daß man einige Vorstellungen von den Größenordnungen physikalischer Räume hat. Der lineare Raum geometrischer Längen, der uns direkt oder indirekt über Meßinstrumente zugänglich ist, erstreckt sich über etwa 42 Größenordnungen und ist in Bild 1.1 beispielhaft dargestellt. Der Bereich unterhalb von 10^{-17} m ist noch unerforscht. Die Möglichkeit, daß dort noch unbekannte Kräfte oder neue Phänomene existieren, ist offen.

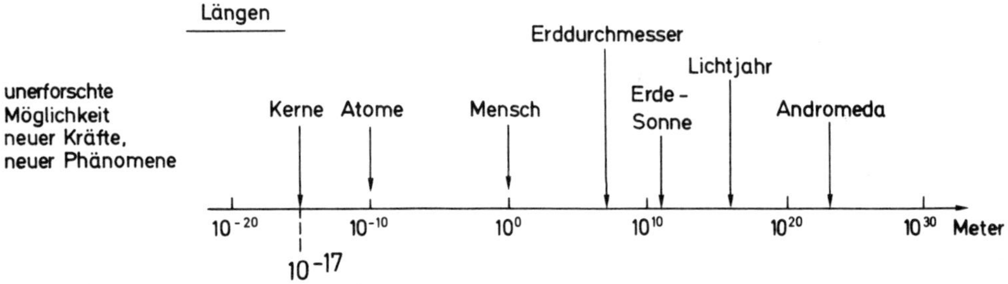

Bild 1.1 Geometrischer Raum: Beispiele von typischen Längen

Eine weitere Möglichkeit der Einteilung unserer Welt ist das Spektrum der Materiedichten nach Frauenfelder und Henley[1]) (Bild 1.2).

Drittens sei noch die Größenordnung von Anregungsenergien[1]) genannt. Bild 1.3 zeigt schematisch diese Bereiche.

In der Kernphysik verwendet man für Energie meistens die Einheit eV – Elektronenvolt:

$$1 \text{ eV} = 1.6 \cdot 10^{-19} \text{ J}$$

---

[1]) Literatur zur Elementarteilchenphysik: *H. Frauenfelder, E. M. Henley,* Teilchen und Kerne, Oldenburg, München 1979

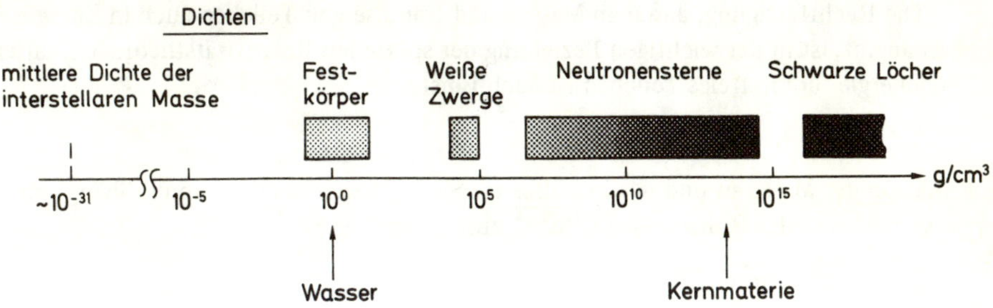

Bild 1.2 Beispiele von Materiedichten in unserem Universum nach H. Frauenfelder und Henley

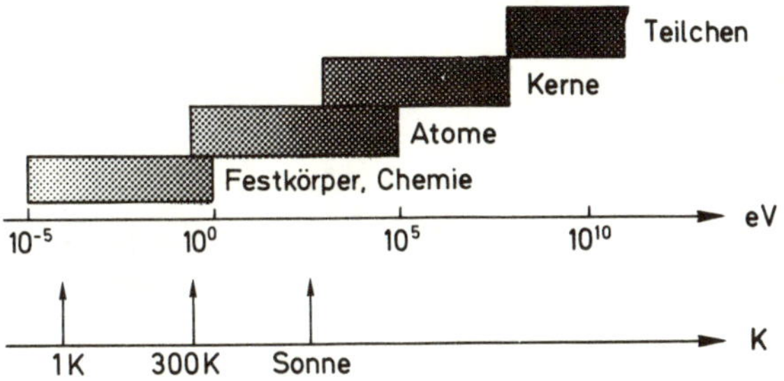

Bild 1.3
Bereiche von Anregungsenergien nach H. Frauenfelder und Henley

oder gibt die Energie in Temperatureinheiten an. Mögliche Einheiten sind in Tabelle 1.2 zusammengestellt. Oft werden die Einheiten für Masse und Impuls ausgehend von der Energie angegeben.

Tabelle 1.2

$m = \frac{E}{c^2}$	Masse	$\frac{eV}{c^2}$, $\frac{eV}{m^2 \cdot s^{-2}}$, $\frac{eV}{cm^2 \cdot s^{-2}}$
$p = \frac{E}{2c}$	Impuls	$\frac{eV}{c}$, $\frac{eV}{m \cdot s^{-1}}$, $\frac{eV}{cm \cdot s^{-1}}$

Zur Erinnerung gibt Tabelle 1.3 die gebräuchlichen Vorsätze zur Bezeichnung von bestimmten dezimalen Vielfachen und Bruchteilchen von Einheiten wieder.

Tabelle 1.3

	Bezeichnung	Abkürzung
10^6	Mega-	M
10^9	Giga- (Beva)	G (B)
10^{12}	Tera-	T
10^{-6}	Mikro-	μ
10^{-9}	Nano-	n
10^{-12}	Piko-	p
10^{-15}	Femto-	f
10^{-18}	Atto-	a

Die Rechtfertigung, daß man Massen und Impulse von Teilchen auch in Energieeinheiten angibt, ist in der wichtigen Beziehung der speziellen Relativitätstheorie enthalten. Die Totalenergie für ein freies Teilchen ist nach Einstein

$$E = E(m, \vec{p}),$$

eine Funktion der Masse m und des Impulses $\vec{p}$. Sie setzt sich aus der impulsabhängigen Energie $\sqrt{p^2 c^2}$ und der Ruheenergie $\sqrt{m^2 c^4}$ zusammen:

$$E^2 = p^2 c^2 + m^2 c^4 .$$

Für Teilchen ohne Ruhemasse, z. B. Photonen, gilt dann:

$E = pc$, mit der Impulseinheit $\frac{eV}{c}$[1])

und für ein ruhendes Massenteilchen:

$E = mc^2$, mit der Masseneinheit $\frac{eV}{c^2}$.

Die Struktur und damit die graphische Darstellung von angeregten Energiezuständen ist in der Atom-, Kern- und Elementarteilchen-Physik identisch, verschieden sind lediglich die Energieskalen (Bild 1.4).

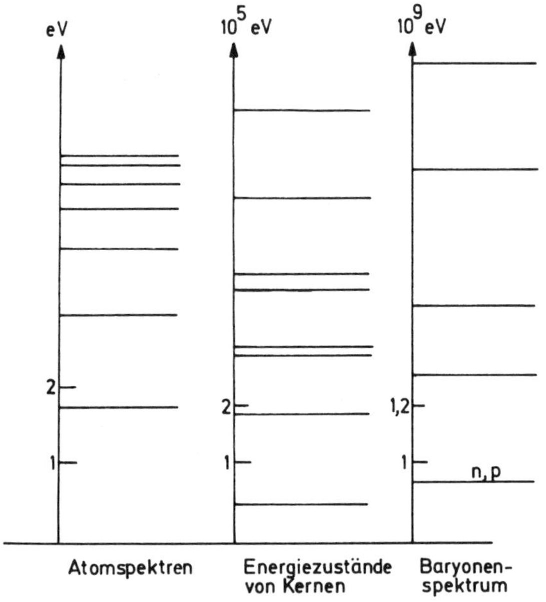

Bild 1.4
Drei Spektroskopien: Schematische Darstellung von Atom-, Kern-, und Baryonenspektren

1) Für die Puristen ist eV/c natürlich keine Einheit, sondern eine Krypto-Einheit-Dimension. Die *reine* Einheit wäre eV/cm/s. eV/c wird jedoch von den Physikern sehr oft verwendet.

1.2 Die drei Säulen der Kernphysik (Bild 1.5)

Die drei Säulen, auf denen die Kernphysik aufbaut, sind die spezielle Relativitätstheorie, die Elektrodynamik und die Quantenmechanik. Da in der Kernphysik u. a. die Umwandlung von Materie in Energie und umgekehrt wesentlich ist, spielt die Einsteinsche Theorie eine wichtige Rolle. In den Beschleunigern werden Teilchen auf Geschwindigkeiten nahe der Lichtgeschwindigkeit gebracht, so daß die nichtrelativistische Mechanik nicht mehr angewendet werden kann.

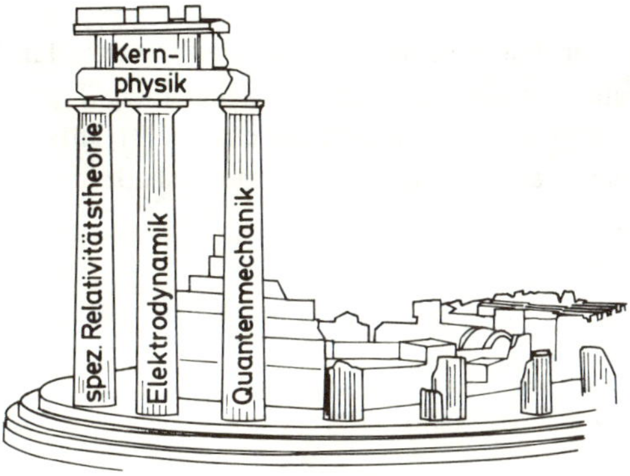

Bild 1.5
Die drei Säulen der Kernphysik, dargestellt an den übriggebliebenen 3 Säulen (Gebiete) und dem Kapitell (Kernphysik) des Tholos in Delphi

Als Beispiel betrachten wir den Myonenzerfall. Das Myon ist im wesentlichen ein mittelschweres Elektron[1]) der Masse

$$m_\mu = 106 \frac{\text{MeV}}{c^2}$$

und einer Halbwertszeit τ. Das Myon entsteht durch den Zerfall eines Pions. Zur Zeit $t = 0$ sei die Anzahl der Myonen $N(0)$ und etwas später zur Zeit $t = t$ seien es $N(t)$ Myonen, dabei gilt die Zerfalls-Beziehung:

$$N(t) = N(0) \exp\left[-\frac{t}{\tau}\right].$$

Die mittlere Lebensdauer eines ruhenden Myons wurde experimentell zu

$$\tau_0 = 2{,}2\,\mu\text{s}$$

bestimmt.

Betrachten wir nun ein Myon, das in einem Beschleuniger (Los Alamos, SIN, usw.) auf eine Energie von 100 GeV beschleunigt wird. Welche mittlere Lebensdauer wird man für ein solches 100 GeV Myon ermitteln?

---

1) Man betrachtet das klassische Elektron, das Myon und das Tau als zur selben Familie der Elektronen gehörigen Teilchen, die sich nur durch ihre Masse unterscheiden. Zu jedem dieser drei „Elektronen" gehört auch ein Neutrino – und selbstverständlich ihre entsprechenden Antiteilchen.

Nichtrelativistisch würde man die gleiche Lebensdauer wie für das ruhende Myon erwarten. Die Messungen ergaben jedoch:

$$\tau = 2{,}1 \pm 0{,}2 \text{ ms},$$

also 1000 mal länger, was auch theoretisch aus der Lorentzbeziehung folgt.

Zur zweiten Säule, der Elektrodynamik, braucht nicht viel gesagt zu werden. Die meisten Teilchen und Kerne sind geladen. Ihr Verhalten in äußeren und inneren elektrischen und magnetischen Feldern sowie ihre gegenseitige Wechselwirkung wird durch die Maxwell-Gleichungen bestimmt. Das gleiche gilt für neutrale Teilchen, die ein von Null verschiedenes magnetisches Moment besitzen.

Die Existenz von gequantelten Energie-, Impuls- und Drehimpulszuständen sowie Interferenzerscheinungen fordern eine „quantenmechanische Behandlung", also die dritte Säule. In der Atomphysik jedoch genügt für die meisten Fälle eine nichtrelativistische Quantenmechanik. Ein Teilchen charakterisieren wir durch seine Wellenfunktion:

$$\psi(\vec{x}, t).$$

Die Normierungsbedingung

$$\iiint d^3x\, \psi^*(\vec{x}, t)\, \psi(\vec{x}, t) = 1$$

bedeutet, daß sich das Teilchen jederzeit an irgend einer Stelle im Raume $R(\vec{x})$ befindet. Vernichtungs- und Erzeugungsprozesse sind in dieser Beschreibung nicht enthalten.

Für viele Prozesse der Kern- und Elementarteilchenphysik muß im Gegensatz zur Atomphysik die relativistische Quantenmechanik herangezogen werden. Für Spin 0-Teilchen genügt oft die *Klein-Gordon-Gleichung* und für Spin 1/2-Teilchen die *Dirac-Gleichung*.

1.3 Werkzeuge der Kernphysik

1.3.1 Beschleuniger

Beschleuniger sind gewissermaßen die Nußknacker für die Atomkerne. Sie sind sehr teuer aber notwendig. Mit Beschleunigern werden Strahlen geladener Teilchen erzeugt, deren Energien zwischen MeV und einigen Hundert GeV liegen mit Intensitäten von 10^{16} Teilchen pro Sekunde konzentriert auf eine Fläche von einigen Quadratmillimetern. Beschleunigt werden Elektronen bis Ionen schwerer Kerne. Außerhalb der Kern- und Teilchenphysik werden Beschleuniger z. B. in der Krebstherapie oder zur Dotierung von Halbleitern angewandt.

Das Prinzip eines einfachen Beschleunigers zeigt Bild 1.6. In der Ionenquelle werden z. B. durch Elektronenbeschuß eines entsprechenden Gases oder mittels einer Gasentladung die gewünschten Ionen erzeugt. Diese werden zwischen zwei Elektroden (+) und (−) im Abstand L mit der Spannungsdifferenz V beschleunigt. Das mittlere elektrische Feld zwischen den Elektroden ist

$$\langle E \rangle = \frac{V}{L}\ .$$

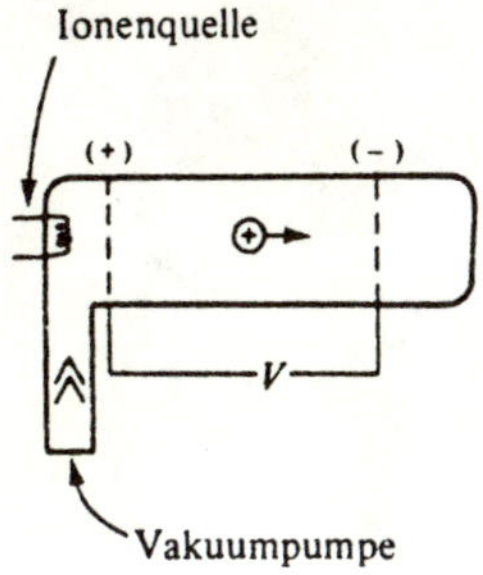

Bild 1.6
Prinzip eines Linearbeschleunigers

Die vom Ion (oder Elektron) mit der Ladung α aufgenommene Energie ϵ beträgt

$$\epsilon = \alpha \cdot V = \alpha \cdot \langle E \rangle \cdot L.$$

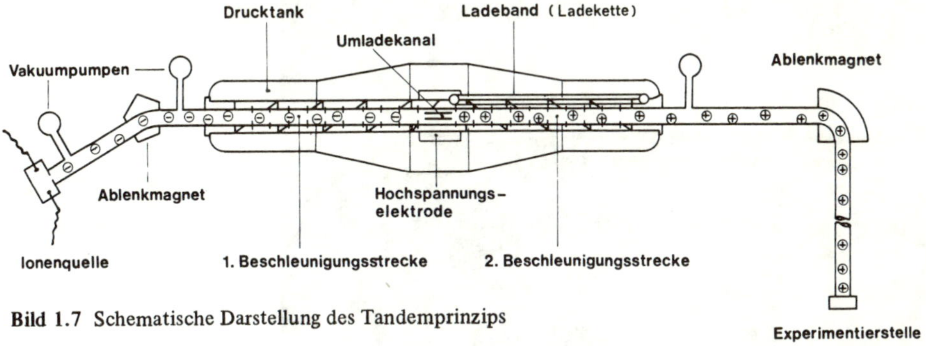

Bild 1.7 Schematische Darstellung des Tandemprinzips

Die Hochspannung V kann auf verschiedene Arten erzeugt werden[1]). Als Beispiel eines elektrostatischen Generators gibt Bild 1.7 einen Tandembeschleuniger schematisch wieder. Bei ihm kann die durch den Bandgenerator erzeugte Spannung doppelt ausgenutzt werden. In der Ionenquelle werden negative Ionen, z. B. H^-, erzeugt, die zur Hochspannungs-Elektrode hin beschleunigt werden. Dort werden ihnen beim Durchgang durch den Umladekanal (Stripper), die beiden Elektronen (im Falle von H^-) abgestreift. Der Umladekanal kann eine Folie oder ein gasgefüllter Kanal sein. Die Energie des nunmehr positiven H^+-Ions wird in dem Feld der 2. Beschleunigungsstrecke verdoppelt. Der Energiegewinn ist also zweimal so groß wie beim einfachen Van de Graaff Beschleuniger. In Bild 1.8 ist der Van de Graaff Tandembeschleuniger im gemeinsamen Beschleunigerlaboratorium der Ludwig-Maximilian- und der Technischen Universität München abgebildet. Die maximale Energie für Protonen, die mit einem Tandembeschleuniger erreicht wird, liegt heute etwa bei 40 ... 50 MeV. Um noch höhere Energien zu erreichen, müssen die Teilchen sehr oft hintereinander beschleunigt werden oder diesselbe Beschleunigungsstrecke öfters durchlaufen (Zyklotron, Synchrotron). In Tabelle 1.4 sind die Daten einiger modernerer Maschinen zusammengestellt.

---

1) Zur Physik der Beschleuniger sei z. B. das Buch von *H. Daniel,* Beschleuniger, Teubner, Stuttgart 1974 sehr empfohlen.

Bild 1.8 Blick in die Beschleunigerhalle des Münchner Tandem Van de Graff mit Umlenkmagnet

Tabelle 1.4

Beschleuniger	Standort	Prinzip	Teilchen	max. Energie
SLAC	Stanford	Linearbeschleuniger	Elektronen	21 GeV
DESY	Hamburg	Zirkularbeschleuniger	Elektronen	7 GeV
UNILAC	Darmstadt	Linearbeschleuniger	schwere Ionen	bis 238 MeV
CERN	Genf	Zirkularbeschleuniger	Protonen	200 GeV
NAL (Fermi-lab)	Batavia	Zirkularbeschleuniger	Protonen	300 GeV

In Strahltransport- und Ablenksystemen werden oft zur Fokussierung Quadrupolmagnete verwendet, deren Querschnitt in Bild 1.9 dargestellt ist. Das Feld verschwindet in der Mitte der vier Pole und nimmt nach außen hin in alle Richtungen zu. Befindet sich ein positives Teilchen im Punkt 0, so wirken keine Kräfte auf dieses; das Teilchen wird nicht abgelenkt. Für ein Teilchen im Punkt P_1 bewirkt die Lorentzkraft eine Ablenkung zur Mitte

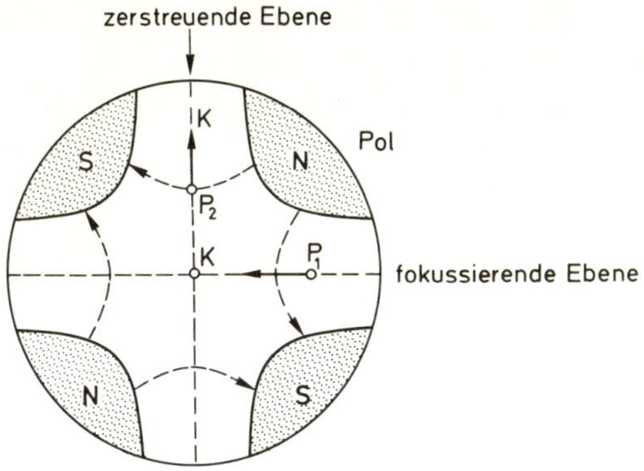

Bild 1.9
Schema eines Quadrupols nach Frauenfelder und Henley

hin und im Punkt P_2 nach außen. Der magnetische Quadrupol wirkt in einer Ebene fokussierend und in einer Ebene senkrecht dazu zerstreuend. Zwei um 90° gedrehte Quadrupolmagnete wirken in beiden Ebenen fokussierend.

1.3.2 Detektoren

a) Szintillationszähler[1])

Teilchen, die durch einen Szintillationskristall hindurchgehen, erzeugen Photonen, die über einen Lichtleiter auf einen Photoelektronenvervielfacher (Photomultiplier) geleitet werden. Szintillationskristalle (z. B. Anthrazen, p-terphenyl in Polystyrol, NaI (mit Tl)) werden nach der zu detektierenden Teilchenart und deren Energie ausgewählt. Bild 1.10 zeigt

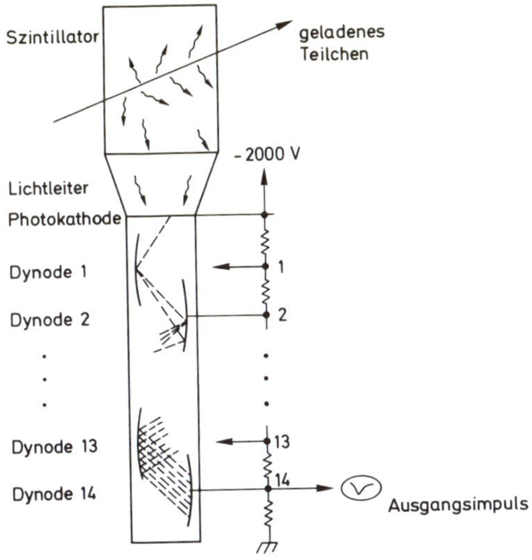

Bild 1.10
Prinzipskizze eines Szintillationszählers. Ein Teilchen, das durch den Szintillationkristall geht, erzeugt Photonen, die über einen Lichtleiter auf einen Photomultiplier geführt werden.

1) Szintillationszähler gehören zu den ältesten Detektoren der Kernphysik. Der erste wurde von William Crooker 1903 gebaut und Spinthariskop genannt. Die Lichtblitze wurden mit bloßem Auge beobachtet und gezählt. Noch Rutherford und seine Mitarbeiter führten ihr berühmtes Alpha-Streuexperiment mit einer solchen visuellen Experimentiertechnik durch.

schematisch eine Meßanordnung. Der Ausgangsimpuls nach der letzten Dynode des Photomultipliers hat die in Bild 1.11 wiedergegebene Form. Wichtig ist die Abfallzeit τ, die bei mit Thallium dotierten Alkalijodiden in der Größenordnung von 0,25 μs liegt. Bei Plastikszintillatoren beträgt sie nur einige Nanosekunden, jedoch ist die Ansprechwahrscheinlichkeit für Photonen niedrig.

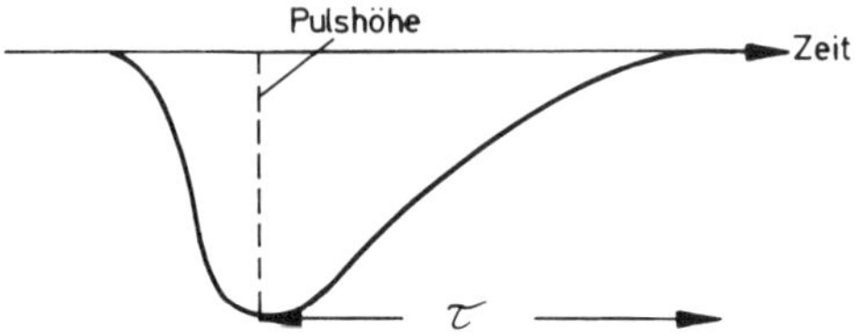

Bild 1.11
Ausgangspuls am Photomultiplier mit der Abklingzeit τ

b) Halbleiterzähler

Ein Halbleiterzähler funktioniert ähnlich wie eine Ionisationskammer: Ein geladenes Teilchen erzeugt Ionenpaare, wenn es sich durch ein Gas oder einen Festkörper bewegt. Die Anzahl der Ionenpaare ist:

$$n_{ion} = \frac{\epsilon_e}{W},$$

W = 34 eV für Luft,

W = 2,9 eV für Germanium.

Das Prinzip des Halbleiterzählers zeigt Bild 1.12. Das angelegte elektrische Feld (Spannung + V) bewegt die Ionen zur entsprechenden Elektrode. Der resultierende elektrische Impuls wird möglichst rauscharm verstärkt. Damit die thermische Anregung im Halbleiter keinen zusätzlichen Strom verursacht, werden diese meist auf die Temperatur des flüssigen Stickstoffs gekühlt. In Bild 1.13 ist die Energieauflösung von Halbleiterzählern als Funktion der Energie dargestellt.

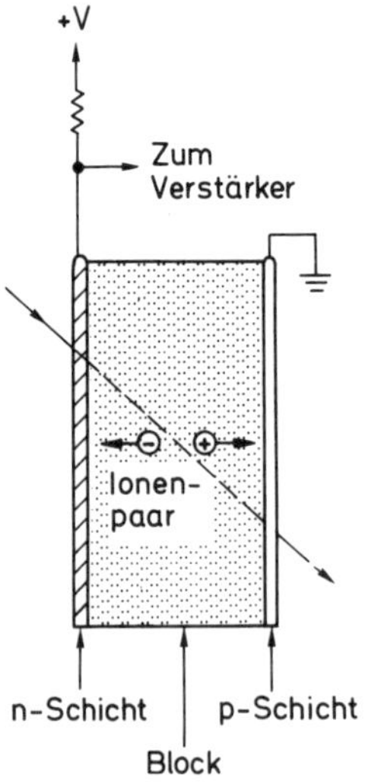

Bild 1.12
Halbleiterdetektor. Beim Durchgang eines Teilchens werden in der verarmten Zone Ionenpaare erzeugt.

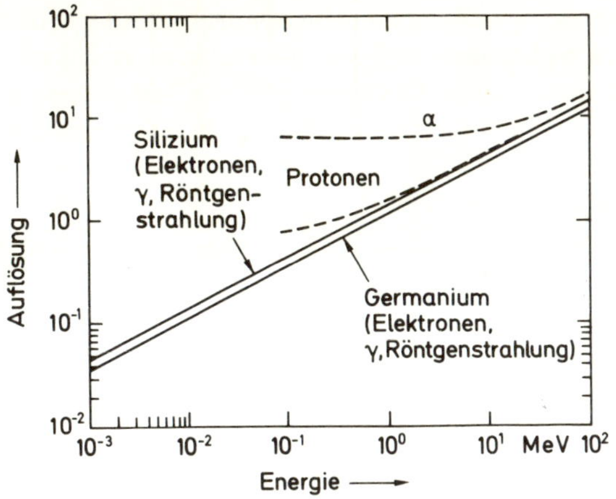

Bild 1.13 Energieauflösung von Halbleiterzähler in Abhängigkeit der Energie, nach Goulding und Stones, Sciences 170.280. 1970.

c) Zählerelektronik

Bild 1.14 zeigt die wichtigsten Elemente der Elektronik eines Szintillationszählers. Die Hochspannungsversorgung für den Photomultiplier muß gut stabilisiert sein. Im Analogverstärker wird der Ausgangsimpuls (Bild 1.11) geformt und verstärkt. Die Impulshöhe am Verstärkerausgang muß proportional zur ursprünglichen Impulshöhe sein. Im Analog-Digital-Umwandler (analog-to-digital-converter) wird die Information digitalisiert. Im Digitalteil werden die standardisierten Impulse verarbeitet und einem Zählmechanismus, in der Regel einem Vielkanalanalysator, in dem die digitale Information zweidimensional gespeichert wird, zugeführt. Impulse einer bestimmten Amplitude werden immer im gleichen Kanal des Speichers gesammelt. Die gespeicherte Information kann entweder direkt mit einem Oszillographen, Datendrucker oder XY-Schreiber herausgelesen oder auf Magnetband zur weiteren Datenverarbeitung gespeichert werden.

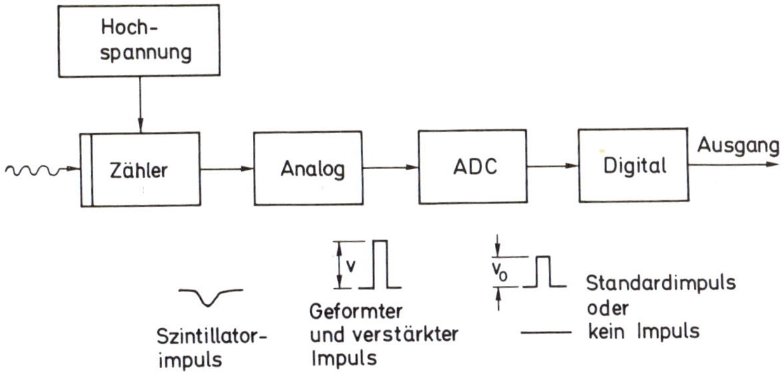

Bild 1.14 Hauptbestandteile einer Zählerelektronik. Blockschema nach Frauenfelder und Henley

Der Aufbau elektronischer Systeme ist heute wesentlich vereinfacht durch standardisierte Bauelemente[1]). Vier logische Elemente sind besonders wichtig und deshalb kurz erwähnt:

AND	;	OR	;	NAND	;	NOR.
(und)		(oder)		(nicht und)		(nicht oder)

Im allgemeinen besitzt ein Logikelement drei Eingänge und einen Ausgang (Bild 1.15).

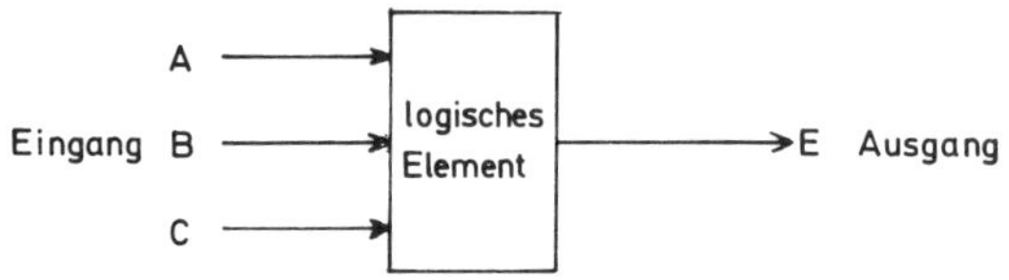

Bild 1.15
Logisches Element

Die Impulse sind genormt. Pro Kanal sind nur zwei Zustände möglich, Impuls (= 1) oder kein Impuls (= 0). Die Funktionen der vier einfachen logischen Elemente sind in Tabelle 1.5 zusammengestellt.

Tabelle 1.5

Impulszustand der Eingangskanäle			Impulszustand des Ausgangs E der logischen Elemente			
A	B	C	AND	NAND	OR	NOR
1	1	1	1	0	1	0
1	1	0	0	1	1	0
1	0	0	0	1	1	0
0	0	0	0	1	0	1

Bild 1.16 zeigt den inneren Aufbau eines hochgeschwindigkeitsemitter-gekoppelten Logikelementes für die Verknüpfungen OR und NOR mit 2 Eingängen A und B und 2 Ausgängen E_1 und E_2.

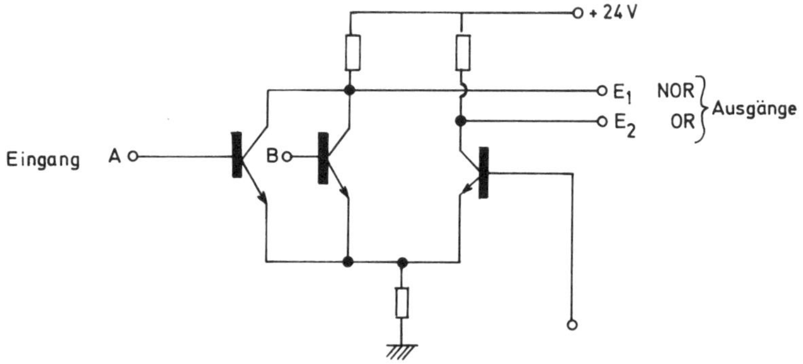

Bild 1.16 Aufbau eines logischen Oder-Elements

[1]) Für mehr Details über Elektronik in der Kernphysik seien als Beispiel folgende Bücher genannt: – *E. Kowalski,* Nuclear Elektronics – Springer, Berlin 1970
H. V. Malmstadt, C. G. Enke, Digital Electronics for Scientists – Benjamin, Reading (Mass) 1969.

1.4 Streuprobleme

Im weitesten Sinne sind vielleicht etwa 80 % aller physikalischen Probleme Streuprozesse; zum Beispiel:

Der elektrische Widerstand in Metallen wird mit der Streuung von Elektronen an Gitterschwingungen (Phononen) erklärt.
Die Ursache für des Blau des Himmels ist die Rayleigh-Streuung von Lichtwellen an Luftmolekülen.

Betrachten wir zunächst die Wechselwirkung elektromagnetischer Strahlung mit Materie. Aus historischen Gründen wird die elektromagnetische Strahlung nach ihrer Entstehungsart bezeichnet:

Emission aus den äußeren Elektronenschalen	=	Licht (inkl. IR),
Emission aus tieferen Schalen	=	Vakuum UV Röntgenstrahlen,
Emission aus dem Kern	=	γ-Strahlung,
Emission bei Abbremsung eines geladenen Teilchens	=	Bremsstrahlung,
Emission von relativistischen Elektronen bei der Ablenkung im Magnetfeld	=	Synchrotronstrahlung.

Beim Durchgang von elektromagnetischer Strahlung durch Materie treten Wechselwirkungen auf mit:

Hüllenelektronen,
Freien Elektronen (wenn vorhanden),
Kernen,
Feldern der Elektronen,
Feldern der Kerne.

Die Art der Streuung kann folgendermaßen sein:

Absorption,
inelastische (inkohärente) Streuung,
elastische Streuung.

Für die verschiedenen Kombinationsmöglichkeiten gelten die historischen Bezeichnungen von Tabelle 1.6. Die drei wichtigsten (stärksten) Streuprozesse sind: Photoeffekt, Comptoneffekt und Paarerzeugung.

Tabelle 1.6

	Absorption	inelastische Streuung	elastische Streuung
Elektronen	Photoeffekt (Einstein)	Comptoneffekt	Rayleigh Streuung
Kerne	Kernphotoeffekt	Kernresonanz-Streuung	Thomson Streuung
E-Felder	Paarerzeugung	–	Delbrück-Streuung Kernpotential-Streuung

Für den Durchgang von elektromagnetischer Strahlung durch Blei sind die Absorptionskoeffizienten der drei Prozesse in Abhängigkeit der Energie Bild 1.17 aufgezeichnet.

In der Kernphysik ist die Wechselwirkung geladener Teilchen mit Materie, also die Teilchen-Teilchen Streuung sehr wichtig. Abgesehen von Kernreaktionen und Kernkräftewechselwirkungen sind im wesentlichen vier Typen zu berücksichtigen:[1])

a), b) Elastische Stöße mit Hüllenelektronen und Kernen
c), d) Inelastische Stöße mit Hüllenelektronen und Kernen.

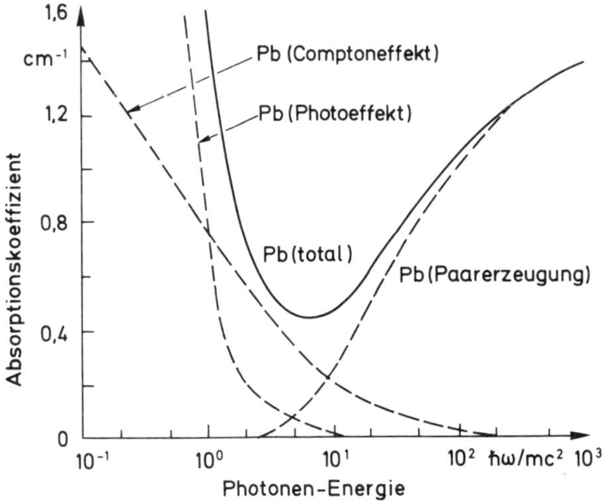

Bild 1.17 Absorption von γ-Strahlen in Blei

Die Anzahl der Stöße für Teilchen mit kinetischen Energien von der Größenordnung MeV beträgt einige 10 000; man spricht von Vielfachstreuung, die sich statistisch in verschiedener Weise aus den vier Einzelprozeßtypen zusammensetzt.

In Bild 1.18 betrachten wir den Durchgang einer Anzahl N von schweren Teilchen einer ganz bestimmten Energie ϵ_0 und einer ganz bestimmten Richtung $\vartheta = 0$ durch absorbierende Materie. Beim Wiederaustritt findet man sowohl eine Energie- als auch eine Winkelverteilung.

Bei der inelastischen Streuung an den Hüllenelektronen werden die getroffenen Atome angeregt oder vor allem ionisiert. Dabei verlieren die Geschoßteilchen kinetische Energie. Der Energieverlust pro Weglänge dx infolge Coulomb-Wechselwirkung, den man mit Bremsvermögen bezeichnet (stopping power) wird durch die *Bethe-Bloch-Beziehung* beschrieben:

$$-\frac{d\epsilon}{dx} = \frac{4\pi n Z^2 e^4}{m_e v^2}\left[\frac{2 m_e v^2}{V_I[1 - v^2/c^2]} - \left(\frac{v}{c}\right)^2\right],$$

[1]) Es können hier lediglich ein paar Andeutungen gemacht werden. Für eine ausführliche Diskussion muß auf die einschlägige Literatur verweisen werden: z. B. Flügge, Handbuch der Physik Bd. **34**, 1958.

n Anzahl der Elektronen pro Volumeinheit des Absorbermaterials,

$Z \cdot e$ Überschußladung der Geschoßteilchen,

v Geschwindigkeit der Geschoßteilchen,

V_I mittleres Ionisationspotential.

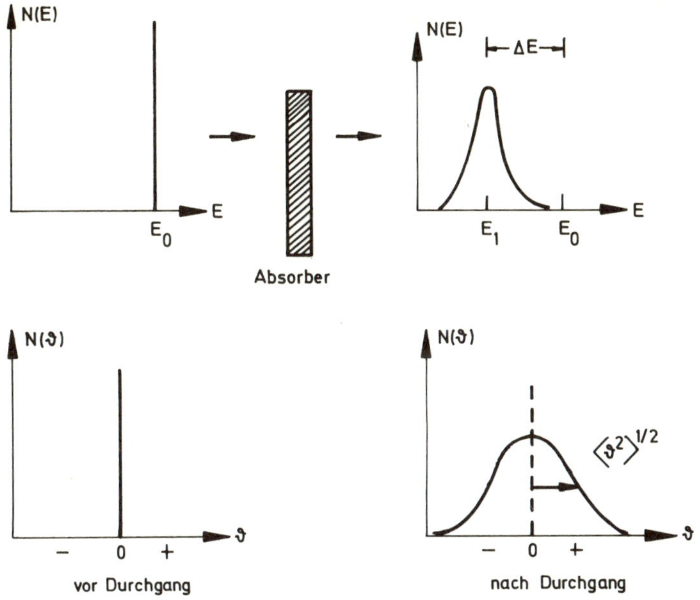

Bild 1.18 Änderung der Energieverteilung N(E) und der Winkelverteilung N(ϑ) beim Durchgang durch Materie (Absorber).

Der Verlauf des Bremsvermögens $d\epsilon/dx$, resp. $d\epsilon/d(\rho x)$ für Protonen mit verschiedenen Energien ist in Bild 1.19 mit Blei und Wasserstoff als Absorber aufgezeichnet. Es ist üblich, die „Dicke" der absorbierenden Materie nicht in dx sondern multipliziert mit der Dichte ρ anzugeben: ρx. Die Einheit ist dann g/cm^2. Den Verlauf des Bremsvermögens für verschiedene Teilchen in Luft zeigt Bild 1.20. Wie man daraus erkennt, unterscheidet sich der Energieverlustmechanismus der Elektronen wesentlich von dem anderen geladenen Teilchen.

Man unterscheidet zwei Energiebereiche für Elektronen:

$$\epsilon_e < \epsilon_{krit}$$

$$\epsilon_e > \epsilon_{krit} ,$$

wobei

$$\epsilon_{krit} \approx \frac{600 \text{ MeV}}{Z_{abs}}$$

mit

Z_{abs} = Ladungszahl der Absorberatome.

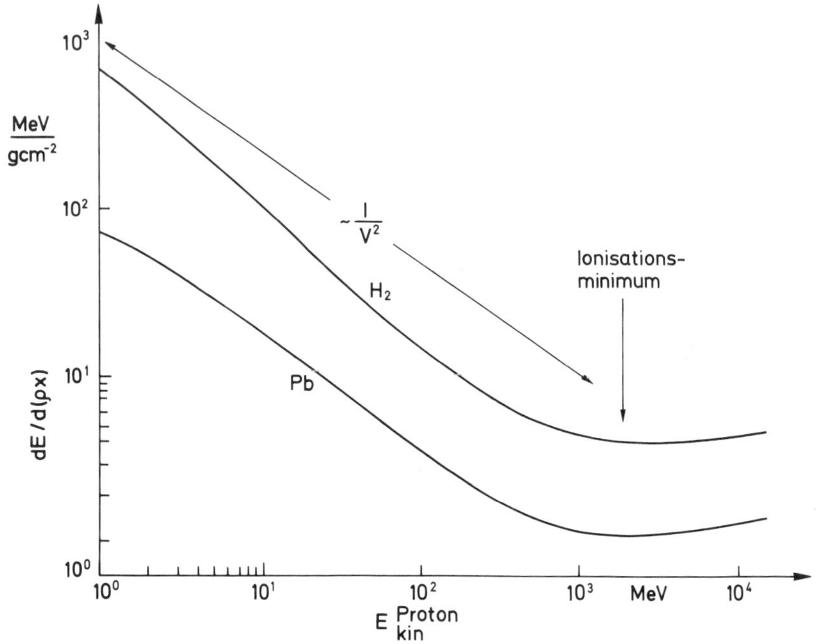

Bild 1.19 Spezifischer Energieverlust von Protonen in Wasserstoff und Blei (nach Frauenfelder)

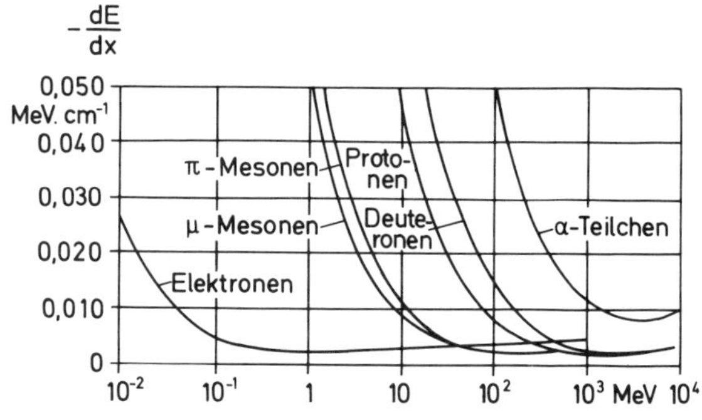

Bild 1.20 Spezifischer Energieverlust verschiedener Teilchen

Im unteren Energiebereich $\epsilon_e < \epsilon_{krit}$ kommen die Hauptverlustbeiträge von der Anregung und der Ionisation der Absorberhüllenelektronen. Schematisch ist in Bild 1.21 der Durchgang eines Elektrons und eines Protons dargestellt, wobei die „Länge" der Reichweiten im Absorber etwa gleich sein soll. Wegen der viel kleineren Masse m_e des Elektrons gegenüber der Masse m_p des Protons,

$$m_e \ll m_p,$$

erfährt ein Elektron sehr viele ablenkende Stöße.

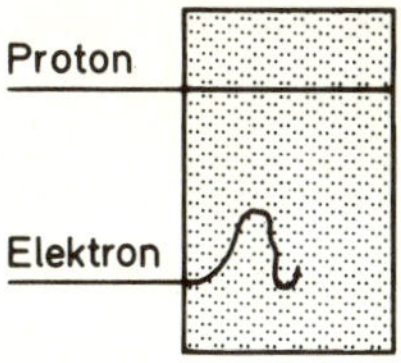

Bild 1.21 Unterschied beim Durchgang eines Elektrons und eines Protons mit gleicher Gesamtweglänge durch Materie (nach Frauenfelder)

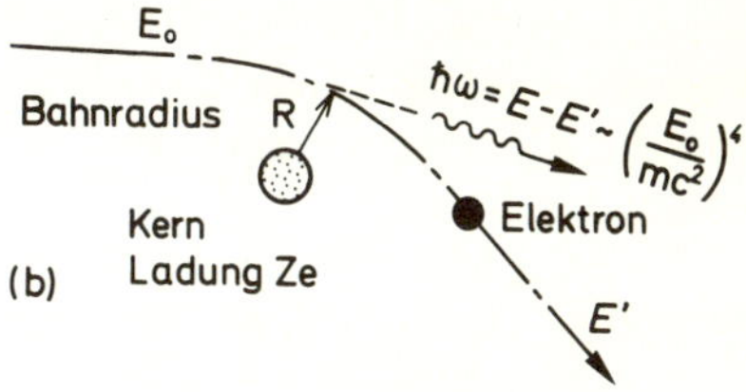

Bild 1.22 Coulombstreuung eines Elektrons mit Bremsstrahlung

Im oberen Energiebereich $\epsilon_e > \epsilon_{krit}$ ist die *Coulomb-Streuung* wichtig (Bild 1.22). Die kinetische Energie wäre bei der sogenannten „elastischen" Coulomb-Streuung vor und nach dem Streuprozeß dieselbe, jedoch hat sich die Richtung des Geschwindigkeitsvektors geändert, d. h., nach den Gesetzen der Mechanik handelt es sich um eine beschleunigte (gebremste) Bewegung. Nach der Maxwelltheorie strahlt jede beschleunigte Ladung[1]) Energie ϵ_{str} ab:

$$\epsilon_{str} = \frac{2e^2 c}{3R^2} \cdot \frac{\beta^4}{(1-\beta^2)^2}$$

mit

$$\beta = \frac{v}{c}.$$

So beträgt z. B. für einen Elektronenbeschleuniger mit $\beta \approx 1$ der Energieverlust in Form von Synchrotronstrahlung pro Umlauf

$$-\delta\epsilon \approx \frac{4\pi e^2}{3R}\left(\frac{\epsilon}{mc^2}\right)^4.$$

Der Ausdruck $(\epsilon/mc^2)^4$ kommt nur bei kleinen Massen m zum Tragen, d. h. ist im wesentlichen nur für Elektronen von Bedeutung. Bereits für Myonen $m_\mu \sim 200\, m_e$ ist er sehr klein und für Protonen vollkommen vernachlässigbar.

1.5 Bemerkungen zur Statistik

Für die Interpretation von kernphysikalischen Meßdaten ist die statistische Behandlung[2]), vor allem die Kenntnis von Wahrscheinlichkeitsverteilungen, sehr wichtig.

Betrachten wir dazu als Beispiel den Zerfall von Myonen. Die Anzahl der pro Sekunde gemessenen Ereignisse sei n. Die Messung werde N-mal wiederholt, wobei die jeweiligen registrierten Myonenzahlen $n_1 \ldots n_N$ seien. Die mittlere Anzahl der gemessenen Myonen ist demnach

$$\langle n \rangle = \frac{1}{N}\sum_{i=1}^{i=N} n_i$$

---

1) siehe *J. D. Jackson,* Classical Electrodynamics, Wiley, NY 1962

2) Eine kurze und gute Einführung zur statistischen Auswertung ist: *H. D. Young,* Statistical treatment of experimental data, McGraw Hill, NY 1962

Eine wichtige Fragestellung ist: Wie sind die verschiedenen n_i-Werte um den Mittelwert $<n>$ verteilt? Oder die dazu äquivalente Frage lautet: Welches ist die Wahrscheinlichkeit P(n)), einen bestimmten Wert n_k bei einer Messung zu finden, wenn der Mittelwert $<n>$ ist?

Die Wahrscheinlichkeit P(n) ist durch die *Poisson-Verteilung* gegeben:

$$P(n_k) = \frac{<n>^{n_k}}{n_k!} \exp\left[-<n>\right].$$

Es ist zu beachten, daß die Poisson-Verteilung für kleine Werte von $<n>$ nicht symmetrisch ist.

Berechnet man die Wahrscheinlichkeiten für alle möglichen n_i-Werte mit der Normierung

$$\sum_{0}^{\infty} P(n_i) = 1,$$

so kann man die Wahrscheinlichkeitsverteilung $P(n_i)$ graphisch durch ein Histogramm darstellen. In Bild 1.23 ist als Beispiel ein solches Histogramm für $<n> = 2$ dargestellt.

Im allgemeinen sind solche Verteilungen sehr breit, d. h. mit nicht verschwindenden Wahrscheinlichkeiten P(n) selbst für weit vom Mittelwert $<n>$ entfernte n_i. Daraus hat man zwei Folgerungen zu ziehen, wovon die erste trivial ist:

1. Aus einer einzigen Messung kann man keinen Schluß auf den Mittelwert $<n>$ ziehen. Für eine vernünftige physikalische Aussage sind mehrere Messungen notwendig.
2. Es genügt nicht, nur den Mittelwert $<n>$ möglichst genau zu bestimmen. Ebenso wichtig ist es, die Breite 2σ der Verteilung anzugeben.

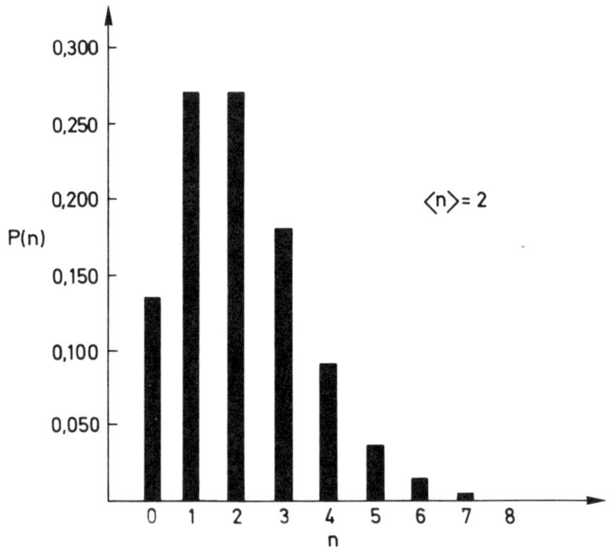

Bild 1.23 Histogramm einer Poissonverteilung für den Mittelwert $<n> = 2$

Die Verteilungsbreite 2σ wird gewöhnlich durch die *Varianz* σ^2 charakterisiert:

$$\sigma^2 = \sum_{n=0}^{\infty} (\langle n \rangle - n)^2 \cdot P(n).$$

Die Wurzel $\sqrt{\sigma^2}$ aus der Varianz heißt *Standardabweichung*. Für die Poisson-Verteilung gilt daher:

$$\sigma = \sqrt{\langle n \rangle}.$$

Üblicherweise wird ein Meßergebnis folgendermaßen dargestellt:

$$\text{Meßergebnis} = \langle n \rangle \pm \sigma.$$

Je größer $\langle n \rangle$ wird, um so symmetrischer wird die Poisson-Verteilung, wie Bild 1.24 für $\langle n \rangle = 10$ zeigt. Approximativ darf man diese Poisson-Verteilung analytisch folgendermaßen schreiben:

$$P(n) \approx \frac{1}{(2\pi n)^{1/2}} \exp\left[-\frac{(\langle n \rangle - n)^2}{2n}\right].$$

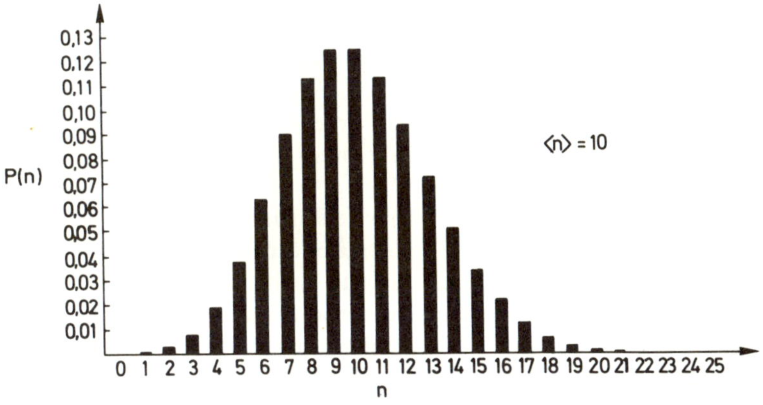

Bild 1.24 Histogramm einer Poissonverteilung für den Mittelwert $\langle n \rangle = 10$. Man beachte die Zunahme der Symmetrie mit steigendem Mittelwert.

In dieser Beziehung dominiert der Zähler $(\langle n \rangle - n)^2$ im Exponenten. Für den Bereich um das Zentrum der Verteilung darf man für die beiden n-Werte im Nenner des Vorfaktors und im Nenner des Exponenten den Mittelwert $\langle n \rangle$ einsetzen. Damit erhält man eine Verteilung, die im Bezug zum Mittelwert $\langle n \rangle$ symmetrisch ist (Bild 1.25). Ihre analytische Form lautet:

$$P_{\text{Gauß}}(n) = \frac{1}{(2\pi \langle n \rangle)^{1/2}} \exp\left[-\frac{(\langle n \rangle - n)^2}{2\langle n \rangle}\right]$$

und heißt *Gaußsche-* oder *Normalverteilung*.

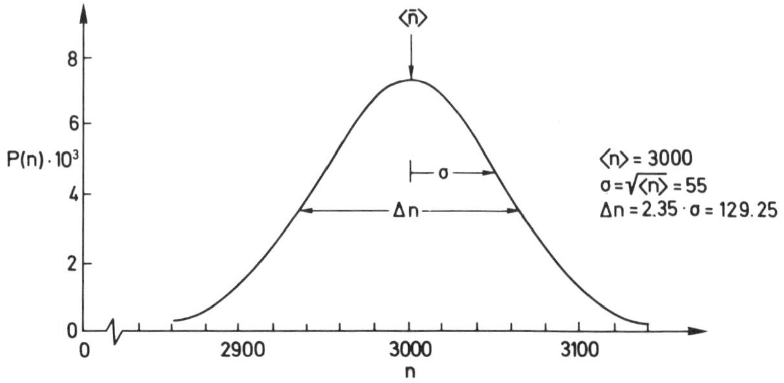

Bild 1.25 Für sehr große Mittelwerte < n > geht die Poissonverteilung in eine Gaußsche Verteilung über.

1.6 Zum Problem der Kernkräfte

In fossil befeuerten Kraftwerken werden die Kräfte, die Atome in den Molekülen zusammenhalten – also Coulombkräfte –, ausgenutzt. Seit den fundamentalen Arbeiten von Heitler, London, Pauling u. a. verstehen wir den Mechanismus der chemischen Bindungen recht gut; die Natur der elektromagnetischen Kräfte glauben wir zu begreifen. Anders verhält es sich mit den Kernkräften, die man in Kernreaktoren zur Energieerzeugung ausnutzt. Man kennt wichtige Eigenschaften und hat schöne, plausible Modelle für die starke Wechselwirkung entwickelt. Trotz vieler qualitativer Einsichten versteht man aber das Gesamtbild der Kernkräfte nicht vollständig.

Eine noch heute fruchtbare Idee zum Verständnis der starken Wechselwirkungen stammt von *Yukawa* aus dem Jahre 1935. Er erkannte, daß man die Wechselwirkung zwischen zwei Nukleonen (Protonen, Neutronen) und somit auch die Kernkräfte, qualitativ durch den Austausch von mittelschweren, geladenen Teilchen, die man heute Pionen nennt, erklären kann. Man stellt sich vor, daß innerhalb eines Atomkerns dauernd Pionen von einem Nukleon zum anderen springen, in Bild 1.26 als sogenanntes Feynmandiagramm für eine Neutron(n)-Proton(p)-Wechselwirkung gezeichnet. Dieser Austausch von Yukawateilchen, wie sie in den 40er Jahren oft genannt wurden, erzeugt eine starke Anziehungskraft zwischen den Nukleonen. Aus den Streuexperimenten von *Rutherford* (1911) konnte man schließen, daß die Reichweite der Kernkräfte höchstens einige Femtometer sein kann. 1933 zeigte *E. Wigner,* daß die Reichweite etwa 1 fm sein muß, was er aus einem Vergleich der Bindungsenergien des Deuterons, des Tritons und des Alphateilchens schloß. Man muß

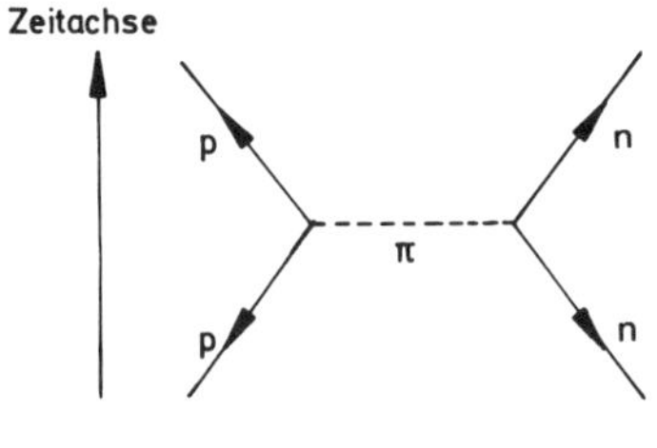

Bild 1.26
Proton-Neutron Wechselwirkung im Kern durch Pionenaustausch.

immer wieder staunen, wie präzise solche indirekten Schlüsse in der Physik – deren es sehr viele gibt – gemacht werden können. Experimentell wurde das Pion erst 1974 von Powell und Mitarbeitern in der Kernemulsion gefunden. Der empirische Befund lage nahe bei *Yukawas* Schätzungen. Es zeigte sich aber, daß die Natur der Kernkräfte sehr komplex ist und durch das Yukawa-Modell allein nicht vollständig beschrieben werden kann. Es wurden weitergehende Theorien entwickelt, wobei angenommen wurde, daß gleichzeitig mehrere Pionen zwischen den Nukleonen ausgetauscht werden. Für sehr kleine Abstände um 0,5 fm sollen sich hauptsächlich schwerere Austauschteilchen wie Rhos, Omegas beteiligen. Als Grund dafür, daß diese komplizierten Modelle lediglich eine qualitative Beschreibung liefern, kann wahrscheinlich die Struktur der Nukleonen selbst gelten.

Beachtliche Erfolge erzielt man mit der sogenannten *Quark*[1]*-Hypothese* von *Gell-Mann* und *Zweig* aus dem Jahre 1954. Nach diesem heute noch erweiterten Modell bestehen die Hadronen, also Teilchen mit starker Wechselwirkung, zu denen auch die beiden Nukleonen Neutron und Proton gehören, aus Quarks und Antiquarks mit halbzahligen Spins und Drittel- respektive Zweidrittelladungen. Die Namen und Ladungen der dazu notwendigen Quarks sind in Tabelle 1.7 aufgezählt:

Tabelle 1.7

englischer Name	deutscher Name (praktisch nie gebraucht)	Bezeichnung	Ladung in e
up	aufwärts	u	2/3
down	abwärts	d	- 1/3
strange	seltsam	s	- 1/3
charm	Liebreiz	c	2/3
beauty	Schönheit	b	1/3
truth	Wahrheit	t	2/3 (?)

Jedes dieser Quarks kann in einem von 3 Quantenzuständen, die man als Farbladung bezeichnet, vorkommen: blau, rot oder grün. Damit man sich diese besser einprägen kann, benutzen wir eine anschauliche Darstellung (Bild 1.27).

Das Proton besteht aus zwei u-Quarks und einem d-Quark; das Neutron aus einem u-Quark und zwei d-Quarks. Diese Kombinationen geben die bekannten Ladung + 3/3 resp. 0.

Alle bis heute bekannten Hadronen, also sämtliche stark wechselwirkenden Teilchen, wovon es einige Hundert gibt, lassen sich aus je drei Quarks dargestellt denken. Nebenbei sei noch vermerkt, daß die Pseudoskalarmesonen (Pionen, Etas und K-Teilchen) sowie die Vektormesonen (Rhos, K*-Teilchen, Omega-Null- und Phi-Null-Teilchen) als gebundene Zustände eines Quarks und eines Antiquarks betrachtet werden können. Damit hat sich die aus einigen hundert Mitgliedern bestehende Elementarteilchenfamilie drastisch reduziert.

[1]) siehe *James Joyce*, Finnegans Wake p. 383, Faber and Faber, London 1968

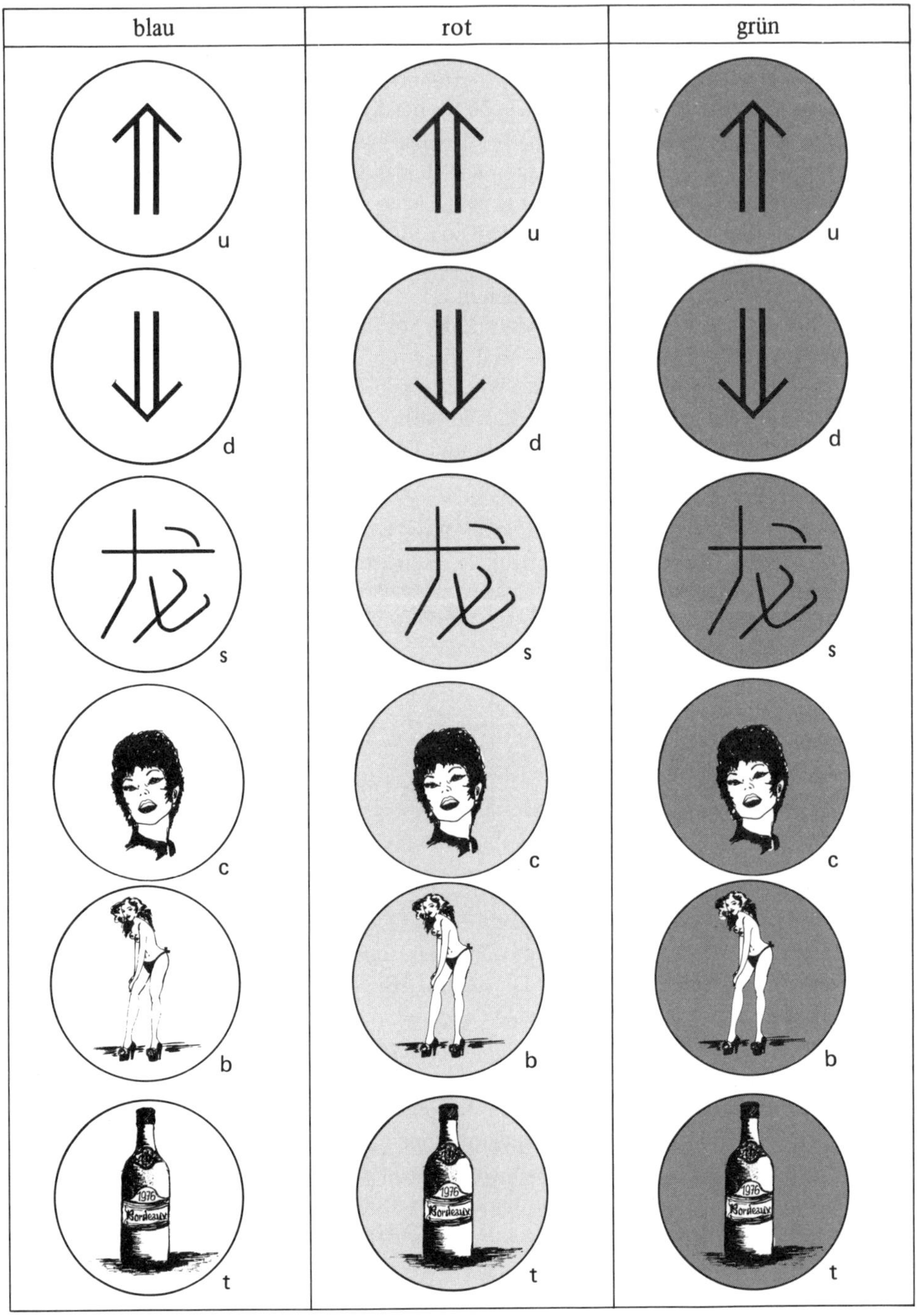

Bild 1.27
Bildliche Darstellung der 6 Quarks (u: up, d: down, s: strange, c: charme, b: beauty, t: truth). Jedes dieser Quarks kann in einer der drei Farben (= Quantenzahlen) blau, rot, grün vorkommen.

Die 28 Mitglieder zählende Liste der „1980er Elementarteilchen" sieht folgendermaßen aus:

6 Quarks und 6 Antiquarks,
6 Leptonen und 6 Antileptonen,
3 Wechselwirkungsteilchen (Photon, intermediäres Boson, Gluon),
1 Teilchen des Gravitationsfeldes (Graviton).

Zu den Leptonen zählen die drei Elektronenarten (e, μ, τ) und ihre dazugehörigen Neutrinoarten (ν_e, ν_μ, ν_τ).

Mit der Einführung der Farbladungsquantenzahlen (blau, rot, grün) wurde ein neuer Zugang zum Verständnis der Kernkräfte eröffnet. Es braucht nicht besonders betont zu werden, daß „Farbladung" einen abstrakten Begriff darstellt und mit Farbe im herkömmlichen Sinne nichts zu tun hat. Den drei Quarks im Nukleon werden verschiedene Farben zugeordnet, deren Summe Farblosigkeit ergibt; die Summe der Farbladungsquantenzahlen muß Null ergeben. Ebenso verschwindet die Summe von Farbe und Antifarbe in den Mesonen. Die leichtesten Teilchen (Leptonen) scheinen nicht aus Quarks aufgebaut zu sein und besitzen deshalb keine farbige Feinstruktur. Würden einzelne Quarks frei existieren können, müßten sie farbig sein. Mit Hilfe der Struktur der Elektrodynamik, in der die Wechselwirkung im elektrischen Feld durch Photonen (quantisierte elektromagnetische Wellen) beschrieben wird, wurde eine Farbquantendynamik (engl. Quantumchromodynamics) entwickelt. Die Quanten des Farbfeldes, die den Zusammenhalt der Quarks beschreiben müssen, nennt man „Leimteilchen" (Gluonen: glue = Leim). Bemerkenswert ist die Kraftwirkung dieser Gluonen. Für sehr kurze Distanzen (kleiner als 1 fm) scheint für den Kraft-Abstands-Verlauf zwischen zwei Quarks im wesentlichen das Coulombgesetz zu gelten. Für Abstände größer als 1 fm scheint die Kraft eher größer zu werden oder zum mindesten konstant zu bleiben. Daraus könnte man eine Erklärung ableiten, weshalb es prinzipiell nicht möglich wäre, ein isoliertes Quark experimentell nachzuweisen. Würde man zwei Quarks voneinander trennen, müßte mehr Energie aufgewendet werden, als der Ruhemasse eines Quarks entspräche, d. h., ein neues Quark würde entstehen, und das zu isolierende Quark hätte bereits wieder einen Partner gefunden. Es ist bis 1980 tatsächlich nicht gelungen, ein isoliertes Quark experimentell eindeutig direkt nachzuweisen. Alle empirischen Bestätigungen des Quarkmodells waren indirekt.

Die teilweise Übereinstimmung von elektrodynamischem Verhalten von Ladungen und chromodynamischen Eigenschaften von Quarks bildet eine der Grundlagen für die hoffnungsvolle Möglichkeit der Vereinigung von elektromagnetischer und starker Wechselwirkung zu einer einheitlichen Theorie, wofür *A. Salam, S. Weinberg* und *S. L. Glashow* 1979 den Nobelpreis für Physik erhielten.

Ein interessantes Quark-Molekül-Modell wurde 1978 von *De Tar*[1]) und Mitarbeitern am MIT veröffentlicht. Ein Nukleon wird mit einer Tüte (bag) verglichen, in der die drei Quarks samt den von ihnen erzeugten Farbquantenfeldern eingepackt sind. Die Abmessungen dieser Tüte sind von der Größenordnung von 1 fm. Da für Abstände kleiner als 1 fm die Kräfte zwischen den Quarks relativ schwach sind, können sich die Quarks in der Tüte fast

1) *C. De Tar*, Phys. Rev. D 17. 323. 1978

frei bewegen. Die Tüte selbst ist für jede Art von Farbquanten impermeabel, jedoch läßt sie Leptonen passieren, wahrscheinlich eine Eigenschaft des „Vakuums“[1]).

Durch den „Druck des Vakuums“ werden die Quarks samt ihren Farbfeldern zu dieser „Tüte“, also dem Nukleon, zusammengepfercht. Nach der Heisenberg-Unschärferelation bedeutet dies eine sehr große Energiekonzentration in einem Volumen der Größenordnung vom $(1\ \mathrm{fm})^3$. Diese Energie entspricht der Ruhemasse des Nukleons.

Die MIT-Gruppe stellt auch eine interessante Analogie zwischen der kovalenten chemischen Bindung und den Quarkbindungen her. Die (hypothetischen) Quark-Bahnen in verschiedenen Tüten müssen sich möglichst gut überlappen, wenn eine attraktive Bindung zwischen den Nukleonen resultieren soll.

Ähnlich wie das Schalenmodell der Atomkerne eine Art Wiederholung des Atommodells in kleineren Raumdimensionen darstellt, wiederholt sich die Molekülphysik in einem geometrischen Raum der rund 15 Größenordnungen[2]) kleiner ist.

Literatur

T. Mayer-Kuckuk, Physik der Atomkerne, Teubner, Stuttgart 1970

P. Marmier, Kernphysik I und II, Verlag der Fachvereine ETH, Zürich, 1973

H. Frauenfelder, E. Henley, Teilchen und Kerne, Oldenbourg, München 1979

W. Greiner, Theoretische Physik Bd. 4, Quantenmechanik, Harri Deutsch, Thun/Fkf 1979

H. Hänsel, Physik Bd. 6, Moleküle, Atomkerne, Elementarteilchen, Harri Deutsch, Thun/Fkf. 1977

E. Werner, Einführung in die Kernphysik, Akadem. Verlagsges., Fkf. 1972

D. Kamke, Einführung in die Kernphysik, Vieweg, Braunschweig 1979

---

1) Es wurde bereits vorgeschlagen, dem Vakuum sog. Anti-Musil Quantenzahlen zuzuordnen, da das Vakuum im Gegensatz zu Musils „Der Mann ohne Eigenschaften“ wirklich Eigenschaften besitzt.

2) Molekülraum: $(10^{-8})^3\ \mathrm{cm}^3$
Quarkmolekülraum: $(10^{-13})^3\ \mathrm{cm}^3$

2 Kernzerfälle und Kernreaktionen

H. J. Mang

Kerntechnik ist die Umwandlung von Kernbindungsenergie in „nutzbare Energieformen“, wie Wärme, mechanische und elektrische Energie. Die Kernprozesse, die dazu ausgenutzt werden können, sind im Prinzip alle Kernzerfälle und exothermen Kernreaktionen. Die Energie, die im Einzelprozeß (Zerfall oder Reaktion) gewonnen wird, ergibt sich aus der Energiebilanz des Prozesses. Die Leistung (Energie pro Zeit) wird zusätzlich durch die Zerfalls- oder Reaktionshäufigkeit wesentlich mitbestimmt. Es gilt im einzelnen:

$$\text{Leistung} = \frac{\text{Zerfallsenergie} \times \text{Zerfallshäufigkeit}}{\text{Reaktionsenergie} \times \text{Reaktionshäufigkeit}} \,.$$

Im folgenden sollen deshalb Energiebilanz und Häufigkeit für Kernzerfälle und Kernreaktionen untersucht werden.

2.1 Kernzerfälle

Seit dem Beginn der Kernphysik unterscheidet man folgende Zerfallsarten: α-Zerfall, β-Zerfall, γ-Zerfall und Spaltung. Auf diese Zerfallsarten wird jetzt der Reihe nach eingegangen.

2.1.1 α-Zerfall

Ein Kern der Massenzahl A und der Ladung Z gehe in einen Kern der Massenzahl A − 4 und der Ladung Z − 2 über. Dabei muß ein Heliumkern oder α-Teilchen (A = 4, Z = 2) emittiert werden. Formelmäßig heißt das:

$$^{A}_{Z}X_{N} \rightarrow {}^{A-4}_{Z-2}X_{N-2} + {}^{4}_{2}He_{2} \,. \tag{2.1}$$

Dabei ist N = A − Z die Anzahl der Neutronen im Kern. Gl. (2.1) beinhaltet die Erhaltung der elektrischen Ladung und der Nukleonenzahl. Nach dem Gesetz der Energieerhaltung muß die Energie des Anfangszustandes (Kern $^{A}_{Z}X_{N}$) gleich der Energie des Endzustandes sein ($^{A-4}_{Z-2}X_{N-2} + {}^{4}_{2}He_{2}$) also

$$E(Z, A) = E(Z-2, A-4) + E(2, 4) + E_{kin}(A-4) + E_{kin}(4). \tag{2.2}$$

Die Energien E(Z, A) sind die Bindungsenergien der Kerne. Diese Energien sind stets negativ, weil man Energie aufwenden muß, um einen Atomkern in seine Einzelteile (Neutronen und Protonen) zu zerlegen. In Gl. (2.2) liegen diese Energien fest, sie sind kernspezifisch. Die Differenz der Bindungsenergien ergibt die insgesamt freigesetzte kinetische Energie: $E_{kin}(A-4) + E_{kin}(4)$. Diese muß positiv sein, nur dann ist der Zerfall möglich.

Für die Anwendungen ist auch die Aufteilung wichtig. Diese ergibt sich aus dem Erhaltungssatz für den gesamten Impuls, der im betrachteten einfachen Fall (Kern ${}^{A}_{Z}X_N$ sei vor dem Zerfall in Ruhe)

$$0 = \vec{p}\,(A-4) + \vec{p}\,(4) \tag{2.3}$$

ist. Die Impulse haben also die gleichen Beträge und entgegengesetzte Richtungen. Somit wird die gesamte kinetische Energie durch folgende Gleichung bestimmt:

$$\begin{aligned} E_{kin}\,(A-4) + E_{kin}(4) &= \frac{\vec{p}^{\,2}(4)}{2\,m(4)} + \frac{\vec{p}^{\,2}\,(4)}{2\,m\,(A-4)} \\ &= E(Z,A) - E(Z-2, A-4) - E(2,4). \end{aligned} \tag{2.4}$$

Das Verhältnis der beiden kinetischen Energien ist:

$$\frac{E_{kin}\,(4)}{E_{kin}\,(A-4)} = \frac{m\,(A-4)}{m(4)} \approx \frac{A-4}{4}\,. \tag{2.5}$$

Damit ist die Energiebilanz vollständig aufgestellt. Die Ermittlung der Zerfallsrate ist wesentlich komplizierter und erfordert zur vollständigen Bestimmung eine eingehende quantenmechanische Rechnung. In diese gehen die Wellenfunktionen der am Zerfall beteiligten Kerne ein, alles in allem eine sehr schwierige Rechnung. Allerdings ist schon lange bekannt (Geiger und Nuttal), daß die Abhängigkeit der Zerfallsrate oder die Lebensdauer von der Zerfallsenergie (E_α) einem einfachen Gesetz folgt (Geiger-Nuttalsche Regel). Danach gilt nämlich

$$\log \lambda = -\,C(A,Z)\,(\sqrt{E_\alpha})^{-1}\,. \tag{2.6}$$

Dieser Zusammenhang läßt sich in folgender Weise plausibel machen: Ausgehend von der Tatsache, daß in der Quantenmechanik (Wellenmechanik) Teilchen durch Wellen beschrieben werden, kann man zunächst freie Teilchen durch ebene Wellen beschreiben. Im einzelnen gilt:

$$\begin{aligned} &\psi(x) = e^{i\,px/\hbar} \\ &E = \frac{p^2}{2m} \qquad p = \sqrt{2mE}, \end{aligned} \tag{2.7}$$

wobei $\psi(x)$ die Wellenfunktion (Wahrscheinlichkeitsamplitude) ist, die ein Partikel mit Impuls p beschreibt (p liegt in x-Richtung). Die Beschreibung ist exakt. Beim Übergang zur Bewegung in einem Potential (Kraftfeld) gilt klassisch, wobei der Einfachheit halber der eindimensionale Fall betrachtet wird:

$$E = \frac{p^2}{2m} + V(x)$$

oder (2.8)

$$p(x) = \sqrt{2m\,(E - V(x))}.$$

Setzt man

$$\psi_{appr}(x) = e^{\,i\int_{x_0}^{x} \frac{p(x')}{\hbar}\,dx'}\,, \tag{2.9}$$

so erhält man selbstverständlich nicht genau das Ergebnis der quantenmechanischen Rechnung, sondern nur eine mehr oder minder gute Näherung. Dies ist durch den Index appr = approximativ angedeutet. Die Näherung reicht jedoch für den vorliegenden Fall aus, um das Ergebnis der Gl. (2.6) verständlich zu machen. Zur Auswertung von Gl. (2.9) muß man das Potential V(x) kennen. Für ein α-Teilchen im Kraftfeld eines schweren Kerns ist das Potential in Bild 2.1 dargestellt. Es wird durch die Coulombsche Abstoßung für große Abstände und die Kernanziehung für kleine Abstände bestimmt. Der Übergang ist wegen der größeren Stärke und vor allem der kurzen Reichweite der Kernkraft ziemlich abrupt. Über die Tiefe des anziehenden Potentials bei $R \approx 0$ gehen die Meinungen auseinander. Allerdings ist dies nicht wichtig, weil der α-Zerfall ein Oberflächeneffekt ist. Außerdem kann man mit Recht bezweifeln, ob für ein zusammengesetztes Teilchen der Begriff eines Potentials weit im Kerninnern noch sinnvoll ist.

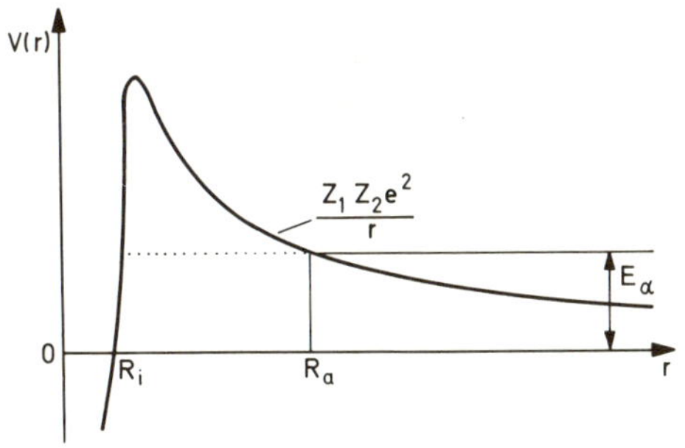

Bild 2.1
Schematische Darstellung des Potentials zwischen α-Teilchen und Kern.

Es habe sich nun ein α-Teilchen aus zwei Protonen und zwei Neutronen mit einer bestimmten Wahrscheinlichkeitsamplitude $A_\alpha(R_0)$ in der Umgebung von R_0 gebildet. Dann ergibt sich die Wahrscheinlichkeitsamplitude $A_\alpha(R_1)$ aus Gl. (2.9) zu

$$A_\alpha(R_1) = A_\alpha(R_0)\cdot \exp\left[\frac{i}{\hbar}\int_{R_0}^{R_1}\sqrt{2m_\alpha(E_\alpha - V(R))}\,dR\right]$$

$$= A_\alpha(R_0)\cdot \exp\left[-\frac{1}{\hbar}\int_{R_0}^{R_1}\sqrt{2m_\alpha(V(R) - E_\alpha)}\,dR\right]. \tag{2.10}$$

Das zweite Gleichheitszeichen gilt, weil der Integrand rein imaginär ist. Die Erhaltung der Wahrscheinlichkeit verlangt außerdem, daß $+\,i \times$ Betrag des Integranden gewählt wird. Vom Punkte R_1 an befindet sich das α-Teilchen im klassisch erlaubten Gebiet, es hat den klassischen verbotenen Bereich, den Potentialwall „durchtunnelt" und wird von der Coulombabstoßung vom Kern weggetrieben.

Der Zerfallskonstanten ist also durch

$$\lambda = |A_\alpha(R_0)|^2 \exp\left[-\frac{2}{\hbar}\int_{R_0}^{R_1} \sqrt{2m_\alpha(V(R)-E_\alpha)}\, dR\right] \tag{2.11}$$

gegeben. Falls für V(R) ein reines Coulombpotential angenommen wird, kann das Integral geschlossen angegeben werden. Damit wird

$$\lambda = |A_\alpha|^2 e^{-G}$$

$$G = \frac{2}{\hbar}\sqrt{\frac{2m_\alpha}{E_\alpha}}\, 2Zc^2[\arccos\sqrt{x} - \sqrt{x(1-x)}] \tag{2.12}$$

$$x = \frac{E_\alpha R_0}{2Ze^2}$$

In Bild 2.2 ist die Abhängigkeit der Lebensdauer von der Zerfallsenergie in einem Diagramm dargestellt. Die wesentliche Erkenntnis ist, daß die Zerfallsleistung mit der Zerfallsenergie enorm ansteigt, und zwar wie $E_\alpha \cdot e^{-c/\sqrt{E_\alpha}}$. Dennoch sind α-Strahler nicht als Energiequellen im Großen brauchbar. Der Grund ist einfach: Hochenergetische und deshalb kurzlebige α-Strahler sind nur als Folgeprodukte langlebiger Radioisotope zu erhalten. Dann bestimmt aber die Lebensdauer der Muttersubstanz die Leistung, und der wesentliche Exponentialfaktor entfällt. Im übrigen ist eine rationelle Erzeugung von Nutzenergie nur mittels einer Kettenreaktion möglich. Es sei in diesem Zusammenhang an die Verbrennung erinnert.

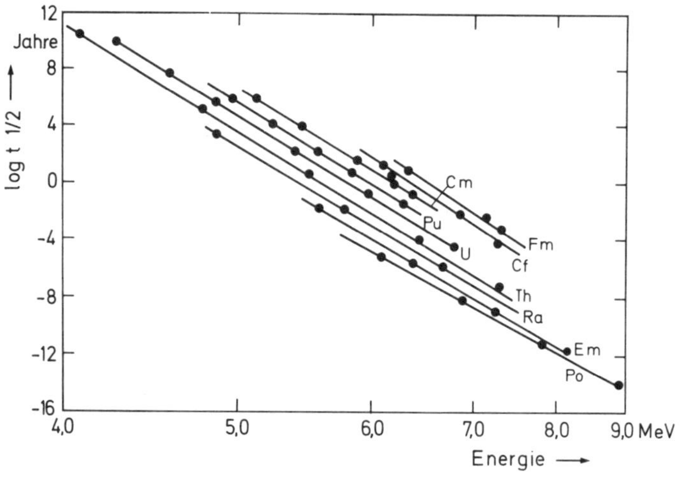

Bild 2.2 Lebensdauer einiger Isotopenketten beim α-Zerfall als Funktlion von E

2.1.2 Kernspaltung

Im Grunde ist der α-Zerfall nur ein Spezialfall einer asymmetrischen Kernspaltung. Allgemein ist Kernspaltung definiert als der Prozeß

$$ {}^{A}_{Z}X_{N} \rightarrow {}^{A_1}_{Z_1}X_{N_1} + {}^{A_2}_{Z_2}X_{N_2}, \tag{2.13} $$

wobei

$$ A = A_1 + A_2 \qquad Z = Z_1 + Z_2 \qquad N = N_1 + N_2 \tag{2.14} $$

$$ E_B(Z, A) = E_B(Z_1 A_1) + E_B(Z_2 A_2) + E_{kin}(A_1) + E_{kin}(A_2). $$

Die allenfalls nutzbare Energie ist gegeben durch

$$ E_{kin}(A_1) + E_{kin}(A_2) = E_B(Z, A) - E_B(Z_1 A_1) - E_B(Z_2 A_2). \tag{2.15} $$

Einen Überblick über die Möglichkeit der Energiegewinnung aufgrund der Gl. (2.15) gibt die Bethe-Weizsäcker-Massenformel, die genau genommen eine Formel für die Bindungsenergie der Kerne in Abhängigkeit von der Massenzahl A und der Ladungszahl Z ist. Wegen der Bedeutung dieser Formel für die gesamte Kernphysik und das vorliegende Problem, wird im folgenden eine Herleitung gegeben, die auf Plausibilitätsargumenten beruht. Ausgangspunkt ist der empirische Befund, daß die Kernkräfte kurzreichweitig sind und die mittlere Kerndichte über das gesamte Periodische System ziemlich konstant ist oder der Kernradius R ist in guter Näherung proportional zu $A^{1/3}$ und demzufolge ist das Kernvolumen proportional zu A. Man kann schreiben

$$ M(Z, A) = Z \cdot m_p + (A - Z)\, m_N - \frac{|E_B(Z, A)|}{c^2}. \tag{2.16} $$

Ausgehend von dieser Erkenntnis kann man für die Berechnung der Bidnungsenergien wie folgt argumentieren: Man setzt zunächst an

$$ E_B = -a_v A + a_s A^{2/3} + a_c \frac{Z^2}{A^{1/3}} + a_A \frac{\left(Z - \frac{A}{2}\right)^2}{A} \pm \delta \tag{2.17} $$

und interpretiert die einzelnen Terme. $a_v \cdot A$ ist der Anteil der Energie, der proportional zum Kernvolumen ist. Er entsteht in dieser Form, weil jedes Nukleon nur mit seinen nächsten Nachbarn in Wechselwirkung steht, deren Anzahl wegen der konstanten Dichte nicht von der Massenzahl A abhängt. Diese Überlegung gilt allerdings nicht für die Nukleonen an der Kernoberfläche. Ihnen fehlt ein Teil der nächsten Nachbarn. Dieser fehlende Teil ist zur Kernoberfläche oder zu $A^{2/3}$ proportional. Der Koeffizient a_s ist dementsprechend positiv. Der dritte Term trägt der Coulombschen Abstoßung Rechnung und der letzte Term schließlich beinhaltet, daß Kerne mit N = Z besonders stark durch die Kernkräfte gebunden sind. Eine Andeutung dieses Sachverhalts ist die Tatsache, daß es kein gebundenes System (n – n) oder gar (p – p) gibt, jedoch das Deuteron (n – p). Die Berechnung der Koeffizienten a aus den Kernkräften ist schwierig, jedoch gibt Gl. (2.17) eine ausgezeichnete phänomenologische Beschreibung der Kernbindungsenergien.

Aus Gl. (2.17) läßt sich nun bestimmen, wann Kernspaltung energetisch möglich ist. Dazu müssen die Kerne ${}^{A_1}_{Z_1}X_{N_1}$ und ${}^{A_2}_{Z_2}X_{N_2}$, wenn ihre Bindungsenergien zusammengezählt werden, stärker gebunden sein als der Kern ${}^{A}_{Z}X_{N}$. Formal kann dieser Sachverhalt folgendermaßen ausgedrückt werden:

$$|E_B(A_1 Z_1)| + |E_B(A_2, Z_2)| > |E_B(A, Z)|. \qquad (2.18)$$

Als einfaches Beispiel kann der Fall symmetrischer Spaltung diskutiert werden. Es gilt dann für die Spaltenergie E_f

$$E_f = |E_B(Z, A)| - 2|E_B\left(\frac{Z}{2}, \frac{A}{2}\right),$$

somit

$$E_f = a_s A^{2/3}(1 - 2^{1/3}) + a_c Z^2 A^{-1/3}(1 - 2^{-2/3}). \qquad (2.19)$$

Setzt man die früher gewonnenen Werte für a_s und a_c ein, so ergibt sich, daß etwa von A = 90 an E_f positiv ist. Das bedeutet noch lange nicht, daß alle diese Kerne wirklich instabil sind. Wie beim α-Zerfall ist auch bei der Spaltung ein Potentialwall zu durchtunneln. Die Verhältnisse sind in Bild 2.3 sehr vereinfacht dargestellt. Der wesentliche Unterschied zum α-Zerfall besteht darin, daß das Potentialmaximum (Sattelpunkt) zu einer Konfiguration gehört, in der die Kernbruchstücke noch keineswegs getrennt sind. In diesem Bereich ist deshalb die Beschreibung des Prozesses durch eine einzige Koordinate, den Relativabstand der Fragmente, im Grunde nicht zulässig. Vereinfacht kann man sich den Ablauf der Spaltung etwa so vorstellen: Zuerst wird unter Verrichtung von Arbeit gegen die Oberflächenspannung die Oberfläche vergrößert, die potentielle Energie steigt an. Gleichzeitig nimmt die Coulombenergie ab, weil der mittlere Abstand der Protonen zunimmt. Schließlich schnürt sich der Kern ein, die elektromagnetische Abstoßung überwiegt und die Fragmente werden auseinandergetrieben. Bei diesem Vorgang erfahren die Spaltprodukte Formänderungen und innere Anregungen, die zu einem sehr komplizierten Zerfallsablauf führen. Tunneln erfolgt in einer komplexen mehrdimensionalen Potentiallandschaft, die durch den Schnitt in Richtung der Relativkoordinate in Bild 2.3 nur grob angedeutet werden kann. Soviel kann man jedoch darauf ablesen, daß eine Barriere durchtunnelt werden muß, und daß die Durch-

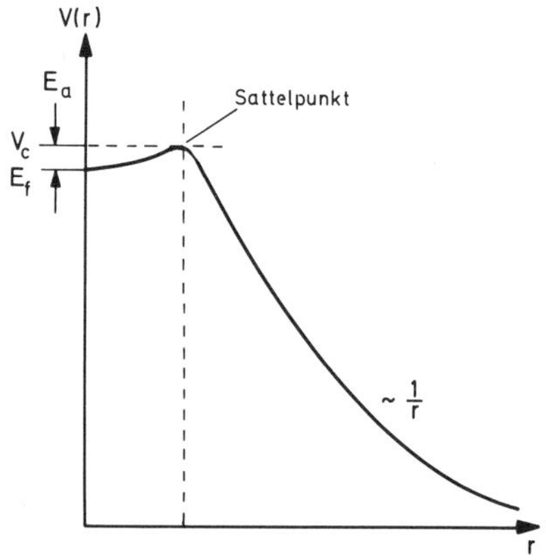

Bild 2.3
Das Potential bei der Spaltung (stark vereinfacht)

dringungswahrscheinlichkeit – verglichen mit dem α-Zerfall – wegen der großen Masse der Fragmente ziemlich klein sein muß (man vergleiche Gl. (2.11)). Die Lebensdauer bezüglich Spaltung ist für die meisten Kerne, für die Spaltung energetisch möglich ist, so groß, daß sie praktisch stabil sind. Auf jeden Fall ist sicher, daß aus diesem Grunde die spontane Spaltung für die Kerntechnik nicht in Frage kommt. Die gleichen Argumente wie beim α-Zerfall führen zu diesem Schluß. Im Gegensatz zum α-Zerfall ist jedoch mindestens eines der primären Endprodukte der Kernspaltung fast immer in einem ziemlich hoch angeregten Zustand. Dies führt zur Emmission von Neutronen und damit zur Möglichkeit einer Kettenreaktion über induzierte Spaltung. Der Grund ist einerseits der komplexe Zerfallsprozeß und die große Zerfallsenergie, andererseits aber auch die Tatsache, daß der relative Neutronenüberschuß mit wachsender Ladungs- und Massenzahl anwächst. Dies führt dazu, daß die Spaltprodukte immer neutronenreich sind (Bild 2.4) und einige relativ schwach gebundene Neutronen enthalten. Das am schwächsten gebundene Neutron kann schon bei mäßiger Anregungsenergie des Spaltprodukts „abgedampft" werden. Wie solche Neutronen unter Umständen eine Spaltung induzieren wird im Abschnitt 2.2 Kernreaktionen behandelt.

Die noch zu besprechenden Zerfallsarten, β- und γ-Zerfall, sind für Energieumwandlung direkt nicht von Interesse. Allerdings spielen sie im Zusammenhang mit dem radioaktiven Abfall der Kernspaltung für die Kerntechnik eine große Rolle.

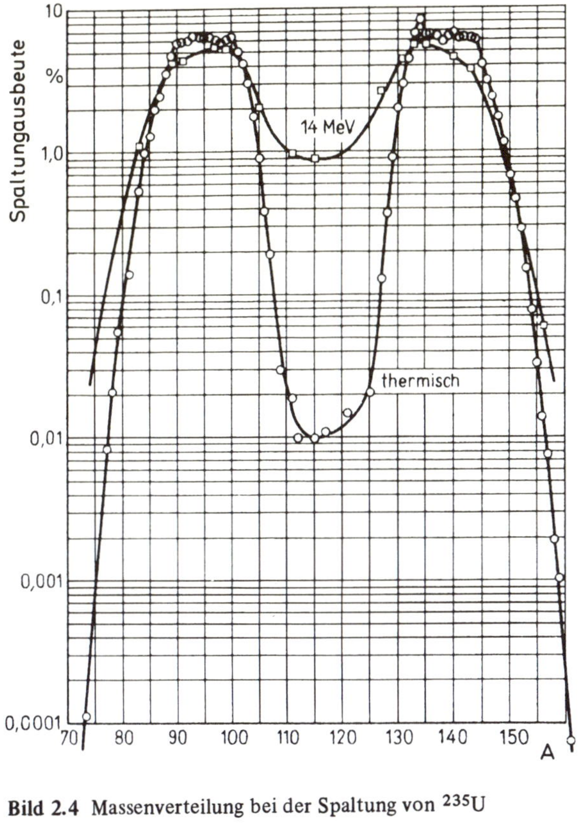

Bild 2.4 Massenverteilung bei der Spaltung von ^{235}U

Beim β-Zerfall ist der fundamentale Prozeß

$$n \rightarrow p + e^- + \bar{\nu} \tag{2.20}$$

Ein Neutron zerfällt in ein Proton, ein Elektron und ein Antineutrino. Die zuständige Wechselwirkung ist die schwache Wechselwirkung, sie bestimmt die Lebensdauer des freien Neutrons zu 11,7 min. Die Zerfallsenergie ist durch die Massendifferenz von Neutron und Proton gegeben. Im allgemeinen Fall geht ein Kern der Massenzahl A und der Ladungszahl Z in einen Kern mit der Ladungszahl Z + 1 und gleicher Massenzahl über:

$$^{A}_{Z}X_N \rightarrow {}^{A}_{Z+1}X_{N-1} + e^- + \bar{\nu}\,. \tag{2.21}$$

Die Zerfallsenergie ist durch die Unterschiede in den Bindungsenergien der Kerne gegeben. Sie verteilt sich auf Elektron und Neutrino, wobei das Elektron als das schwerere Teilchen im Mittel den kleineren Anteil bekommt. Wie beim α-Zerfall und bei der Spaltung nimmt die Zerfallsrate mit wachsender Energie zu, und falls die Zerfallsprodukte (e^-, $\bar{\nu}$ in diesem Fall) Drehimpuls mitnehmen müssen, wird die Rate geringer.

Gleiches gilt für den γ-Zerfall, der ein anderes Wort für die Aussendung elektromagnetischer Strahlung aus Kernen ist.

$$\begin{aligned} &^{A}_{Z}X^{i}_{N} \rightarrow {}^{A}_{Z}X^{f}_{N} + \gamma \\ &\hbar\omega = E_i - E_f . \end{aligned} \tag{2.22}$$

Der Kern geht aus dem energetisch höheren Zustand i in den Zustand f über, die Energiedifferenz wird als γ-Quant (Photon) emittiert. Gl. (2.22) ist die Plancksche Beziehung zwischen Übergangsenergie und Frequenz der Strahlung. Es ist einfach, plausibel zu machen, daß die schon erwähnten radioaktiven Spaltprodukte vor allem β- und γ-Strahlung emittieren. Wie schon erwähnt, sind sie neutronenreich, und das am schwächsten gebundene Neutron ist wesentlich schwächer gebunden als das am schwächsten gebundene Proton. Die Differenz in der Bindungsenergie ergibt die β-Zerfallsenergie. γ-Strahlung tritt auf, weil β-Zerfälle oft nicht zum Grundzustand des Folgekerns führt. Der angeregte Zustand zerfällt dann unter γ-Emission. Ein Beispiel soll dies erläutern (Bild 2.5):

$$^{235}_{92}U_{143} \rightarrow {}^{90}_{36}Kr + {}^{145}_{56}Ba_{89}\,.$$

Als Anwendung dieser Kenntnisse über Kernzerfälle soll kurz auf die Gefährlichkeit radioaktiver Spaltprodukte eingegangen werden. Dabei sind folgende Faktoren in Rechnung zu stellen:

1. Häufigkeit der Bildung des Spaltproduktes,
2. Art und Energie der emittierten Strahlung,
3. Lebensdauer (Zerfallsrate des Spaltproduktes),
4. Die Modifikation in der das Spaltprodukt vorliegt (z. B. fest, gasförmig),
5. Art der Folgeprodukte.

Zu den aufgeführten Punkten ist im einzelnen zu sagen:

1. Zur Häufigkeit des Auftretens eines bestimmten Spaltproduktes ist kaum etwas zu sagen. Sie ist durch den Spaltprozeß festgelegt und muß als gegebene Größe hingenommen werden.

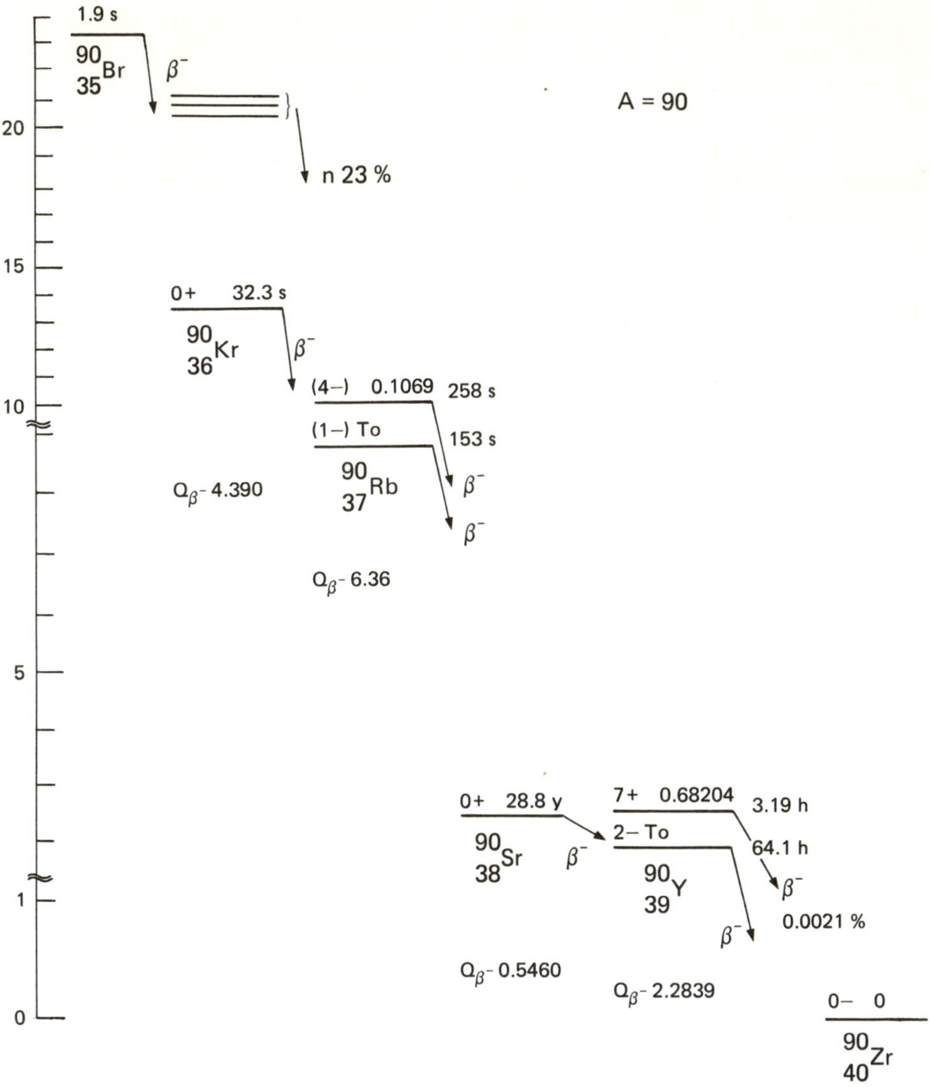

Bild 2.5 Zerfallschema von A = 90-Kernen

2. Vereinfachend kann man sagen: je höher die Energie, um so größer die Schädigung. Dabei sind die geladenen Teilchen (β-Strahlung z. B.) wiederum wirksamer als γ-Strahlung. Allerdings sind geladene Teilchen leichter abzuschirmen, weil sie von Materie stärker absorbiert werden. Dazu vergleiche man den Abschnitt 2.2 Kernreaktionen.
3. Offensichtlich ist die Strahlungsintensität bei gleicher Menge radioaktiven Materials um so höher, je kürzer die Lebensdauer ist. Allerdings kann man bei kurzen Lebensdauern das Abklingen der Radioaktivität leicht abwarten. Probleme geben die Lebensdauern von etwa 1 Jahr bis zu 10 000 Jahren.

4. Gasförmiges Material ist sicherlich wesentlich schwieriger aufzubewahren als feste Stoffe. Andererseits können feste Substanzen in Organismen eingebaut werden und durch Akkumulation besonders schädlich sein. Beispiele sind radioaktives Jod und Strontium.
5. Es ist sicher ein Unterschied, ob ein kurzlebiges Spaltprodukt in einen Kern mit 30 Jahren Halbwertszeit oder in einen stabilen Kern zerfällt. Im Grunde sind von all den Zerfallsreihen – ein Beispiel wurde vorhin gegeben – nur diejenigen von Wichtigkeit, die langlebige Kerne beträchtlicher Menge produzieren.

An dem im Bild 2.5 dargestellten Beispiel einer Spaltung ist dies zu sehen. Das langlebige Produkt dieser Reihe ist ^{90}Sr. Als Erdalkalimetall liegt es in fester Form vor. Eine radioaktive Verseuchung ist nur bei Explosionen zu befürchten. Das z. Z. vorhandene ^{90}Sr stammt vollständig aus Testexplosionen von Atombomben. Das Folgeprodukt ^{90}Y emittiert β-Strahlen von maximal 2,2839 MeV und zerfällt in das stabile ^{90}Zr. Die β-Strahlung des ^{90}Sr ist leicht abzuschirmen. Weniger leicht ist wegen der höheren Energie dies mit der Strahlung des ^{90}Y möglich. Auf jeden Fall ist zu bedenken, daß Strontium als chemisch verwandt mit Calcium besonders in Knochen und Zähnen eingebaut und wegen der Halbwertszeit von 28,8 Jahren auch angesammelt werden kann.

Mit diesem Exkurs über radioaktive Spaltprodukte sollte dargelegt werden, daß das Studium von Kernzerfallsprozessen für die realistische Einschätzung der Gefährlichkeit von radioaktivem Abfall unerläßlich ist. Gleichzeitig sollte gezeigt werden, daß sich hier ein weites Feld für Forschung in Physik, Chemie, Biologie und Medizin eröffnet hat.

2.2 Kernreaktionen

Auch in diesem Abschnitt soll die Auswahl des zu besprechenden Stoffes auf das Thema Kerntechnik ausgerichtet sein. Das hat zur Folge, daß große und interessante Teilgebiete, z. B. die Schwerionenreaktion, nur kurz erwähnt werden können. Am Beginn soll eine grobe, aber für den Zweck ausreichende Klassifikation der Kernreaktionen stehen.

a) *Elastische Streuung*

Dieser Prozeß kann durch folgende Formel beschrieben werden:

$$^{A_1}_{Z_1}X_{N_1} + ^{A_2}_{Z_2}X_{N_2} \rightarrow ^{A_1}_{Z_1}X_{N_1} + ^{A_2}_{Z_2}X_{N_2} \tag{2.23}$$

Der Kern A_1 trifft auf A_2 und wird um den Winkel θ gestreut. A_2 erhält einen Rückstoß nach dem Impuls- und Energiesatz. Beide Kerne sind vor und nach der Streuung im Grundzustand.

b) *Inelastische Streuung*

$$^{A_1}_{Z_1}X_{N_1} + ^{A_2}_{Z_2}X_{N_2} \rightarrow ^{A_1}_{Z_1}X^*_{N_1} + ^{A_2}_{Z_2}X_{N_2} \tag{2.24}$$

Nach der Streuung ist mindestens einer der beiden Kerne in einem angeregten Zustand.

c) *Transfer Reaktionen*

Diese Klasse umfaßt alle weiteren Reaktionen mit zwei Kernen im Endzustand:

$$^{A_1}_{Z_1}X_{N_1} + ^{A_2}_{Z_2}X_{N_2} \rightarrow ^{A_3}_{Z_3}X^*_{N_3} + ^{A_4}_{Z_4}X^*_{N_4}. \tag{2.25}$$

Nukleonen werden während der Reaktion von einem Kern auf den anderen übertragen. Die Kerne im Endzustand können zudem angeregt sein.

Zuerst soll die Energie- und die Impulsbilanz der drei Prozesse aufgestellt werden. Im Fall der elastischen Streuung gehen die Anregungs- und Bindungsenergien nicht in diese Bilanz ein. Im Laborsystem von Bild 2.6 (Kern A_2 sei in Ruhe) lauten diese Gleichungen

$$E_1 = \frac{p_1^2}{2m_1} = \frac{p_1'^2}{2m_1} + \frac{p_2'^2}{2m_2} = E_1' + E_2'$$
$$\vec{p}_1 = \vec{p}\,'_1 + \vec{p}\,'_2 \,. \tag{2.26}$$

Daraus folgt

$$E_1' - 2\frac{m_1}{m_1 + m_2}\sqrt{E_1}\cos\theta\sqrt{E_1'} + \frac{m_1 - m_2}{m_1 + m_2}E_1 = 0 \tag{2.27}$$

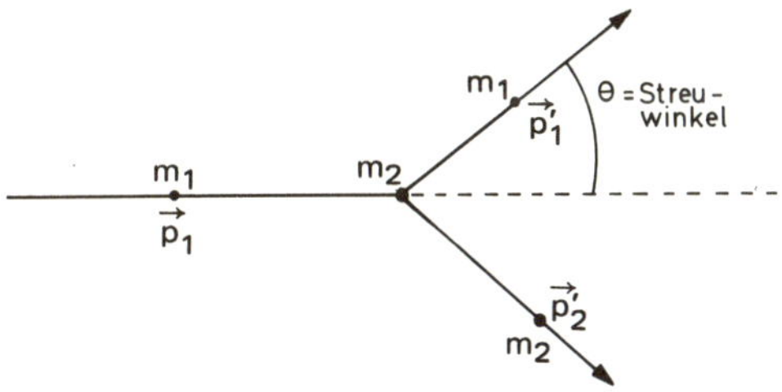

Bild 2.6
Kinematik bei der Streuung

Diese Gleichung gestattet, die Energie E_1' nach der Streuung zu berechnen, und zwar in Abhängigkeit von der Masse, der Einschußenergie und dem Streuwinkel θ. Man erhält

$$\frac{E_1'}{E_1} = \left[\frac{m_1}{m_1 + m_2}\left(\cos\theta \pm \sqrt{\cos^2\theta - 1 + \left(\frac{m_2}{m_1}\right)^2}\right]^2 . \tag{2.28}$$

Das Vorzeichen der Wurzel ist so zu wählen, daß

$$0 \leqslant \frac{E_1'}{E_2} \leqslant 1 \tag{2.29}$$

gilt.

Nimmt man $m_1 \leqslant m_2$ an, ein Fall der sehr häufig ist (leichtere Kerne sind einfacher zu beschleunigen), so ergibt sich die in Bild 2.7a und b dargestellte Abhängigkeit des relativen Energieverlustes $\Delta E_1/E_1$ von θ und vom Massenverhältnis m_2/m_1. Man liest aus dieser Abbildung ab, daß für gegebenes Massenverhältnis m_2/m_1 der Energieverlust mit wachsendem Streuwinkel θ ansteigt. Bei festem Winkel wiederum ist der größte Energieverlust für $m_2/m_1 = 1$ gegeben. Dies ist von Bedeutung, wenn durch Stöße Neutronen auf geringere mittlere Energie gebracht werden sollen. Elemente mit kleinem Atomgewicht sind am wirkungsvollsten.

Bei inelastischer Streuung und bei Transferreaktionen tritt die Differenz der Bindungsenergie im Anfangs- und Endzustand – der sogenannten Q-Wert – zur Energiebilanz hinzu.

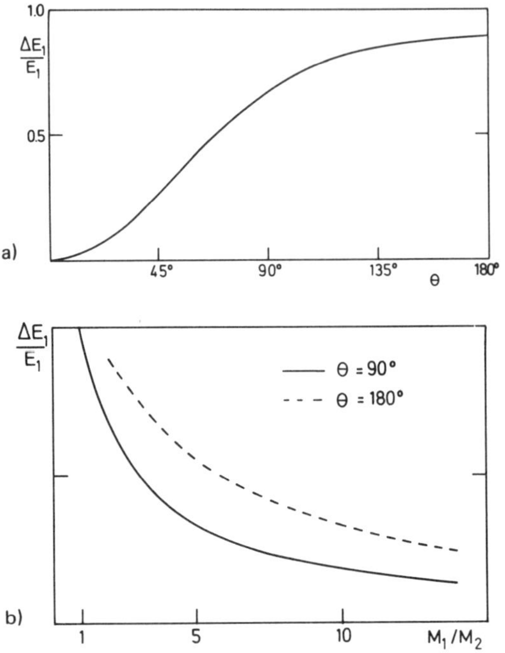

Bild 2.7
Energieverlust bei der inelastischen Streuung als Funktion a) des Winkels θ und b) des Massenverhältnisses M_1/M_2.

Der Q-Wert ist definiert als

$$E_B^{(1)} + E_B^{(2)} - E_B^{(1')} - E_B^{(2')} = Q. \tag{2.30}$$

Ein positiver Q-Wert bedeutet, daß bei der Reaktion kinetische Energie gewonnen wird.

Nach der Energie-Impuls-Bilanz interessiert der Wirkungsquerschnitt, der die Häufigkeit einer Streuung mißt. Er ist durch folgende Meßgröße definiert

$$\frac{d\sigma}{d\Omega} = \frac{\text{Anzahl der gestreuten Teilchen pro Raumwinkelelement } d\Omega \text{ und pro Sekunde}}{\text{Stromdichte der einfallenden Teilchen}} \tag{2.31}$$

Die Dimension ist offensichtlich die einer Fläche (cm^2). Die am häufigsten verwendete Einheit ist 1 barn = 10^{-24} cm^2 = 10^{-28} m^2. Zu bemerken ist dazu, daß 1 barn schon ein ziemlich großer Wirkungsquerschnitt ist. Die Berechnung des Wirkungsquerschnittes in der Wellenmechanik sei hier nur angedeutet. Man geht davon aus, daß für große Abstände der gestreuten Teilchen vom Streuzentrum eine Wellenfunktion folgender Art vorliegt: eine einlaufende ebene Welle und eine auslaufende Kugelwelle e^{ikr}/r:

$$\psi_{\vec{r} \to \infty}\; e^{i\vec{k}\vec{r}} + f(\theta)\frac{e^{ikr}}{r}. \tag{2.32}$$

Der Vektor $\vec{k}$ ist gegeben durch $\vec{p} = \hbar\vec{k}$ (vgl. Bild 2.6). Daraus berechnet man mit der gerade angegebenen Definition

$$\frac{d\sigma}{d\Omega} = |f(\theta)|^2. \tag{2.33}$$

Um dieses Ergebnis weiter auszuwerten, muß man die Wellengleichung für Materiewellen lösen.

$$\left(\frac{\hbar^2}{2m}\,\Delta - E\right)\psi = -V\psi. \tag{2.34}$$

Das Potential V ist die Quelle der Streuwellen, für V = 0 ist die Lösung dieser Gleichung eine ebene Welle

$$\psi = e^{i\vec{k}\vec{r}}$$

mit

$$\frac{\hbar^2 k^2}{2m} = E \quad \text{oder} \quad k = \sqrt{\frac{2mE}{\hbar^2}}. \tag{2.35}$$

Eine formale Lösung der Gl. (2.34) mit den Randbedingungen der Gl. (2.31) bekommt man aufgrund der Kenntnisse von Elektrodynamik und Optik. Es gilt nämlich

$$\psi(\vec{r}) = -\frac{1}{4\pi}\int \frac{e^{ik|\vec{r}-\vec{r}\,'|}}{|\vec{r}-\vec{r}\,'|}\, V\psi(\vec{r}\,')d^3r' + e^{i\vec{k}\vec{r}}. \tag{2.36}$$

Dies ist nichts weiter als das Huygensche Prinzip: Von jedem Quellpunkt geht eine Kugelwelle aus. Im Gegensatz zur Elektrodynamik und Optik ist dies im Fall der Wellenmechanik allerdings nur eine Umschreibung der Wellengleichung in eine Integralgleichung. Die gesuchte Funktion ψ kommt nämlich unter dem Integral auf der rechten Seite vor. Allerdings ist diese Formulierung gut geeignet, um Näherungen einzuführen. Die einfachste Näherung ist, $V(\vec{r})$ als Störung aufzufassen und im Störterm ψ durch die ungestörte Lösung $e^{i\vec{k}\vec{r}}$ zu ersetzen. Dies ist die mit Recht berühmte Bornsche Näherung. Damit erhält man eine explizite Formel für die Streuamplitude

$$f(\theta) = -\frac{1}{4\pi}\int e^{ik\frac{\vec{r}\vec{r}\,'}{r}}\, V(\vec{r}\,')\, e^{i\vec{k}\vec{r}\,'}\, d^3r'. \tag{2.37}$$

Die Bornsche Näherung ist der erste Term einer iterativen Lösung des Problems. Allerdings ist die Konvergenz der so entstehenden Reihe im allgemeinen nicht gesichert. Die Näherung ist gut, wenn V schwach oder die Energie groß ist. Im letzten Fall ist die Wellenlänge klein, der Störterm wird durch Interferenz verkleinert.

Für die folgenden Erörterungen wird allerdings der Fall kleiner Energie und relativ starker Wechselwirkung eine Rolle spielen, jedoch nur für Neutronen als Projektil. In diesem Fall ist es günstig, den Drehimpulssatz zu benutzen. Aus der klassischen Theorie der Streuung weiß man daß

$$L = p \cdot b \tag{2.38}$$

gilt, wobei b der Stoßparameter ist (Bild 2.8). Nur wenn der Stoßparameter b kleiner oder gleich der Reichweite der Wechselwirkung ist, findet eine Streuung statt, d. h.,

$$\frac{L}{p} \leqslant r_0$$
$$L \leqslant r_0\, p. \tag{2.39}$$

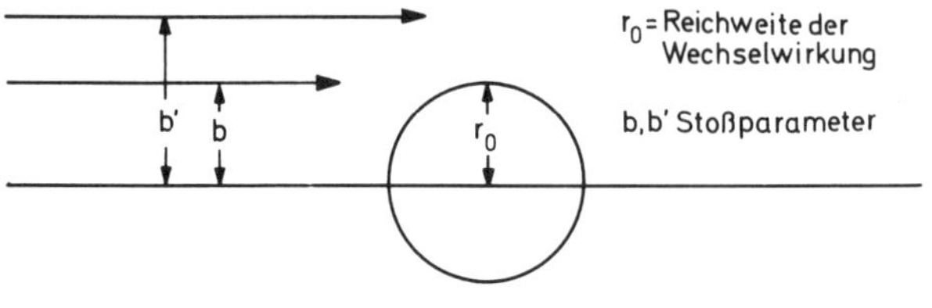

Bild 2.8
Stoßparameter und Drehimpuls

Wegen Drehimpulsquantisierung gilt

$$L = \hbar l \qquad l \leqslant r_0 k. \tag{2.40}$$

Für hinlänglich kleine Energien ($r_0 \cdot k < 1$) trägt nur $l = 0$ zur Streuung bei. Es gibt nur auslaufende Kugelwellen mit $l = 0$ und die Streuamplitude $f(\theta)$ ist eine vom Streuwinkel θ unabhängige Konstante. Außerdem ist dann nur eine wesentlich einfachere Differentialgleichung in der Variablen r zu lösen.

Im folgenden sollen einige typische Reaktionen besprochen werden. Besonders einfach sind sogenannte direkte Reaktionen. Dabei tritt das Projektil mit den Nuleonen im Kern nur einmal in Wechselwirkung. Zwei Reaktionen, die sich in diese Kategorie einordnen lassen, seien als Beispiel kurz aufgeführt.

$$p + {}^A_Z X_N \to p' + {}^A_Z X^*_N \qquad d + {}^A_Z X_N \to p + {}^A_Z X^*_{N+1} \tag{2.41}$$

Solche Reaktionen diskutiert man am einfachsten im Rahmen eines Einteilchenmodells. In diesem Modell wird der Kern als Ansammlung von Nukleonen in einem gemeinsamen Potential beschrieben. Ein solches Modell ist durchaus mit dem Tröpfchenmodell vereinbar. Aufgrund der konstanten Dichte im Kerninnern und der kurzen Reichweite der Kernkräfte ist das mittlere Potential, das ein Nukleon erfährt, durch die Dichteverteilung gegeben. Dieses mittlere Potential beinhaltet den weitaus größten Teil der Wechselwirkung. Diese Vorstellung von der Kernstruktur ist empirisch sehr gut gesichert. Im Rahmen dieser Vorstellung lassen sich die angeführten Reaktionen, wie in Bild 2.9 dargestellt, veranschaulichen. Man versteht anhand dieses Bildes sofort, daß die erste Reaktion (p, p′) endotherm und die zweite (d, n) exotherm ist. Die Bindungsenergie des Deuterons beträgt nur 2,23 MeV. Dagegen ist die Bindungsenergie eines Neutrons in schweren Kernen stets etwa 5 ... 8 MeV.

Die Wirkungsquerschnitte solcher Reaktionen lassen sich recht gut durch eine modifizierte Bornsche Näherung beschreiben. Die Modifikation besteht darin, daß die Wechselwirkung der ungebundenen Teilchen im Anfangs- und Endzustand durch ein Potential beschrieben wird. Dieses wird exakt behandelt, während für die Wechselwirkung, die den Übergang vermittelt, die Bornsche Näherung benutzt wird. Die ungestörte Lösung in Gl. (2.36) ist dann keine ebene Welle mehr, sondern entspricht einer Streulösung in einem Potential $V_{opt}(r)$, dem sogenannten optischen Potential. Es enthält einen absorptiven (imaginären) Anteil, der pauschal alle nicht explizit berücksichtigten Reaktionen in Rechnung stellt. Für die kerntechnischen Anwendungen sind solche Reaktionen allerdings von geringer Bedeutung. Wichtig sind Reaktionen mit Neutronen mit kleiner Energie. Solche Reaktionen mit Neutronen als Projektil unterscheiden sich von allen anderen durch das Fehlen der abstoßenden Coulombschen Wechselwirkung. Auch mit beliebig kleiner kine-

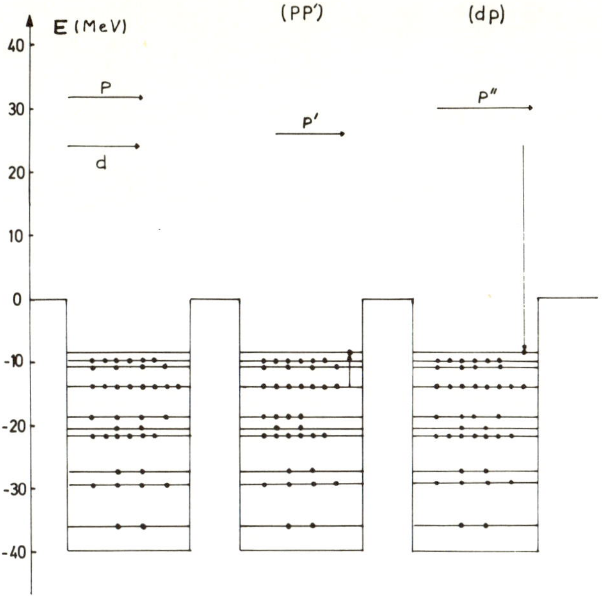

Bild 2.9
Direkte Reaktionen im Einteilchenbild. Im Kern (Z, A) sind alle Niveaus bis zum Niveau i_f besetzt. Im Fall inelastischer Streuung gibt das Projektil Energie an ein Nukleon im Niveau i ab ($i \leqslant i_f$) und hebt es in das Niveau k ($k \geqslant i_f$). Im Fall der Transferreaktion (d, p) wird das Neutron im Niveau k deponiert, die Bindungsenergiedifferenz geht an das Proton über.

tische Energie kann das ankommende Neutron in den Kern eindringen. Im Kerninnern hat das Neutron nun eine kinetische Energie entsprechend dem mittleren Potential V (vgl. Bild 2.9). Diese Energie kann sich wegen der großen Aufenthaltswahrscheinlichkeit des Neutrons in der Nähe des Kerns, die wiederum auf der geringen Geschwindigkeit v des Neutrons beruht, auf viele Nukleonen übertragen, und es entsteht ein komplexer Zustand des Kerns mit der Massenzahl A + 1 (${}^{A+1}_{Z}X_{N+1}$), ein sogenannter Compoundkern. Die Anregungsenergie dieses Zustands ist durch die Bindungsenergie des hinzugetretenen Neutrons gegeben, im allgemeinen einige MeV. Als Funktion der Energie zeigt der Wirkungsquerschnitt ein Verhalten wie $1/v$ mit überlagerten Resonanzstrukturen. Die Schärfe der Resonanzen rührt von der langen Lebensdauer der Compoundzustände her. Um diese Lebensdauer zu verstehen, muß man bedenken, daß es höchst unwahrscheinlich ist, daß sich die Energie des Beschußneutrons, die sich auf viele Nukleonen verteilt hat, wieder auf ein einziges Neutron vereinigt. Alle anderen Zerfallsprozesse verlaufen über wesentlich schwächere Wechselwirkungen (z. B. γ-Emission durch elektromagnetische Wechselwirkung). Für schwere Kerne ist auch Spaltung eine Zerfallsmöglichkeit. Die Spaltwahrscheinlichkeit ist stark erhöht, weil das Neutron – wie schon ausgeführt – einige MeV Anregungsenergie mitbringt. Die Potentialbarriere für Spaltung ist dadurch wesentlich erniedrigt.

Dadurch ergibt sich die Möglichkeit einer Kettenreaktion, die allerdings an zwei Voraussetzungen gebunden ist. Einmal müssen bei jedem Spaltprozeß im Mittel deutlich mehr als ein freies Neutron erzeugt werden. Zum anderen muß der Wirkungsquerschnitt für induzierte Spaltung durch Neutroneneinfang so sein, daß man eine Situation herbeiführen kann, in der im Mittel eines der erzeugten Neutronen wieder zu einer Spaltung führt. Der Bau von Reaktoren, die durch Spaltung von ^{235}U betrieben werden, ist ein Beispiel, daß beide Forderungen zu erfüllen sind.

3 Einführung in die Neutronenphysik

W. Gläser

3.1 Theoretische und Experimentelle Grundlagen

Die Neutronenphysik ist ein relativ junges Gebiet der Physik, denn das Neutron ist erst seit 1932 bekannt. Trotzdem berührt sie bereits viele Gebiete der Grundlagenforschung, der angewandten Forschung und der technischen Anwendungen. Es ist interessant, daß der andere Kernbaustein, das Proton, dieses Kunststück nicht fertiggebracht hat, obwohl es schon länger bekannt ist. Es gibt in diesem Sinne keine „Protonenphysik". Proton und Neutron sind sich eigentlich sehr ähnlich. Der wesentliche Unterschied ist der, daß das Neutron keine elektrische Ladung besitzt, und auf diesem Unterschied beruht die Vielseitigkeit der Neutronenphysik.

3.1.1 Entdeckung und Eigenschaften des Neutrons

Sprechen wir kurz über die Entdeckung des Neutrons. Das war zu einer Zeit, als die Theorie des Kernaufbaus in eine Sackgasse geraten war. Zu dieser Zeit wurden von den Experimentatoren vor allem Versuche zur Kernumwandlung durchgeführt. Interessant waren die Versuche von Bothe und Becker. Sie schossen α-Teilchen aus einer Poloniumquelle auf Beryllium und fanden eine Strahlung, die Bleiplatten von mehreren cm Dicke durchdrang (Bild 3.1). Protonen werden bereits durch dünne Bleifolien abgebremst. Die durchdringenste Strahlung, die man bis dahin kannte, war die γ-Strahlung. Die neue, noch unbekannte Strahlung erwies sich aber als noch durchdringender. Besonders erstaunlich war, daß beim Einbringen wasserstoffhaltiger Materialien in den Strahlengang, die Intensität nicht abnahm, sondern zunahm. Damit war es ganz unwahrscheinlich, daß es sich um γ-Strahlung handelt, denn diese hätte eine extrem hohe Energie (50 MeV) besitzen müssen, wie man sie für γ-Strahlen noch nie beobachtet hatte. Das Rätsel wurde 1932 von Chadwick gelöst. Sein Gedankengang war so einfach, daß wir aus seiner Betrachtungsweise manches lernen können. Er griff auf die Stoßgesetze der klassischen Mechanik zurück. Es ist bekannt, daß beim elastischen Stoß zweier Teilchen die meiste Energie übertragen wird, wenn die stoßenden Teilchen gleich große Massen besitzen. Würde die Strahlung aus Teilchen bestehen, die un-

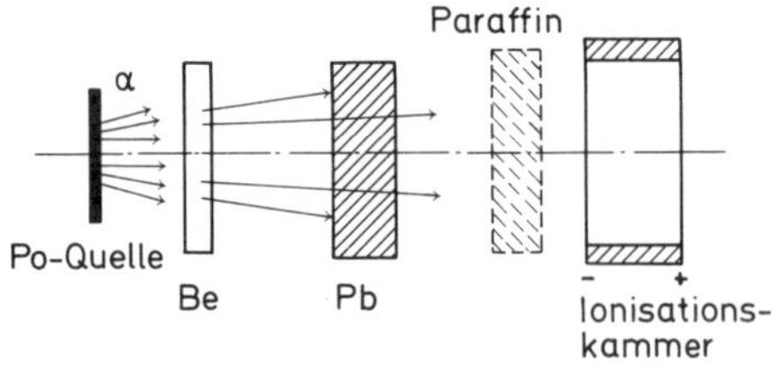

Bild 3.1
Versuch von Bothe und Becker

gefähr Protonenmasse haben, bräuchte sie gar keine extrem hohe Energie zu besitzen, um die beobachteten Effekte zu erzielen. Wären die Teilchen außerdem ungeladen, dann wäre auch ihr großes Durchdringungsvermögen erklärt. Das war zunächst nur eine Hypothese, um sie zu erhärten verwendete Chadwick anstelle einer wasserstoffhaltigen (Paraffin in Bild 3.1), eine stickstoffhaltige Schicht. Für die Geschwindigkeit der Teilchen beim zentralen Stoß gilt

$$v_M = \frac{2m}{m+M} v_m \quad \text{oder} \quad \frac{v_{M_1}}{v_{M_2}} = \frac{m+M_2}{m+M_1}$$

v_M Geschwindigkeit des gestoßenen Teilchen mit der Masse M,

v_m Geschwindigkeit des stoßenden Teilchen mit der Masse m.

v_{M_1} bzw. v_{M_2} sind dann die Geschwindigkeiten von Teilchen der Masse M_1 und M_2, die von den unbekannten Teilchen aus der jeweiligen Schicht herausgeschlagen werden.

Chadwick fand, daß die Geschwindigkeit der ausgestoßenen Stickstoffkerne nur 1/7 derjenigen der Wasserstoffkerne war:

$$\frac{m + 14m_p}{m + m_p} = 7 \quad \rightarrow \quad m = 1{,}16\ m_p.$$

Daraus folgte, daß die Masse der neuen Teilchen nur wenig größer ist als die der Protonen. Damit war die Existens des Neutrons eigentlich nachgewiesen, seine Masse grob bestimmt und ein wichtiger Beitrag zum Verständnis des Kernaufbaus geleistet.

In zahlreichen späteren Versuchen wurden die Eigenschaften des Neutrons, auch die Masse, viel genauer bestimmt. Dabei zeigte sich, daß die Neutronenmasse, die des Protons nur um etwa 1 ‰ übertrifft, aber dieser winzige Überschuß ist von großer Bedeutung, wie wir gleich noch sehen werden. Die Massendifferenz ließ wegen der Energie-Masse-Äquivalenz eine Instabilität, einen Zerfall des Neutrons in ein Proton und ein Elektron erwarten. Diesen Zerfall hat man auch 1950 als genügend freie Neutronen verfügbar waren, nachweisen können. Das Experiment, dessen Schema in Bild 3.2 angegeben ist, wurde erstmals 1950 in Oak Ridge durchgeführt. Dabei wurde auf beiden Seiten eines aus einem Reaktor austretenden Neutronenstrahls je ein Elektronen- und ein Protonendetektor aufgestellt, mit denen das gleichzeitige Auftreten von Protonen und Elektronen, die nur vom Zerfall der Neutronen kommen können, nachgewiesen wurde. Interessant war dabei, daß die auftretenden Teilchen *allein* den Impuls- und den Energiesatz nicht erfüllen. Die Gültigkeit dieser Sätze kann nur durch Einführung eines weiteren Teilchen, des Neutrinos, gerettet werden. Die Gleichung für den Zerfall des Neutrons wird folgendermaßen geschrieben:

$$n \underset{11{,}7\ \text{min}}{\rightarrow} p + e^- + \bar{\nu}.$$

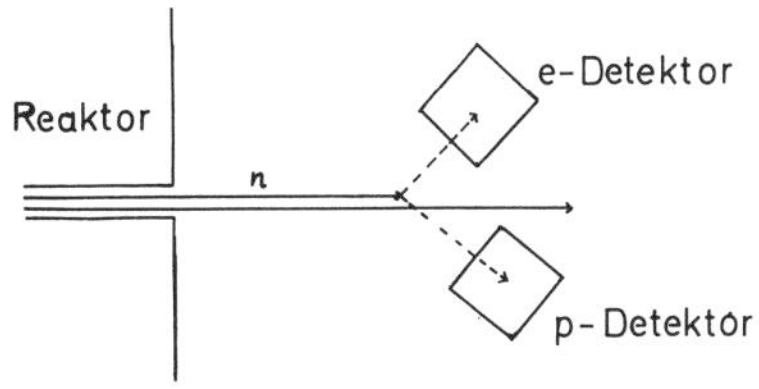

Bild 3.2
Nachweis des Neutronenzerfalls

In der Tabelle 3.1 sind die wichtigsten Eigenschaften von Proton und Neutron noch einmal zusammengestellt.

Tabelle 3.1: Eigenschaften von Proton und Neutron

Größe	Proton	Neutron
Ruhemasse	$1{,}6726 \cdot 10^{-24}$ g	$1{,}6749 \cdot 10^{-24}$ g
Lebensdauer	stabil	11,7 min
Spin	$\hbar/2$	$\hbar/2$
magnetisches Moment	$2{,}7928\ \mu_K$[1])	$-1{,}9131\ \mu_K$[1])

Der Zerfall des Neutrons und das mit dem Spin gekoppelte magnetische Moment, das in keinem einfachen Verhältnis zum Kernmagneton steht, haben den Glauben daran, daß es sich bei Proton und Neutron um elementare Teilchen handelt, im Sinne von in sich abgeschlossen und nicht weiter aufspaltbar, ins Wanken gebracht. In den letzten Jahren macht die Untersuchung ihres Aufbaues aus den sogenannten Quarks rasche Fortschritte (siehe Abschnitt 1.6).

Für unsere Betrachtung bleiben Neutron und Proton bei aller inneren Kompliziertheit elementare und einfache Teilchen. Elementar, weil sie Grundbausteine der uns umgebenden Materie darstellen, einfach, weil sie unmittelbar zeigen, wie die Gesetze der Quantenmechanik für die gesamte Materie gelten.

Auf den letzten Punkt wollen wir noch kurz eingehen. Das Neutron ist ein ausgezeichnetes Demonstrationsbeispiel für die Gesetze der Quantenmechanik, weil es keine Ladung besitzt. Es ist in der Lage, sich relativ frei durch Materie hindurch zu bewegen, sogar bei sehr kleinen Geschwindigkeiten, die das der Alltagserfahrung so ungewohnte quantenmechanische Verhalten besonders deutlich werden lassen. Nach der Quantenmechanik besitzt jedes materielle Teilchen auch Welleneigenschaften. Die Wellenlänge wird durch die de Broglie-Beziehung bestimmt:

$$\lambda = \frac{h}{mv} = \frac{2.86 \cdot 10^{-2}}{\sqrt{E}} \quad \text{nm}$$

E ist hier die Energie des Neutrons in eV.

Die Neutronen, die beim Beschuß mit α-Teilchen freigesetzt werden, besitzen eine relativ hohe Energie, nämlich eine mittlere Energie

$$E_n \approx 4\ \text{MeV} \rightarrow v \simeq 2{,}8 \cdot 10^7\ \text{m/s} \rightarrow \lambda \approx 1{,}4 \cdot 10^{-5}\ \text{nm}$$

Neutronen mit so kleinen Wellenlängen verhalten sich praktisch wie Teilchen. Schnelle Neutronen können aber auf thermische Energie abgebremst werden, z. B. auf eine Energie

$$E_n \approx \frac{1}{40}\ \text{eV} \rightarrow v \simeq 2200\ \text{m/s} \rightarrow \lambda \simeq 0{,}18\ \text{nm}$$

---

[1]) $\mu_K = e\hbar/2m_p$ ist das Kernmagneton

Solche Neutronen verhalten sich ähnlich wie kurzwellige elektromagnetische Wellen, wie Röntgenstrahlen. Sie werden beim Auftreffen auf Materieschichten gebrochen und reflektiert und an Einkristallen gebeugt. Wir werden darauf noch zurückkommen.

3.1.2 Wechselwirkung von Neutronen mit Materie (Begriff des Wirkungsquerschnitts)

Wir wollen uns jetzt damit befassen, wie man die Wechselwirkung von Neutronen mit Materie beschreibt. Freie Neutronen können beim Zusammenstoß mit Atomkernen verschiedene Kernreaktionen auslösen. Man unterscheidet Streu- und Einfangsprozesse. Bei Streuprozessen ändert das Neutron seine Richtung und im allgemeinen auch seine Energie. Bei einem Einfangsprozeß wird es vom Kern absorbiert und regt diesen an. Die Energieabgabe kann zu ganz verschiedenartigen Reaktionsprodukten führen.

Allgemein kann die Wahrscheinlichkeit für das Auftreten solcher Prozesse durch einen Wirkungsquerschnitt beschrieben werden (siehe auch Abschnitt 2.2). Zur Veranschaulichung der Definition dient Bild 3.3. Wir stellen uns einen parallelen Strahl von Neutronen der gleichen Geschwindigkeit v vor. Die Anzahl der Neutronen, die pro Sekunde eine senkrecht zum Strahl gedachte Fläche von 1 cm^2 durchfliegt, wird Neutronenstrom genannt oder auch gerichtete Neutronenflußdichte:

$$I = nv.$$

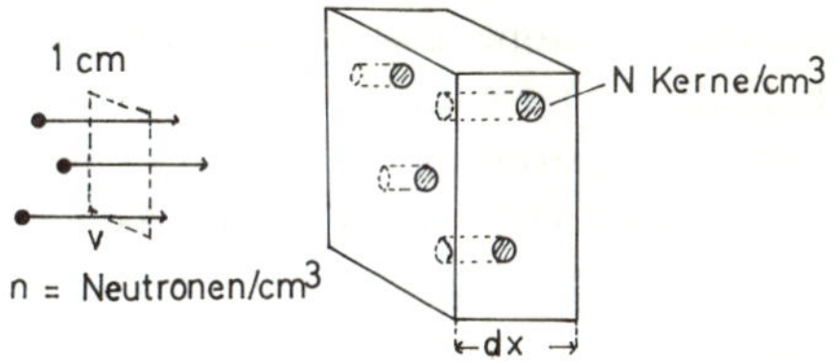

Bild 3.3
Zur Definition des Wirkungsquerschnitts

Wird nun eine Probe aus einem Material, das N identische Kerne pro cm^3 enthält in den Strahl gebracht wenn diese so dünn (dx) ist, daß der Strahl nur wenig geschwächt wird, dann können wir für die Schwächung des Stroms schreiben:

$$dI = -\sigma I N dx.$$

Die Proportionalitätskonstante σ hängt nur von den Eigenschaften der Kerne ab. Sie wird mikroskopischer Wirkungsquerschnitt der entsprechenden Kernsorte für Neutronen der Geschwindigkeit v genannt. $N\sigma$ ist die Wahrscheinlichkeit dafür, daß ein Neutron beim Durchfliegen einer Probe von 1 cm Dicke und N Kernen/cm^3 einen Stoß ausführt. Es ist klar, daß σ die Dimension einer Fläche hat. Üblicherweise wird σ in Einheiten von 10^{-24} cm^2 angegeben. Diese Einheit wird 1 barn*) genannt. Anschaulich können wir uns den Wirkungsquerschnitt zunächst einmal als Fläche vorstellen, die der Kern den Neutronen als Hindernis entgegenstellt.

Wenn wir annehmen, daß die Neutronen punktförmig sind und der Kern einen Radius R besitzt, dann folgt $\sigma = \pi R^2$. Wir haben aber gelernt, daß das Neutron eine Wellenlänge besitzt, es gibt daher Beugungserscheinungen und diese und damit σ hängen von der Energie ab.

---

*) barn = b

So wie wir σ definiert haben, gibt der Wirkungsquerschnitt die Gesamtwahrscheinlichkeit für alle möglichen Reaktionen mit dem Targetkern an. Wir nennen diese Größe deshalb genauer den totalen Wirkungsquerschnitt σ_t. σ_t setzt sich additiv aus den Wahrscheinlichkeiten für die einzelnen Reaktionen zusammen. Wir nennen diese Beiträge partielle Wirkungsquerschnitte z. B. können wir schreiben

$$\sigma_t = \sigma_s + \sigma_c + \sigma_f.$$

Die Indizes s, c, f stehen für Streuung, Einfang (capture) und Spaltung (fission).

Der Einfangquerschnitt kann wiederum aus den partiellen Querschnitten sehr verschiedener Reaktionen zusammengesetzt sein, z. B.

$$\sigma_c = \sigma_{n,\gamma} + \sigma_{n,\beta} + \sigma_{n,xn} + \sigma_{n,p} + \sigma_{n,\alpha} + \ldots .$$

Ob diese Reaktionen tatsächlich auftreten und mit welcher Wahrscheinlichkeit hängt von der Kernsorte und der Neutronenenergie ab. Alle diese Wirkungsquerschnitte lassen sich mehr oder weniger genau experimentell bestimmen.

Methoden zur Bestimmung von Wirkungsquerschnitten

Am genauesten bekannt sind heute die totalen Wirkungsquerschnitte der Elemente und vieler Isotope. Bestimmungen von σ_t sind verhältnismäßig einfach, weil man mit einer Relativmessung, einer Transmissionsmessung auskommt. Schematisch sieht ein Transmissions-Experiment so aus, wie es Bild 3.4 zeigt. Wir nehmen an, es stehe eine Quelle von Neutronen konstanter Geschwindigkeit und konstanter Quellstärke zur Verfügung. Mit einem Detektor wird die zunächst ohne Probe in einer bestimmten Zeit ankommende Anzahl von Neutronen I_0 gemessen. Dann wird die Probe zwischen Quelle und Detektor gebracht und wieder die Neutronenintensität I gemessen. Aus dem Verhältnis der Intensitäten kann σ_t berechnet werden, wenn die Anzahl der Kern in der Probe bekannt ist. Es gilt nämlich:

$$dI = -I \sigma_t N\, dx.$$

Integration ergibt:

$$I = I_0 e^{-\sigma_t N d} \quad \text{oder} \quad \sigma_t = \frac{1}{Nd} \ln I_0/I.$$

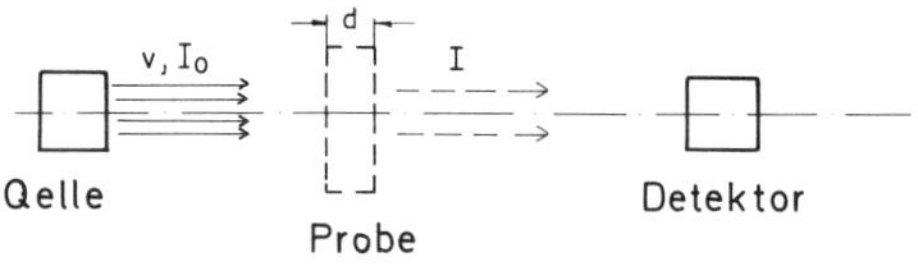

Bild 3.4 Schema eines Transmissionsexperiments zur Bestimmung von σ_t

Die Bestimmung von partiellen Wirkungsquerschnitten ist etwas schwieriger, weil sowohl die einfallende Intensität als auch die Reaktionsprodukte absolut gemessen werden müssen. Aber auch für die partiellen Wirkungsquerschnitte sind zahlreiche Verfahren ausgearbeitet worden und viele dieser Querschnitte sind heute gut bekannt. Bild 3.5 zeigt schematisch Anordnungen zur Messung verschiedener partieller Wirkungsquerschnitte.

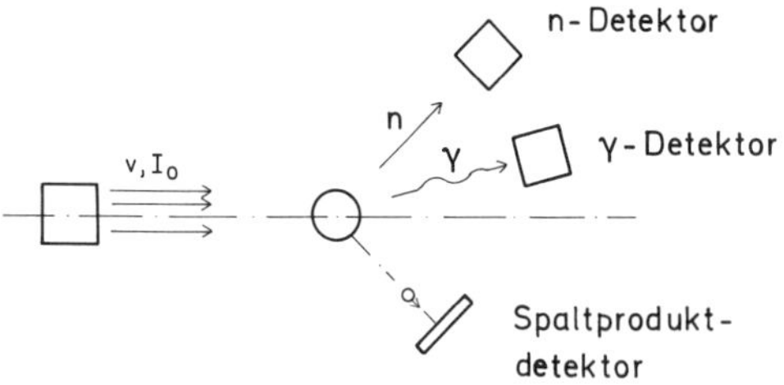

Bild 3.5 Schematische Anordnung zur Bestimmung partieller Wirkungsquerschnitte

Bevor wir die Beschreibung der Meßmethoden für Wirkungsquerschnitte abschließen, muß noch kurz eine Meßmethode erläutert werden, die sich besonders bei Neutronen als effektives Verfahren bewährt hat, weil sie auch für Quellen mit einem Geschwindigkeitsspektrum der Neutronen funktioniert und es gestattet die Wirkungsquerschnitte für alle Geschwindigkeiten gleichzeitig zu messen. Das ist die Flugzeitmethode, die in Bild 3.6 schematisch dargestellt ist. Es wird z. B. mit einem Beschleuniger ein zeitlich kurzer Puls von Neutronen verschiedener Energie erzeugt. Diese Neutronen durchlaufen eine definierte Flugstrecke l. Die Ankunftszeit t hängt von der Geschwindigkeit bzw. Energie ab:

$$t = \frac{l}{v} = \sqrt{\frac{ml^2}{2E}}$$

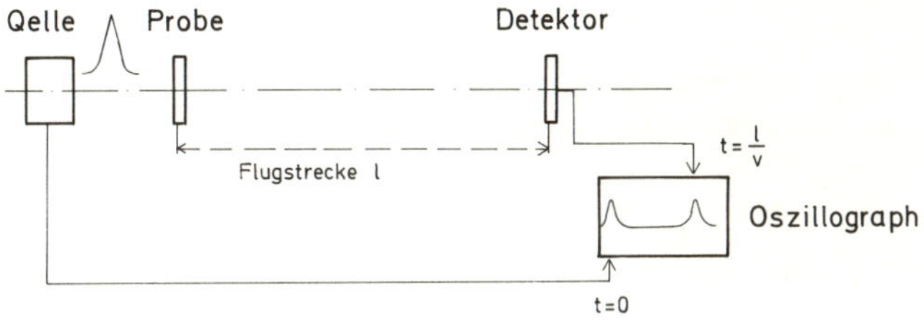

Bild 3.6
Schema einer Flugzeitanordnung zur Messung von σ_t

Neutronen verschiedener Ankunftszeit können elektronisch registriert werden. Damit kann für jede Ankunftszeit oder Energie der Wirkungsquerschnitt gemessen werden. Die Methode wird insbesondere zur Bestimmung der Energieabhängigkeit der Wirkungsquerschnitte bei höheren Neutronenenergien eingesetzt.

Im folgenden werden zur Veranschaulichung einige Beispiele von Meßergebnissen für Wirkungsquerschnitte dargestellt.

a) *Sauerstoff* (Bild 3.7)

Im Falle des Sauerstoffs wird σ_t hauptsächlich durch den Streuquerschnitt σ_s bestimmt. Wir finden in einem großen Bereich keine Energieabhängigkeit. Hier ist unser klassisches Bild mit dem Kernradius gar nicht so schlecht.

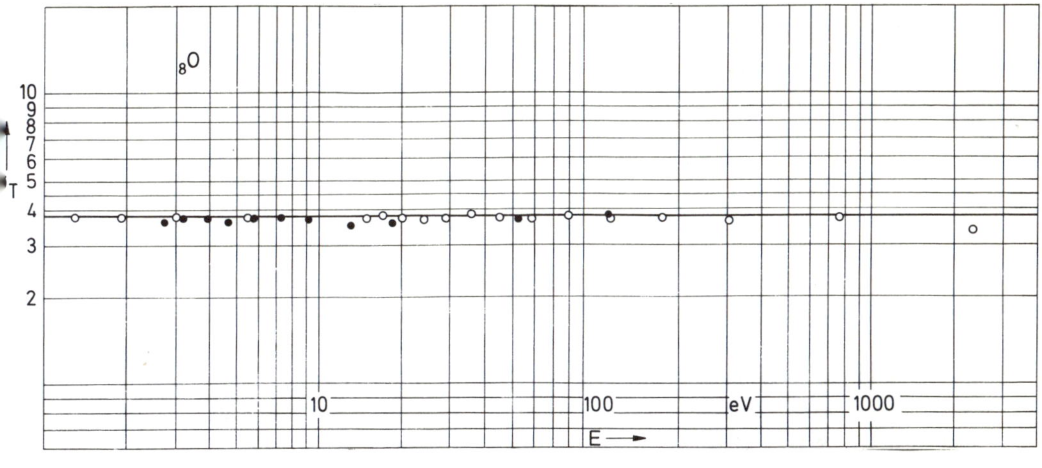

Bild 3.7 σ_t von Sauerstoff in barn

b) *Bor* (Bild 3.8)

Die Energieabhängigkeit des totalen Querschnitts von Bor bei kleinen Energien sieht ganz anders aus. σ_t wird durch die Absorption von Neutronen bestimmt und geht umgekehrt proportional zur Geschwindigkeit v der Neutronen. σ_t von Bor ist viel größer als wir klassisch erwarten würden.

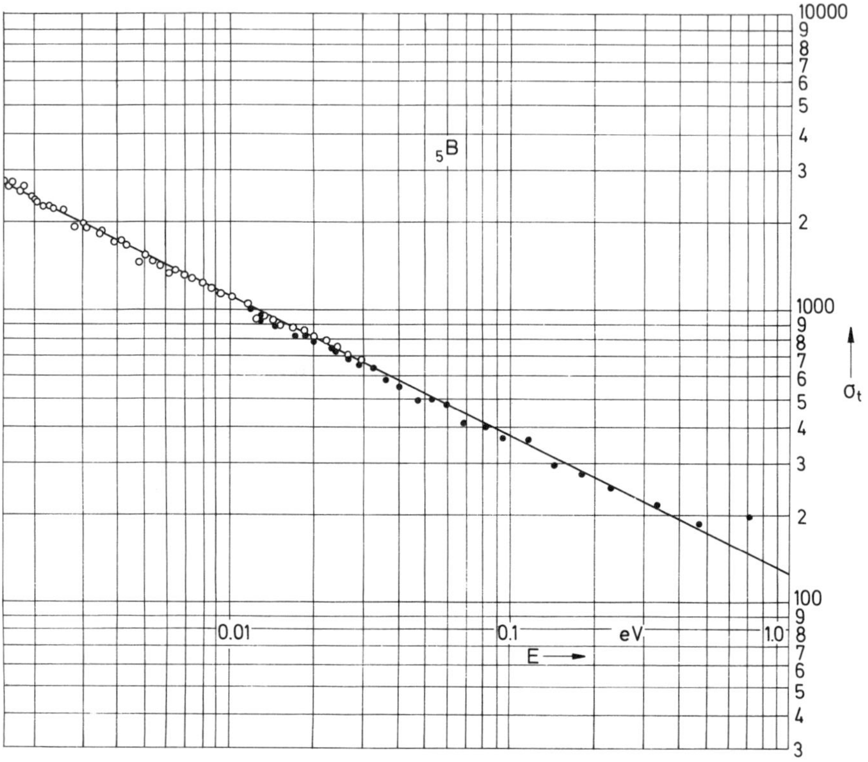

Bild 3.8 σ_t von Bor in barn

c) *Uran* (Bild 3.9)

Bei mittelschweren und schweren Kernen, wie z. B. beim Uran wird es noch komplizierter. Wir finden eine sehr ausgeprägte energieabhängige Struktur. Die Stellen, an denen σ_t besonders große Werte annimmt, nennen wir Resonanzen. Diese Resonanzen sind nur noch im Rahmen der Quantenmechanik zu verstehen. Für jeden Kern sind nur ganz bestimmte diskrete Energien als mögliche Energiezustände erlaubt, so wie es auch von der Atomhülle her bekannt ist.

Die Neutronenenergie an einer Resonanz ist nun gerade so groß, daß sie zusammen mit der Bindungsenergie des Neutrons einer erlaubten Anregungsenergie des gebildeten Zwischenkerns entspricht. Daß der Wirkungsquerschnitt an einer solchen Stelle besonders groß wird, spiegelt das Resonanzphänomen wieder, das aus anderen Gebieten der Physik bekannt ist.

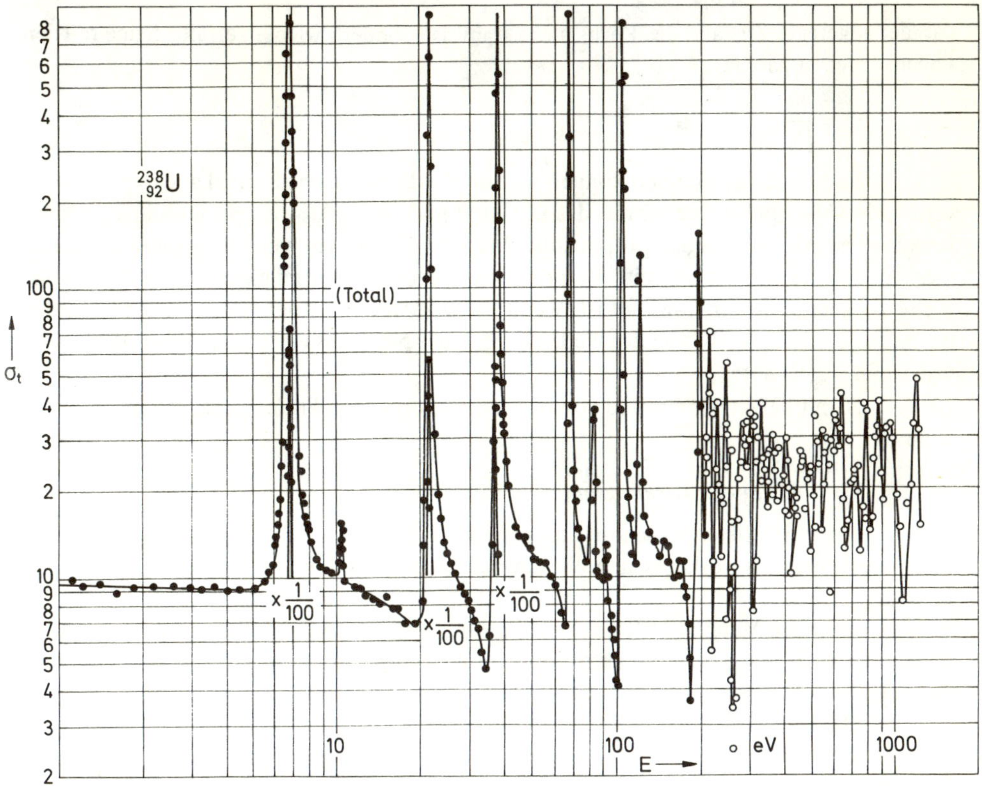

Bild 3.9 σ_t von Uran in barn

Resonanzen treten nicht nur im totalen, sondern auch in den Streu-, Absorptions- und Spaltquerschnitten auf. Der Verlauf von σ in der Nähe der Resonanz wird durch eine Lorentzverteilung beschrieben, wie sie schon in der klassischen Mechanik auftritt. In der Kernphysik wird diese Beziehung Breit-Wigner-Formel genannt

$$\sigma_x(E) = \frac{\lambda^2}{4\pi} \frac{\Gamma_n \Gamma_x}{(E - E_r)^2 + (\Gamma/2)^2} .$$

Bild 3.10 veranschaulicht diese Beziehung. Die Resonanzbreite Γ_x hat eine anschauliche physikalische Bedeutung. Die endliche Breite der Resonanz bedeutet nämlich,

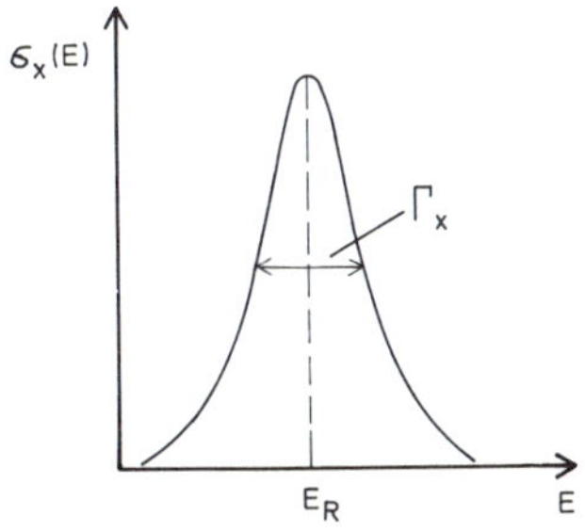

Bild 3.10
Breit-Wigner-Resonanz

daß der angeregte Zustand des Kerns nicht stabil ist, sondern wieder zerfällt. Seine mittlere Lebensdauer ist gerade

$$\tau_x = \frac{\hbar}{\Gamma_x}.$$

Im Grunde genommen können wir mit der Breit-Wigner-Formel auch verstehen, warum der Absorptionsquerschnitt des Bors und praktisch alle Absorptionsquerschnitte für kleine Neutronenenergien proportional 1/v sind. Wir wissen nämlich aus vielen Experimenten, daß die Neutronenbreite Γ_n proportional zur Geschwindigkeit ist, die Absorptionsbreite Γ_c aber praktisch konstant ist. Wenn wir weit weg von einer Resonanz sind und das ist im Bor der Fall, bleibt von der Wellenlänge λ des Neutrons ein v im Nenner des Ausdrucks für $\sigma_x(E)$ übrig.

Damit haben wir ein Bild von den mikroskopischen Wirkungsquerschnitten gewonnen.

Makroskopische Wirkungsquerschnitte

Bevor wir diesen Abschnitt abschließen, wollen wir uns noch klar machen, was man unter einem makroskopischen Wirkungsquerschnitt und der mittleren freien Weglänge versteht.

Wenn ein Material N Kerne pro cm^3 enthält, von denen jeder den Wirkungsquerschnitt σ besitzt, dann ist der makroskopische Wirkungsquerschnitt einfach durch die Beziehung

$$\Sigma = N\sigma$$

definiert. Die Transmission durch eine Probe der Dicke x kann damit geschrieben werden:

$$I(x) = I_0\, e^{-\Sigma x}.$$

Mit Hilfe dieses Ausdruckes können wir den Weg bestimmen, den ein Neutron im Mittel in der Probe zurücklegt, die mittlere frei Weglänge λ_m.

$$\lambda_m = \int_0^\infty x e^{-\Sigma x} dx \Big/ \int_0^\infty e^{-\Sigma x}\, dx = \frac{1}{\Sigma}.$$

3.1.3 Experimenteller Nachweis von Neutronen

Bei allen Experimenten, die wir bisher diskutiert haben, mußten Neutronen nachgewiesen werden. Wie ist dieser Nachweis möglich, wenn das Neutron gar keine Ladung besitzt? Nun, Neutronen können nicht direkt, sondern nur über Folgeprodukte einer Kernreaktion, die die Materie ionisieren oder zum Leuchten anregen, nachgewiesen werden. Die sekundären Teilchen müssen eine genügend hohe Energie haben, um eine ausreichende Ionisation zu erzeugen. Geladene Teilchen genügend hoher Energie entstehen bei einer Anzahl von Kernreaktionen, z. B. bei den folgenden:

$$n + {}^3He \rightarrow p + {}^3H$$

$$n + {}^6Li \rightarrow \alpha + {}^3H$$

$$n + {}^{10}B \rightarrow \alpha + {}^7Li.$$

Weiter kann auch die Kernspaltung zum Nachweis verwendet werden. Zum Nachweis energiereicher Neutronen sind auch die Rückstoßprotonen geeignet, die von den Neutronen in wasserstoffhaltigen Substanzen ausgelöst werden. Schließlich ist auch die beim Zerfall von durch Neutronen aktivierten Kernen auftretende γ- oder β-Strahlung zum Nachweis geeignet.

Jede dieser Methoden hat bevorzugte Anwendungsgebiete. Wir wollen hier nur zwei typische Methoden näher beschreiben, nämlich die Ionisationskammer bzw. das Proportionalzählrohr für langsame Neutronen und den Rückstoßzähler für schnelle Neutronen.

Ionisationskammer

Das Schema einer Ionisationskammer ist in Bild 3.11 dargestellt. Für solche Zähler ist es wichtig, daß die neutronenabsorbierende Substanz als Gas im Nachweisvolumen, im Prinzip der Raum zwischen den Platten eines Kondensators, vorliegt. Lange Zeit war Bortrifluorid (BF_3) die einzige verfügbare gasförmige Verbindung, die als Detektorgas infrage kam. Da es auf das Isotop ^{10}B ankommt, das für thermische Neutronen einen großen Absorptionsquerschnitt besitzt (σ_a = 3840 barn für v = 2200 m/s) wird meistens ein in ^{10}B angereichertes BF_3 verwendet, um eine hohe Empfindlichkeit zu erreichen. Wird ein Neutron von einem ^{10}B-Kern absorbiert, ionisieren die Reaktionsprodukte α und ^7Li das Gas. Von den erzeugten Ionen und Elektronen kommt es vor allem auf die Elektronen an, die wegen ihrer hohen Geschwindigkeit relativ schnell an der Anode gesammelt werden. Mißt man den Strom oder die Anzahl der gesammelten Elektronen als Funktion der angelegten Spannung, dann ergibt sich eine Strom-Spannungs-Charakteristik, wie sie Bild 3.12 zeigt.

Zunächst wächst der Strom mit wachsender Spannung (Bereich I), im Bereich II tritt Sättigung ein, da alle Elektronen die Anode erreichen. Wird die Spannung weiter erhöht, werden die Elektronen so stark beschleunigt, daß sie ihrerseits Gasmoleküle ionisieren. Man spricht von einer Gasverstärkung (Bereich III). Schließlich kommen wir bei noch größerer Spannung in den Auslösebereich, in dem jedes ionisierende Teilchen unabhängig von seiner Energie eine Entladung auslöst.

Eine Ionisationskammer wird im Bereich II betrieben, die auftretenden Spannungsimpulse sind jedoch so klein, daß eine beträchtliche Verstärkung erforderlich ist.

Zum Nachweis von langsamen Neutronen verwendet man deshalb lieber sogenannte Proportionalzählrohre, die im Bereich III arbeiten. Die Höhe der am äußersten Widerstand gemessenen Spannungsimpulse ist der Anzahl der vom primär ionisierenden Teilchen erzeugten Ionenpaare und damit seiner Energie proportional, daher die Bezeichnung Proportionalzähler.

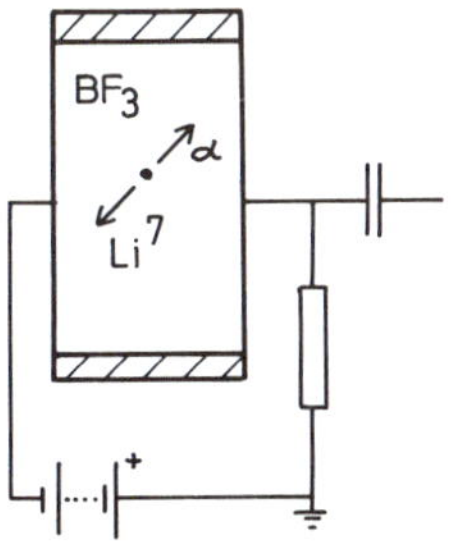

Bild 3.11 Schema einer Ionisationskammer

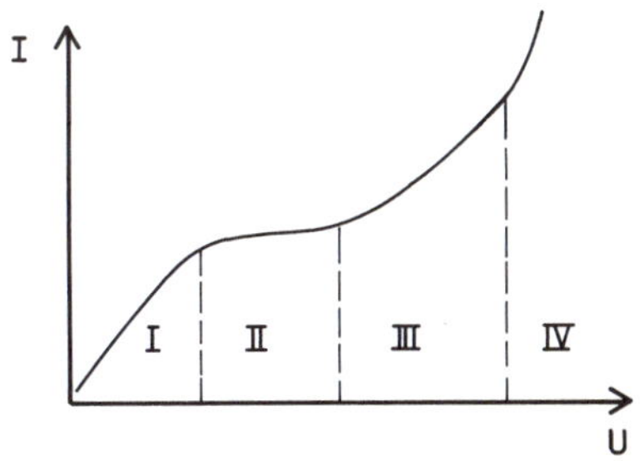

Bild 3.12 Strom-Spannungs-Charakteristik

Protonenrückstoßzähler

Für den Nachweis schneller Neutronen (MeV-Bereich) wird häufig ihre Streuung an Protonen benutzt, bei der sie einen Teil ihrer Energie auf die Protonen übertragen. Der Protonenrückstoß führt zur Ionisation der Umgebung. Im Prinzip kann wieder eine Proportionalzähleranordnung verwendet werden, nur daß jetzt das Zählvolumen mit einer wasserstoffhaltigen Substanz (z. B. CH_4) gefüllt wird (Bild 3.13).

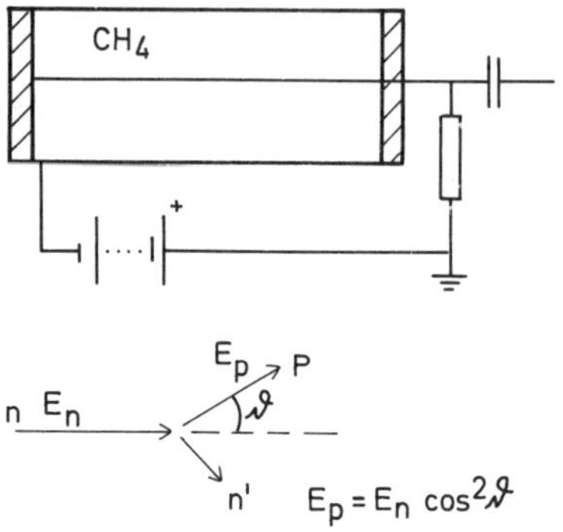

Bild 3.13
Schema eines Protonenrückstoßzählers

Die Auswertung der Messung ist hier komplizierter, weil bei fester Neutronenenergie alle möglichen Protonenenergien auftreten können. Rückstoßprotonen unterhalb einer minimalen Energie (20 ... 30 keV) können wegen zu geringer Impulshöhe nicht mehr nachgewiesen werden. Das führt zu einer etwas komplizierteren Energieabhängigkeit der Empfindlichkeit. Eine typische Empfindlichkeit eines Rückstoßprotonenzählrohres für 1 MeV Neutronen liegt bei etwa 1 %.

Für wesentlich höhere Energien reichen die Protonendichten in solchen Anordnungen nicht aus, deshalb geht man zu organischen Flüssigkeiten oder Kristallen über und verwendet nicht mehr die Ionisation der Rückstoßprotonen, sondern das von ihnen ausgelöste Licht zum Nachweis, das sind die sogenannten Szintillationsdetektoren.

3.1.4 Intensive Neutronenquellen

Schließlich müssen wir uns noch einen Überblick über die Herstellung freier Neutronen verschaffen. Grob teilen wir die Neutronen entsprechend ihrer Energie folgendermaßen ein.

schnelle Neutronen	$E > 0{,}5$ MeV
epithermische Neutronen	$0{,}2\ \text{eV} < E < 0{,}5$ MeV
thermische Neutronen	$E < 0{,}2$ eV.

Erzeugung von Neutronen aus Kernreaktionen

Die Beschießung von Beryllium mit α-Teilchen

$$Be^9 + \alpha \rightarrow C^{12} + n + 5{,}7\ \text{MeV}$$

war, bevor Beschleuniger und Reaktoren zur Verfügung standen, praktisch die einzige Methode zur Freisetzung von Neutronen. Die erreichbaren Quellstärken und damit die

Experimentiermöglichkeiten waren beschränkt. Die höchsten Quellstärken wurden mit Ra-Be-Quellen erreicht, mit einer Ra-Aktivität von 1 Curie (3,7 10^{10} Zerfälle/s), ungefähr 10^7 n/s.

Anstatt α-Teilchen aus dem radioaktiven Zerfall zu benutzen, liegt es nahe, diese oder andere geladene Teilchen, Protonen, Deuteronen oder Elektronen, mit einem Beschleuniger auf hohe Energien zu beschleunigen und durch Kernreaktionen in einem geeigneten Target Neutronen freizusetzen. Die Tabelle 3.2 gibt einige Beispiele

Tabelle 3.2: Beispiele von Kernreaktionen

Methode und Reaktion	Quellstärke	Energie/Neutron (MeV)
p- oder d-Beschleuniger ~10 MeV (1 μA)		
^{9}Be (d, n) ^{10}B	10^{11} n/s	1000
^{7}Li (p, n) ^{7}B	10^8 n/s (monoenergetisch)	
Elektronenbeschleuniger 50 MeV (1 mA)		
Bremsstrahlung (γ, n) an Uran	10^{14} n/s	2000
Protonenbeschleuniger 600 MeV (1 mA)		
Spallation, z. B. Bi (p, xn)	10^{17} n/s	25

In der letzten Spalte der Tabelle 3.2 ist die bei den jeweiligen Verfahren pro erzeugtem Neutron im Mittel aufgewandte Energie angegeben.

Mit all diesen Methoden werden relativ hohe Intensitäten schneller Neutronen (~ 10 keV ... 10 MeV) erzeugt. Sie eignen sich für genaue Wirkungsquerschnittsmessungen in diesem Energiebereich und weniger für Experimente mit langsamen Neutronen.

Erzeugung von Neutronen mit Reaktoren

Nach der Entdeckung der Kernspaltung (O. Hahn 1938) und der Verwirklichung einer kontrollierten Kettenreaktion (Fermi 1942) konnten auch hohe Flüsse langsamer und thermischer Neutronen erzeugt werden. Wir beschreiben das Prinzip am besten am Beispiel eines modernen Forschungsreaktors, des Hochflußreaktors in Grenoble, der von den drei Ländern, Frankreich, Deutschland und Großbritannien gemeinsam für die Forschung mit langsamen Neutronen betrieben wird. Bild 3.14 zeigt einen Horizontalschnitt durch diesen Reaktor.

Der Reaktor besitzt ein einziges Brennelement (1) in der Form eines Hohlzylinders (ϕ = 40 cm, Höhe 80 cm) mit ca. 9 kg ^{235}U. Das Brennelement befindet sich in einem großen Tank (ϕ = 2,5 m), der mit schwerem Wasser (D_2O) gefüllt ist.

Bei der Spaltung eines ^{235}U-Kerns werden im Mittel 2,5 Neutronen frei, von diesen wird nur eins benötigt, um eine weitere Spaltung auszulösen, also die Kettenreaktion aufrecht zu erhalten. Die bei der Spaltung frei werdenden Neutronen sind relativ schnell (mittlere Energie 1 ... 2 MeV). Sie fliegen aus dem Brennelement in den D_2O-Moderator, dort werden sie durch Stöße mit den leichten D-Kernen abgebremst und setzen sich ins thermische Gleichgewicht mit dem Wasser. Wir beschreiben die Verteilung der Neutronen im Ortsraum und als Funktion der Energie mit dem Begriff der Neutronenflußdichte oder kurz des Flusses.

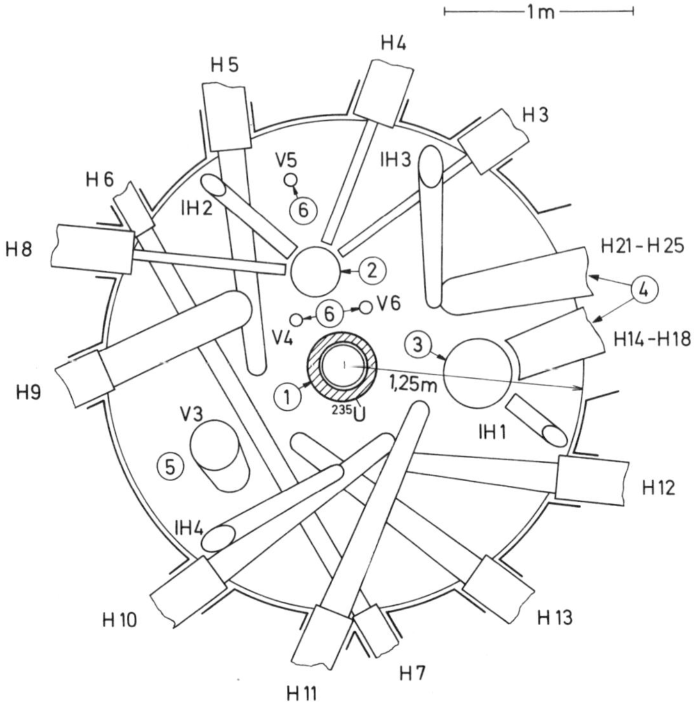

Bild 3.14 Horizontalschnitt durch Reaktor mit Kern und Moderator

Definition des Neutronenflusses

Bei der Definition des Wirkungsquerschnittes hatten wir den Neutronenstrom eingeführt, das ist eine gerichtete Flußdichte. Wenn wir die Einschränkung auf eine feste Richtung aufheben, kommen wir zur isotropen Flußdichte. Wir bezeichnen die Anzahl der Neutronen, die die Oberfläche einer Kugel vom Radius 1 cm von allen Seiten pro Sekunde durchdringen als Fluß Φ. Die Einheit ist $n/cm^2 \cdot s$.

Im thermischen Gleichgewicht läßt sich die Geschwindigkeits- oder Energieabhängigkeit des Neutronenflusses im Reaktormoderator durch die Maxwell-Verteilung beschreiben:

$$\Phi(E) = \Phi_0 \frac{E}{(k_B T)^2} e^{-\frac{E}{k_B T}}.$$

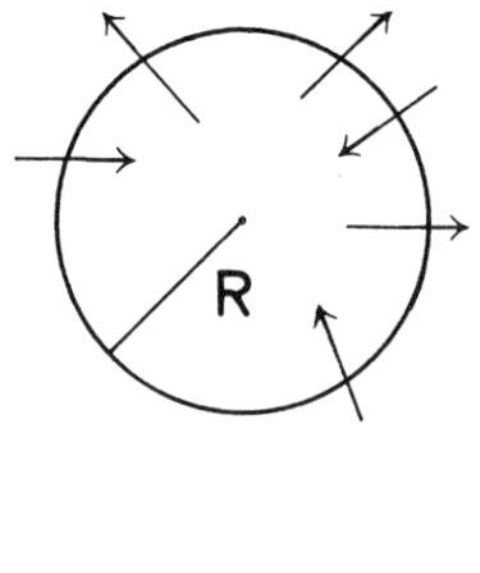

Bild 3.15
Zur Definition des Flusses Fläche $\pi R^2 = 1 \text{ cm}^2$
Oberfläche $4 \pi^2 = 4 \text{ cm}^2$

Φ_0 ist der gesamte thermische Fluß an einem bestimmten Ort, T die absolute Temperatur und k_B die Boltzmannkonstante.

Abschätzung des mittleren Flusses

Kommen wir zum Reaktor zurück. Ein Teil der thermalisierten Neutronen wird zur Aufrechterhaltung der Kettenreaktion im Brennelement verbraucht. Von dem Überschuß geht ein Teil durch Absorption, z. B. im Strukturmaterial, verloren und ein weiterer Teil fliegt aus den Strahlrohren heraus und kann zum Experimentieren benutzt werden. Wir können die Quellstärke des Reaktors relativ leicht abschätzen. Der Reaktor wird mit einer thermischen Leistung von 57 MW betrieben. Da pro Spaltung ungefähr 200 MeV = $= 3{,}2 \cdot 10^{-11}$ J frei werden, folgt:

$$\text{Quellstärke} = \frac{2{,}5 \cdot 5{,}7 \cdot 10^7}{3{,}2 \cdot 10^{-11}} \text{ n/s} \simeq 4 \cdot 10^{18} \text{ n/s.}$$

Weiter können wir den mittleren thermischen Fluß $\overline{\Phi}_0$ abschätzen. Wenn wir die mittlere Lebensdauer der Neutronen im Reaktor mit $\overline{t}_n$, die mittlere Dichte der Neutronen mit $\overline{n}$ und das Volumen des Reaktors mit V bezeichnen, dann muß im stationären Zustand die Anzahl der erzeugten gleich der Anzahl der verbrauchten Neutronen sein.

$$\overline{n} \cdot V = \text{Quellstärke} \cdot \overline{t}_n$$

oder

$$\overline{n} = \text{Quellstärke} \cdot \frac{\overline{t}_n}{V} = \frac{4 \cdot 10^{18} \cdot 2 \cdot 10^{-3}}{8{,}2 \cdot 10^6} \text{ n/cm}^3 = 10^9 \text{ n/cm}^3$$

und schließlich

$$\Phi_0 = n \cdot v = 10^9 \cdot 2{,}2 \cdot 10^5 \text{ n/cm}^2 \cdot \text{s} = 2 \cdot 10^{14} \text{ n/cm}^2 \cdot \text{s}\,.$$

In Wirklichkeit fällt der Fluß mit wachsendem Abstand vom Brennelement ab, wie Bild 3.16 zeigt. Der Maximalwert nahe am Brennelement liegt bei 10^{15} n/cm$^2 \cdot$ s. Der Mittelwert stimmt aber befriedigend mit unserer einfachen Abschätzung überein.

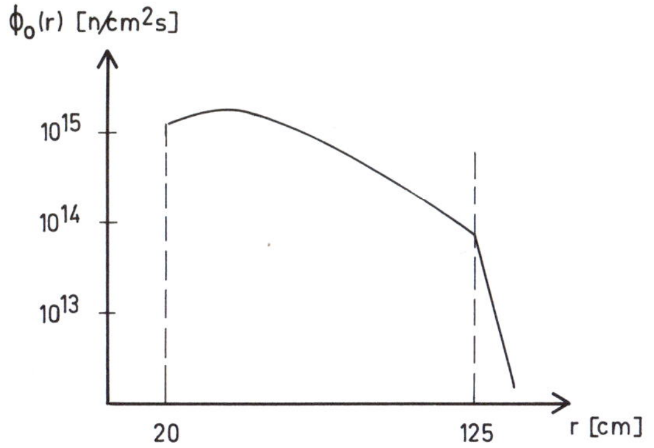

Bild 3.16 Radialverteilung des thermischen Flusses im Forschungsreaktor

3.2 Anwendungen

3.2.1 Anwendung von langsamen Neutronen zur Strukturuntersuchung

Wir haben gelernt, daß thermische Neutronen eine Wellenlänge von einigen Zehntel nm besitzen:

$$\lambda = \frac{2{,}86 \cdot 10^{-2}}{\sqrt{E}} \text{ nm}$$

Mit

$$E = 0{,}0253 \text{ eV} \rightarrow \lambda = 0{,}18 \text{ nm}.$$

Solche Wellenlängen sind von der Größenordnung der Atomabstände in Festkörpern. Man kann sie ähnlich wie Röntgenstrahlen (CuK_α: $\lambda = 0{,}15$ nm) zur Untersuchung der Struktur von Festkörpern benutzen. Die Beugung von Röntgenstrahlen an Kristallgittern ist in Bild 3.17 veranschaulicht.

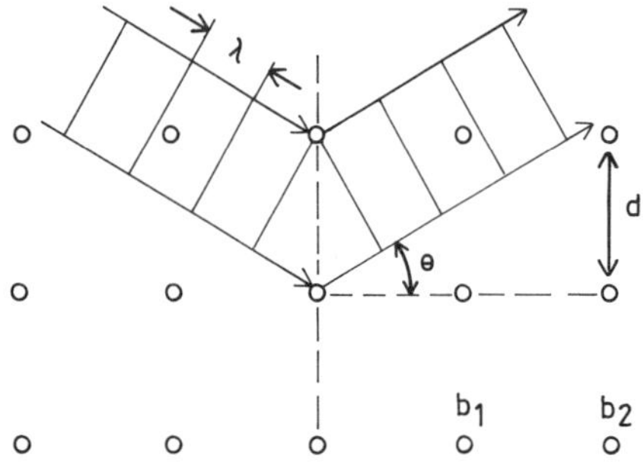

Bild 3.17
Beugung von Strahlung am Kristallgitter

Konstruktive Interferenz tritt nur auf, wenn $n\lambda = 2d \sin\theta$. Die Beziehung zwischen Wellenlänge λ, Atomabstand d und Glanzwinkel θ wird Bragg-Beziehung genannt. Wenn λ bekannt ist, läßt sich aus der Messung des Glanzwinkels θ der Netzebenenabstand d bestimmen.

Diese Beugung am Kristallgitter tritt auch beim Einfall von thermischen Neutronen auf, wenn die von den einzelnen Kernen auslaufenden Elementarwellen interferenzfähig sind. In diesem Fall sagt man, die Kerne streuen kohärent. Neben dem kohärenten gibt es den inkohärenten Streuquerschnitt, der den Anteil der Streuung beschreibt, der nicht interferenzfähig ist.

Ähnlich wie die örtlichen Dichteschwankungen in einem Gas die diffuse Lichtstreuung bestimmen, die mittlere Dichte dagegen den Brechungsindex, wird die kohärente Neutronenstreuung durch die über alle Kerne gemittelte Streuamplitude und die inkohärente Streuung durch die Schwankungen der Streuamplitude bestimmt. Die Schwankungen können verschiedene Ursachen haben:

a) Isotopieeffekt

Die meisten natürlich vorkommenden Elemente bestehen aus mehreren Isotopen und jedes Isotop besitzt seine eigene charakteristische Streuamplitude oder Streulänge.

Wenn ein Element aus 2 Isotopen mit den Anteilen c_1 und c_2 und den Streulängen b_1 und b_2 besteht, dann gilt:

$$\sigma_{coh} = 4\pi(c_1 b_1 + c_2 b_2)^2$$
$$\sigma_{inc} = 4\pi c_1 c_2 (b_1 - b_2)^2 . \qquad c_1 + c_2 = 1$$

Dies folgt aus der Tatsache, daß der kohärente und der inkohärente Streuquerschnitt zusammen den gesamten Streuquerschnitt σ_s ergeben müssen

$$\sigma_s = \sigma_{coh} + \sigma_{inc} = 4\pi(c_1 b_1^2 + c_2 b_2^2) .$$

b) *Spinkohärenz*

Weiter tritt bei der Neutronenstreuung eine Inkohärenz auf, die es bei Röntgenstrahlen nicht gibt, die Spininkohärenz. Wenn nämlich der streuende Kern einen Spin I besitzt, dann gibt es 2 verschiedene Einstellmöglichkeiten des Neutrons relativ zum Kernspin Bild 3.18 und zu jeder gehört im allgemeinen eine andere Streuamplitude.

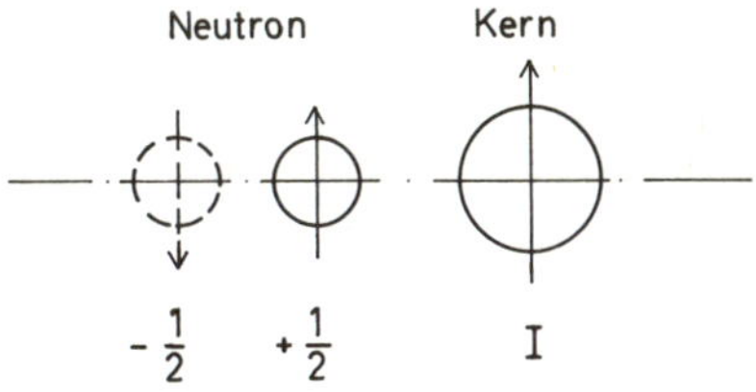

Bild 3.18
Mögliche Einstellungen des Neutronenspins zum Kernspin

Das bekannteste Beispiel der Spininkohärenz ist die Streuung am Wasserstoff. Ein chemisch gebundenes H-Atom hat einen totalen Streuquerschnitt σ_s = 80 barn, σ_{coh} beträgt dagegen nur 1,8 barn. Für die Strukturuntersuchung mit Neutronen sind die kohärenten Streulängen wichtig. Alle von der Röntgenbeugung her bekannten Methoden, die Pulver- oder Debye-Scherrer-Methode, die Drehkristallmethode und die Laue-Methode, können auch mit Neutronen durchgeführt werden.

Da auch an den heute verfügbaren Hochflußreaktoren die Neutronenintensitäten, verglichen mit den von Röntgenröhren, immer noch niedrig sind, ist der Aufwand für solche Messungen, sowohl der apparative als auch der Meßzeitaufwand, viel größer als bei der Röntgenbeugung. Wäre die Neutronenbeugung nur ein Ersatz für die Röntgenbeugung, wäre sie wegen des größeren Aufwandes nicht interessant. Ihre Bedeutung besteht darin, daß mit ihr Probleme gelöst werden können, die mit Röntgenstrahlen nicht lösbar sind. Solche Probleme sind:

a) Untersuchung von Kristallstrukturen, in denen leichte Atome (kleine Z) neben schweren Atomen (große Z) vorkommen. Das liegt daran, daß Röntgenstreuquerschnitte proportional Z^2 gehen, die Streuquerschnitte der Elemente für Neutronen unterscheiden sich dagegen voneinander nicht sehr. Insbesondere können durch Substitution von Wasserstoff durch Deuterium die Wasserstoffpositonen in organischen Verbindungen bestimmt werden, was mit Röntgenstrahlen nicht möglich ist.

b) Eine weitere wichtige Anwendung ergibt sich aus der Tatsache, daß Röntgenstrahlen an den Elektronen der Atomhülle, Neutronen aber an den Kernen gestreut werden. Die genaue Diskussion der Unterschiede bringt Aufschlüsse über Einzelheiten der chemischen Bindung.

c) Weiter ist die große Bedeutung der Neutronenbeugung für die Ermittlung magnetischer Strukturen zu erwähnen, bei der die Röntgenstrahlen vollständig versagen. Mit Neutronen geht das, weil das Neutron ein magnetisches Moment besitzt. Die Wechselwirkung des Neutrons mit dem magnetischen Moment der Atome ist allerdings komplizierter als die Neutron-Kern-Wechselwirkung. Das liegt daran, daß das magnetische Moment der Atome vom Spinmagnetismus der Hüllenelektronen herrührt und deshalb eine viel größere Ausdehnung als der Kern hat. Wir können auf die Theorie der magnetischen Streuung hier nicht eingehen.

Mit Hilfe der Neutronenbeugung ist es gelungen, die Anordnung und Größe der magnetischen Momente in vielen ferromagnetischen, antiferromagnetischen und ferrimagnetischen Kristallen zu bestimmen. Darüber hinaus wurden neue Magnetstrukturen entdeckt, z. B. die Spiralstrukturen in den Seltenen Erden. Die auf diese Weise gewonnenen Erkenntnisse über den Magnetismus der verschiedenen Materialien haben relativ schnell auch zu praktischen Anwendungen, zu neuen Magnetmaterialien geführt.

d) Schließlich muß noch darauf hingewiesen werden, daß man mit langsamen Neutronen in der Festkörperphysik noch viel mehr tun kann, als nur Strukturen auszumessen, man kann nämlich auch die mikroskopischen Atombewegungen studieren.

Es ist bekannt, daß die in einem Körper enthaltene Wärmemenge, die seine Temperatur bestimmt, durch die Atombewegungen bedingt ist. In einem festen Körper schwingen die Atome um Gleichgewichtslagen (Bild 3.19). Diese Schwingungen sind gekoppelt, man spricht von Gitterschwingungen oder Phononen. Diese Gitterschwingungen können mit Neutronen gemessen werden.

Wir wollen uns das Prinzip mit Hilfe des Bildes 3.20 veranschaulichen. Dazu lassen wir monochromatische Neutronen (λ_0) auf den Kristall fallen. Von den einzelnen bewegten ten Kernen werden Elementarwellen ausgesandt. Wegen der Bewegung tritt ein Doppler-Effekt auf und verändert die Wellenlänge. In unserem Beispiel wird die Wellenlänge größer und die Energie kleiner. Die Energieänderung ist direkt durch die Bewegung der Atome,

Bild 3.19 Schwingungen der Atome in einem Festkörper um ihre Gleichgewichtslage

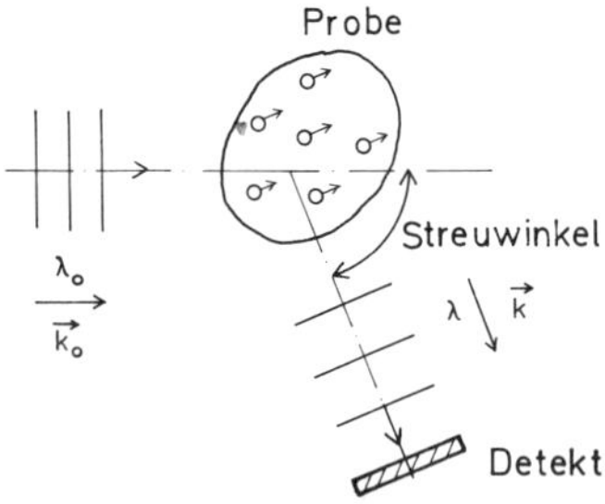

Bild 3.20 Prinzip der Messung von Atombewegungen in Festkörpern mittels Neutronenstreuung

d. h. durch die Frequenz der Gitterschwingungen bedingt. Die Physiker beschreiben diese Zusammenhänge lieber mit Hilfe des Wellenzahlvektors:

$$\text{einfallendes Neutron: } |\vec{k}_0| = \frac{2\pi}{\lambda_0}, \quad \text{gestreutes Neutron } |\vec{k}| = \frac{2\pi}{\lambda}.$$

Impuls- und Energiesatz genügen, um eine solche Messung auszuwerten:

$\vec{q} = \vec{k}_0 - \vec{k}$ — $\vec{q}$ Wellenzahlvektor der Gitterschwingung

$\hbar\omega = \frac{\hbar^2}{2m}(k_0^2 - k^2)$ — ω Frequenz der Gitterschwingung

Diese wenigen Beispiele geben Ihnen einen Eindruck, wie wichtig langsame Neutronen als Mittel zur Erforschung der kondensierten Materie sind. Sie werden in wachsendem Maße zur Lösung von Problemen nicht nur in der Festkörperphysik, sondern auch in der Chemie und Biologie eingesetzt.

3.2.2 Herstellung von Radioisotopen

In ähnlicher Weise werden Neutronen zur Erforschung der Kernstruktur eingesetzt, die verschiedenen Wirkungsquerschnitte und ihre Energieabhängigkeit geben Auskunft über den Kernaufbau.

Wir besprechen jetzt kurz den wichtigen Bereich der Umwandlung von Kernen durch Neutronen. Weil Neutronen keine Ladung besitzen, dringen sie ungehindert in Kerne ein. Dabei ändern sich die chemischen Eigenschaften des Atoms nicht, es entsteht nur ein anderes Isotop desselben Elements, das aber nicht stabil ist, sondern wieder zerfällt. Diese Reaktionen können mit einfachen Methoden, z. B. dem Zwischenkernmodell von Bohr (1936), das den Kern wie ein Flüssigkeitströpfchen behandelt, erklärt werden.

Wenn beispielsweise ein Al-Kern ein Neutron einfängt (Bild 3.21), wird die frei werdende Bindungsenergie (8 MeV) schnell durch Stöße auf alle Nukleonen übertragen. Dieser Zwischenkern lebt relativ lange (bis 10^{-12} s), er vergißt, wie er gebildet wurde und kann dann im Prinzip auf verschiedene Weise seine Energie wieder abgeben. Im Falle des Al wird mit größter Wahrscheinlichkeit ein β^--Teilchen ausgesandt, die Ordnungszahl um eins erhöht, es entsteht Si.

Solche Kernumwandlungen wurden schon bald nach der Entdeckung des Neutrons untersucht, z. B. von Fermi und seinen Mitarbeitern. Fermi fand, daß die Neutronen leichter von Kernen eingefangen werden, wenn sie vorher durch Wasser geschickt, also abgebremst werden. Im Grunde genommen war das der erste Beweis dafür, daß das Neutron,

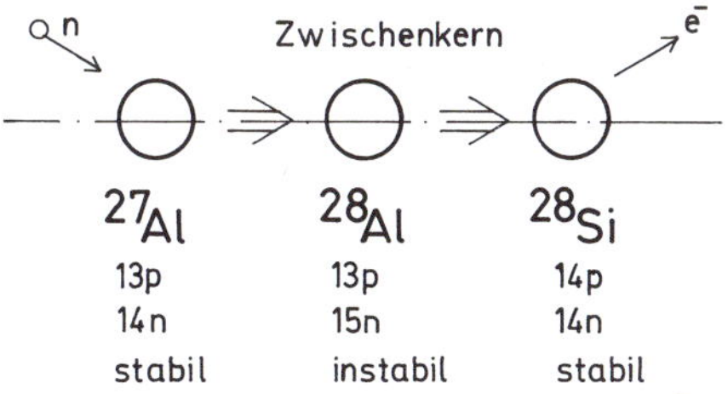

Bild 3.21
Umwandlung von ^{27}Al durch Neutroneneinfang

das als Teilchen entdeckt wurde, sich wie eine Welle verhalten kann. Mit abnehmender Geschwindigkeit wird λ größer. Wenn wir λ als Maß für die Größe des Neutrons ansehen, dann trifft es einen Kern um so leichter und wird von ihm absorbiert, je größer λ ist. Wir haben das schon anhand der Breit-Wigner-Formel diskutiert. Fermi und seine Mitarbeiter fanden bei ihren Experimenten heraus, daß sich fast jedes Element durch Bestrahlen mit langsamen Neutronen radioaktiv machen läßt. Es ist klar, daß nach der Verfügbarkeit des hohen thermischen Neutronenflusses in Reaktoren eine Vielzahl von Radioisotopen in makroskopischen Mengen hergestellt werden konnten. Radioisotope werden heute für viele Zwecke in der Forschung, in der Medizin und in der Technik eingesetzt.

Hier sei zunächst das Beispiel des ^{60}Co erwähnt. ^{60}Co kann durch Bestrahlung des natürlichen ^{59}Co, das für thermische Neutronen einen relativ großen Absorptionsquerschnitt von 37 barn besitzt, hergestellt werden. Bild 3.22 zeigt ein vereinfachtes Zerfallsschema von ^{60}Co. Der angeregte ^{60}Co-Kern zerfällt mit einer Halbwertszeit von 5,3 Jahren unter Aussendung von β-Teilchen in einen angeregten ^{60}Ni-Kern und dieser geht durch Aussendung einer Kaskade von γ-Strahlen in den Grundzustand über. Es sind dies harte γ-Strahlen, die zur Strahlentherapie benutzt werden.

Ein neueres Beispiel aus der Technik, aus der Halbleitertechnologie, ist die Dotierung von Silizium mit Phosphor durch Neutroneneinfang im Si (Bild 3.23). Gegenüber den klassischen Dotierungsmethoden hat das nukleare Verfahren den Vorteil, daß die Phosphoratome sehr gleichmäßig im Si-Kristall verteilt sind und daß ihre Konzentration durch die Bestrahlungszeit sehr genau eingestellt werden kann. Beides hilft, die für die Massenproduktion von Dioden und anderen elektronischen Bauteilen wichtige Reproduzierbarkeit der elektronischen Eigenschaften wesentlich zu verbessern.

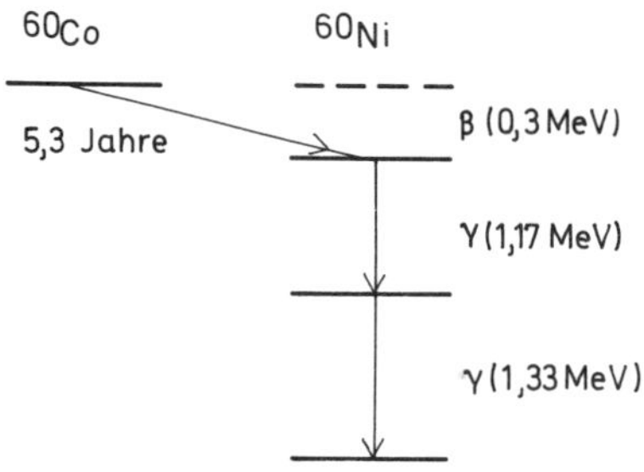

Bild 3.22 Zerfall von ^{60}Co in ^{60}Ni

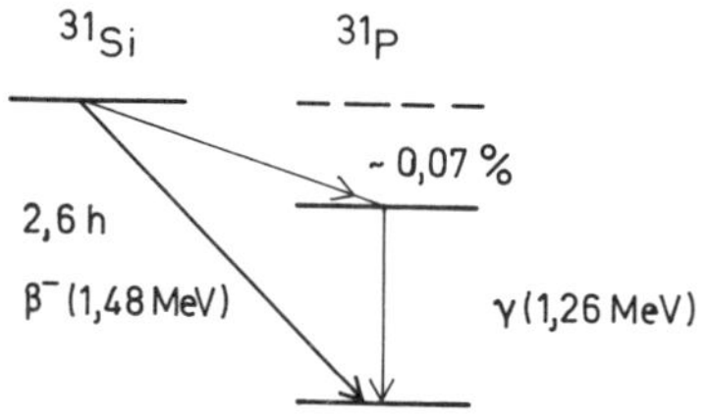

Bild 3.23 Zerfall von ^{31}Si in ^{31}p

Aktivierungsanalyse

Die Umwandlung von Kernen in Radionuklide durch Neutroneneinfang kann auch zur Materialanalyse verwendet werden. Die von den angeregten Zwischen- und Folgekernen ausgesandten Strahlungen, ihre Energien und die Halbwertszeiten sind nämlich charakteristisch für die betreffenden Kerne. Die Aktivierungsanalyse ist insbesondere zur Bestimmung von kleinsten Mengen von Spurenelementen geeignet. Bei Aktivierungsquerschnitten in der Größenordnung von barn können in Neutronenflüssen von 10^{13} n/cm^2 s noch Spuren im 10^{-9} g-Bereich nachgewiesen werden.

Neue Elemente

Die Transmutation von Kernen durch Neutroneneinfang hat nicht nur zur Herstellung von neuen Isotopen, sondern auch von Elementen geführt, die in der Natur nicht vorkommen. Das 1. Transuranelement $^{237}_{93}Np$ wurde 1942 beim Beschuß von ^{238}U mit schnellen Neutronen über eine (n, 2n)-Reaktion entdeckt.

Bei der Bestrahlung von ^{238}U mit langsamen Neutronen entsteht das Neptuniumisotop 239 und dieses geht durch β-Zerfall in das Element Plutonium über. Die Reaktionsgleichung für diesen Prozeß lautet:

$$^{238}_{92}U + n \rightarrow {}^{239}_{92}U \xrightarrow[2,3\ \text{min}]{\beta^-} {}^{239}_{93}Np \xrightarrow[2,3\ \text{a}]{\beta^-} {}^{239}_{94}Pu.$$

Plutonium ist ein α-Strahler mit einer Halbwertszeit von 24 000 Jahren. Die Entdeckung des ^{239}Pu war aufregend, weil sich herausstellte, daß es wie ^{235}U mit langsamen Neutronen gespalten werden kann. Heute werden Reaktoren („Schnelle Brüter“) entwickelt, in denen dieser Brutprozeß ausgenutzt werden soll, um den verfügbaren Kernbrennstoff zu vervielfachen.

Wenn genügend viel Plutonium zur Verfügung steht, können aus diesem durch weiteren Neutroneneinfang schwerere Elemente aufgebaut werden. Hier seien noch die nächsten Reaktionsketten gegeben, die zum Americium bzw. Curium führen:

$$^{239}_{94}Pu + n \rightarrow {}^{240}_{94}Pu + n \rightarrow {}^{241}_{94}Pu \xrightarrow[14\ \text{a}]{\beta^-} {}^{241}_{95}Am$$

$$^{241}_{95}Am + n \rightarrow {}^{242}_{95}Am \xrightarrow[16\ \text{h}]{\beta^-} {}^{242}_{96}Cm.$$

Bei genügend hohen Neutroneneinfangquerschnitten, hohen Neutronenflüssen und ausreichend langen Bestrahlungszeiten können durch fortgesetzten Neutroneneinfang weitere Elemente aufgebaut werden. Mit den heutigen Flüssen kommt man bis zum Californium $^{252}_{98}Cf$. Dies ist ein α-Emitter mit einer Halbwertszeit von 2,3 Jahren. Hinzu kommt, daß ^{252}Cf auch eine relativ kurze Halbwertszeit gegenüber spontaner Spaltung hat. 1 g ^{252}Cf emittiert etwa $3 \cdot 10^{12}$ Neutronen pro Sekunde (5 Größenordnungen mehr als eine Ra-Be-Quelle) und das macht es als einfache kompakte Quelle für Neutronen interessant.

Entstehung der Elemente

Nachdem sich die Physiker einen Einblick in die Mechanismen der Kernumwandlung und die Rolle des Neutroneneinfangs bei diesen Prozessen verschafft hatten, lag es nahe, dieses Wissen bei der Aufklärung der Entstehung der Elemente im Universum anzuwenden. Das ist noch heute ein aktuelles Forschungsgebiet der Astrophysik. Nach welchen Rezepten sind die in der Natur vorkommenden Elemente gebildet worden und wie kann ihre Häufigkeitsverteilung erklärt werden? Die relative Häufigkeitsverteilung der Elemente ist in allen überblickbaren Bereichen des Kosmos bemerkenswert ähnlich.

Wir wollen uns auf die Bildung der schweren Elemente beschränken und nicht auf die Fusionsprozesse eingehen, die zu den leichteren Elementen führen, das sogenannte Wasserstoff- und Heliumbrennen, das in den Sternen bei etwa 10^8 K stattfindet und auch nicht auf die Kohlenstoff-, Sauerstoff- und Siliziumketten, die bei etwa 10^9 K ablaufen und bis zu den

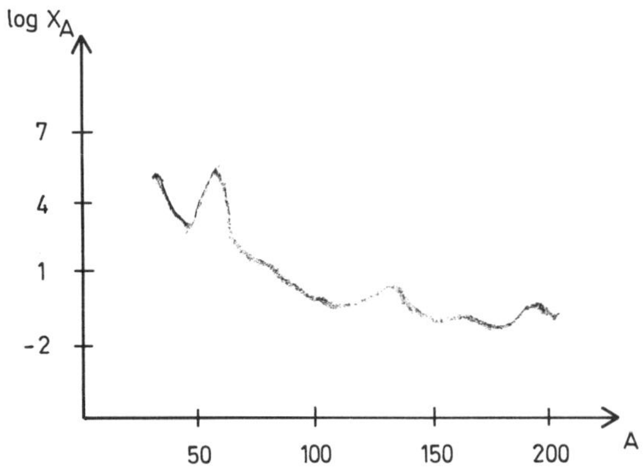

Bild 3.24
Häufigkeit X_A der Elemente als Funktion der Massenzahl A

Elementen der Eisengruppe, nämlich Fe, Ni, Mn, Cr führen. Schwerere Kerne können durch Fusion kaum gebildet werden. Ein Blick auf Bild 3.24 (Logarithmus der Häufigkeit) zeigt uns, daß die Elemente jenseits des Eisens (A = 56) viel weniger häufig sind. Hier ist nun wichtig, daß bei den Fusionsreaktionen freie Neutronen entstehen. Es wird abgeschätzt, daß in Sternen Neutronendichten von etwa 10^5 n/cm^3 auftreten. Diese Neutronen haben eine relativ hohe mittlere thermische Geschwindigkeit von etwa $3 \cdot 10^8$ cm/s und man glaubt, daß sie für den Aufbau der schweren Elemente verantwortlich sind. Im Prinzip läuft der Aufbau so wie bei der Produktion von Isotopen im Reaktor ab. Ein Kern aus der Eisengruppe fängt ein Neutron ein und emittiert ein oder mehrere γQuanten. Ist der Tochterkern stabil kann er ein weiteres Neutron einfangen, ist er instabil zerfällt er in der Regel unter Aussendung eines β-Teilchens. Wir haben also folgendes Schema:

$$^0A\,(Z, N) + n \rightarrow {}^1A\,(Z, N+1) + \gamma$$
$$^1A\,(Z, N+1) + n \rightarrow {}^2A\,(Z, N+2) + \gamma$$
$$\vdots$$
$$A\,(Z, N+m) + n \rightarrow A\,(Z+1, N+m-1) + \beta^- + \bar{\nu}$$

Auf diese Weise werden Kerne mit immer größerer Massen- und Kernladungszahl gebildet. Diese Prozesse sind beendet, wenn entweder die Neutronen verbraucht sind oder die entstehenden Kerne gegen α-Zerfall instabil werden. Ein solches Reaktionsschema kann man durch ein Differentialgleichungssystem beschreiben, in das im wesentlichen der Neutronenfluß und die Neutroneneinfangsquerschnitte eingehen. Ohne auf diese Rechnungen einzugehen, können wir schon qualitativ einsehen, daß Kerne um so schneller zerstört werden, je größer ihre Einfangsquerschnitte sind. Die Häufigkeit sollte für die Elemente besonders groß sein, für die die Einfangsquerschnitte klein sind. Das läßt sich durch Vergleich mit den im Labor gemessenen Wirkungsquerschnitten bestätigen. Soweit der kurze Ausblick aus der Neutronen- in die Astrophysik.

3.2.3 Neutronenzyklus in Reaktoren

Schließlich wollen wir auf die technischen Anwendungen der Neutronenphysik bei der Energiefreisetzung zu sprechen kommen. Dabei wollen wir im wesentlichen den Neutronenzyklus besprechen, der bei der Kettenreaktion im Reaktor durchlaufen wird. Die

Spaltung eines Kerns, z. B. des Kerns ^{235}U durch thermische Neutronen, ist durch zwei Eigenschaften charakterisiert:

a) Im Mittel werden 2,5 Neutronen pro Spaltung frei.
b) Pro Spaltung werden ungefähr 200 MeV an Energie frei.

Während für die Neutronenforschung der Punkt a) wichtig ist, ist es b) für die Energieversorgung.

Eine Kettenreaktion kann dann aufrecht erhalten werden, wenn die Anzahl der in einer herausgegriffenen Neutronengeneration produzierten Neutronen größer oder mindestens gleich der Anzahl der in der vorhergehenden Generation produzierten Neutronen ist. Dieses Verhältnis nennt man den Reproduktions- oder Multiplikationsfaktor k.

$$k = \frac{\text{Anzahl der Neutronen in der (n + 1)-ten Generation}}{\text{Anzahl der Neutronen in der n-ten Generation}}$$

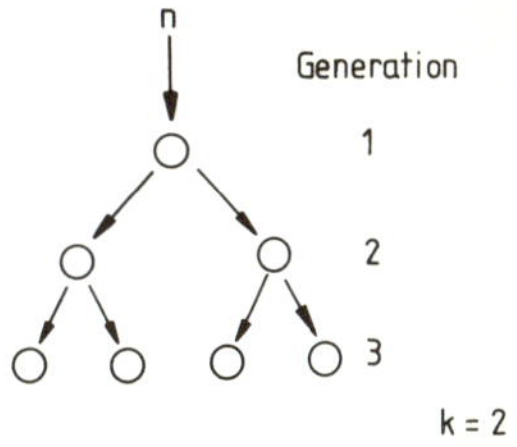

Schritte des Neutronenzyklus

Bei der Spaltung entstehen schnelle Neutronen: $1\ \text{keV} < E_n < 10\ \text{MeV}$. Für die thermische Spaltung von ^{235}U müssen diese abgebremst werden. Dazu benutzt man am besten eine heterogene Anordnung aus Brennstoff und Moderator, wie es Bild 3.25 schematisch zeigt. Was kann im Laufe der Abbremsung alles passieren?

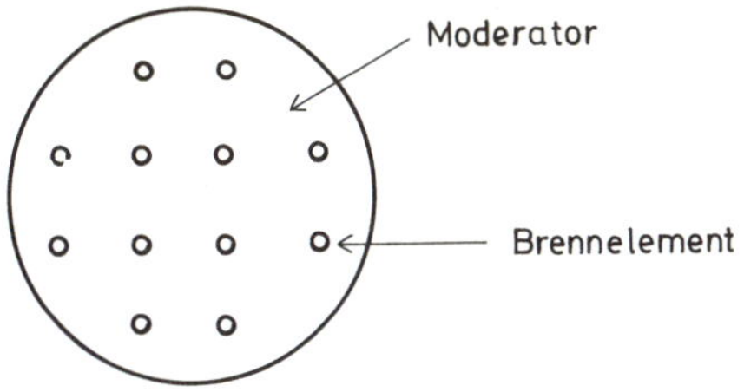

Bild 3.25
Heterogene Anordnung von Brennstoff und Moderator

a) *Schnellspaltfaktor*

^{238}U kann zwar nicht durch thermische wohl aber durch schnelle Neutronen ($E_n > 2$ MeV) gespalten werden. Die Wahrscheinlichkeit dafür nennt man den Schnellspaltfaktor ϵ.

b) *Nichtentkommwahrscheinlichkeit* P_s

Während des Abbremsvorganges kann ein Teil der schnellen Neutronen das System verlassen und für den Zyklus verloren gehen. Die Wahrscheinlichkeit für das Nichtentkommen nennen wir P_s.

c) *Resonanzentkommwahrscheinlichkeit* p

Bei niedrigen Energien, im epithermischen Energiebereich, besteht weiter die Gefahr, daß ein Teil der Neutronen durch Absorption z. B. in den starken Resonanzen des ^{238}U verloren geht. Diese Verluste werden durch die Resonanzentkommwahrscheinlichkeit p berücksichtigt.

d) *Thermische Nichtentkommwahrscheinlichkeit* P_t

Bevor die abgebremsten thermischen Neutronen eingefangen werden, haben sie ebenfalls noch eine Chance zu entkommen. Die thermische Nichtentkommwahrscheinlichkeit nennen wir P_t.

e) *Thermische Nutzung* f

Nicht alle übriggebliebenen Neutronen werden im Uran absorbiert, sie können auch im Strukturmaterial und im Moderator absorbiert werden. Der Teil, der für die Absorption im Uran übrig bleibt, wird thermischer Nutzungsfaktor f genannt.

f) *η-Faktor*

Schließlich führen nicht alle thermischen Neutronen, die im Uran absorbiert werden auch zur Spaltung und Freisetzung von Neutronen, vielmehr werden nur freigesetzt:

$$\eta = \frac{\nu \Sigma_f^{235}}{\Sigma_f^{235} + \Sigma_c^{235} + \Sigma_c^{238}},$$

ν = Zahl der Neutronen pro Spaltung, Σ_f^{235} = makroskopischer Spaltquerschnitt, die Σ_c sind die makroskopischen Einfangsquerschnitte, die nicht zur Spaltung führen.

Wenn wir zunächst einmal annehmen, daß der Reaktor unendlich ausgedehnt ist, dann können keine Neutronen entkommen, wir brauchen nur die Größen ϵ, p, f und η berücksichtigen. Der Multiplikationsfaktor ist dann einfach durch das Produkt

$$k_\infty = \eta \, f \, p \, \epsilon$$

gegeben. Wenn der Reaktor aber eine endliche Ausdehnung besitzt, dann müssen wir die Nichtentkommwahrscheinlichkeit berücksichtigen und wenn wir einfach $P_sP_t = P$ nennen, dann gilt:

$$k_{eff} = Pk_\infty .$$

k_{eff} muß größer oder mindestens gleich 1 sein, wenn die Kettenreaktion aufrecht erhalten werden soll. Diese Formel ist die Grundlage für die physikalische Reaktorauslegung. Aufgabe der Neutronenphysik ist es, zunächst einmal die in die verschiedenen Faktoren eingehenden Wirkungsquerschnitte möglichst genau zu bestimmen. Die Messung der Wirkungsquerschnitte haben wir bereits behandelt (Abschnitt 3.1.2). Weiter muß das Verhalten des Neutronengases während der Abbremsung und im thermischen Gleichgewicht in einem endlichen Reaktor durch möglichst gute Näherungen beschrieben werden, um die Größe P zu bestimmen. Wir gehen jetzt auf die Abbremsung der schnellen Neutronen ein.

Moderation und Diffusion von Neutronen

Für die Abbremsung der schnellen Neutronen durch die Kerne des Moderators können die Stoßgesetze der klassischen Mechanik benutzt werden. Damit läßt sich sofort angeben welche Energie E_2 ein Neutron hat, das mit einer Energie E_1 mit einem Kern der Massenzahl A zusammenstößt:

$$\frac{E_2}{E_1} = \frac{1 + A^2 + 2A\cos\vartheta}{(A+1)^2} = \frac{1+\alpha}{2} + \frac{1-\alpha\ \cos\vartheta}{2} \qquad \text{mit} \qquad \alpha = \left(\frac{A-1}{A+1}\right)^2 .$$

ϑ ist der Streuwinkel des Neutrons im Schwerpunktsystem. Für die Moderation der Neutronen ist der mittlere Energieverlust pro Stoß interessant. Als Maß dafür benutzt man das mittlere logarithmische Energiedekrement $\bar{\xi}$:

$$\bar{\xi} = \ln \overline{\frac{E_1}{E_2}} = 1 + \frac{\alpha}{1-\alpha}\ln\alpha, \quad \text{Näherung für } A > 10\text{:} \quad \xi = \frac{2}{A + 2/3} .$$

(Dabei soll der Querstrich andeuten, daß es sich um einen Mittelwert handelt).

Wenn ξ für einen Moderator bekannt ist, läßt sich sofort die mittlere Anzahl der Stöße angeben, die für ein Neutron erforderlich sind, um von E_0 auf E, sagen wir um von der Energie nach der Spaltung (~ 2 MeV) auf thermische Energie (1/40 eV) abgebremst zu werden. Für die mittlere Anzahl der Stöße n_m gilt:

$$n_m = \frac{\ln(E_0/E)}{\xi} .$$

In der Tabelle 3.3 sind Werte von α, ξ und n_m für einige Materialien zusammengestellt:

Tabelle 3.3

Substanz	A	α	ξ	n_m
Wasserstoff	1	0	1	18
Deuterium	2	0,11	0,725	25
Beryllium	9	0,64	0,209	86
Kohlenstoff	12	0,72	0,158	114
Uran	238	0,98	0,0084	2170

Wenn wir die Nichtentkommwahrscheinlichkeit der Neutronen im Bremsbereich tatsächlich bestimmen wollen, müssen wir die Neutronenflußdichte als Funktion der Energie kennen; deren Berechnung ist jedoch relativ komplex. Fermi hat eine wesentliche Vereinfachung in der Beschreibung dieser Größe dadurch erreicht, daß er den mittleren quadratischen Weg $\overline{r^2}$, den das Neutron bei der Bremsung von E_0 auf E zurück legt, als neuen Parameter eingeführt hat. Wir nennen diesen Parameter das Fermialter.

$$\text{Fermialter } \tau = \frac{\overline{r^2}}{6} .$$

Mit dieser Definition läßt sich für die sogenannte Bremsdichte der Neutronen $q(\bar{r}, \tau)$ eine einfache Differentialgleichung, die Fermialtergleichung ($\Delta q = \partial q/\partial\tau$) angeben.

Ist die Bremsdichte bekannt, können wir eine Bilanzgleichung für die thermischen Neutronen im stationären Reaktor ($k_{eff} = 1$) aufstellen, die Neutronendiffusionsgleichung:

Gewinn durch Bremsung – Verlust durch Diffusion – Verlust durch Absorption = 0

oder

$$M - D\Delta\phi(\vec{r}) - \Sigma_a\,\Phi(\vec{r}) + p\,q\,(\vec{r}, \tau) = 0.$$

Nun, die Lösung der Fermialtergleichung ($\Delta q = \partial q/\partial\tau$) hat die Form

$$q(\vec{r}, \tau) = \frac{k_\infty}{p}\,\Sigma_a\,\phi(\vec{r})\,e^{-B^2\tau}.$$

Der erste Faktor ist im wesentlichen die Quelldichte der Spaltneutronen ($k_\infty\,\Sigma_a\,\phi/p$). Die Größe B^2 beschreibt den Einfluß der Geometrie des Reaktors und wird Flußwölbung genannt. Für die Kugel- bzw. Zylindergeometrie gilt:

$$\text{Kugel:}\quad B^2 = \left(\frac{\pi}{R}\right)^2 ; \qquad \text{Zylinder:}\quad B^2 = \left(\frac{2{,}405}{R}\right)^2 + \left(\frac{\pi}{H}\right)^2$$

R Kugel bzw. Zylinderradius; H Zylinderhöhe;

Wenn man q in die Diffusionsgleichung einsetzt, bekommt man schließlich die kritische Bedingung für einen Reaktor in der Form

$$\frac{k_\infty\,e^{-B^2\tau} - 1}{L^2} = B^2 \quad \text{mit} \quad L^2 = \frac{D}{\Sigma_a}\ .$$

Da B^2 mit wachsender Reaktorgröße abnimmt, kann für einen großen Reaktor die e-Funktion in diesem Ausdruck entwickelt werden. Das führt schließlich auf folgende Form der kritischen Bedingung:

$$\frac{k_\infty}{(1 + B^2\tau)(1 + L^2 B^2)} = \frac{k_\infty}{1 + B^2(L^2 + \tau)} = \frac{k_\infty}{1 + M^2 B^2} = 1$$

Die Größe $M = \sqrt{L^2 + \tau}$ wird Wanderlänge der Neutronen genannt und ist im wesentlichen die Gesamtstrecke, die ein Neutron von der Entstehung bei der Spaltung bis zum Einfang als thermisches Neutron zurücklegt. Die Tabelle 3.4 enthält Werte von L, τ und M für einige Moderatoren.

Tabelle 3.4

Moderator	L cm	τ cm²	M cm
H_2O	2,7	31,4	6
D_2O	148	125	148
Graphit	50	364	53

Es sei betont, daß diese einfache kritische Bedingung nur für einen nackten homogenen Reaktor, also einen Reaktor ohne Reflektor gilt. Für kompliziertere Anordnungen lassen sich solche einfachen Beziehungen nicht mehr angeben. Die zugrunde liegenden Differentialgleichungen müssen dann numerisch gelöst werden.

Zeitverhalten eines Reaktors

Im Falle der oben angegebenen kritischen Gleichung gilt: $k_{eff} = \dfrac{k_\infty}{1 + M^2 B^2}$.

Besitzt k_{eff} den Wert 1, wird die Kettenreaktion aufrecht erhalten, der Neutronenfluß im Reaktor ist stationär und damit ist auch die Reaktorleistung konstant. Wird $k_{eff} < 1$, nimmt die Leistung ab, der Reaktor geht aus und im Falle $k_{eff} > 1$ nimmt der Neutronenfluß und damit die Reaktorleistung mit wachsender Zeit zu. Wenn wir die mittlere Lebensdauer t_n der Neutronen in einer Generation kennen, können wir die Zeitabhängigkeit des Neutronenflusses berechnen. Es gilt:

$$\frac{d\Phi}{dt} = \frac{k_{eff} - 1}{t_n} \Phi = \frac{1}{T_p} \Phi , \quad T_p = \frac{t_n}{k_{eff} - 1} .$$

Wir nennen die Größe T_p die Reaktorperiode. Die Lösung der Gleichung lautet:

$$\Phi(t) = \Phi_0 \, e^{t/T_p} .$$

Für $t_n = 1$ ms und $k_{eff} = 1{,}01$ ergibt sich $T_p = 0{,}1$ s. In 0,1 s würde der Neutronenfluß auf das e-fache ansteigen, in 1 s auf das 10^4-fache. In Wirklichkeit sind die Reaktorperioden eine Größenordnung länger. Das liegt daran, daß wir in unserer einfachen Betrachtung angenommen haben, daß nach der Spaltung alle Neutronen prompt zur Verfügung stehen. Tatsächlich tritt aber ein kleiner Bruchteil der Neutronen, beim ^{235}U etwa 0,7 % erst verzögert auf. Diese Verzögerungszeiten von einigen Sekunden ermöglichen eine einfache mechanische Kontrolle der Reaktorleistung.

3.2.4 Kernwaffen

Zum Schluß wollen wir noch kurz das Prinzip der unkontrollierten Kettenreaktion bei den Kernwaffen besprechen. Bei einer Atombombe fällt die Moderation fort, die Kettenreaktion wird durch die bei der Spaltung freiwerdenden schnellen Neutronen in Gang gehalten. Wird die kritische Masse eines spaltbaren Materials zusammengebracht, dann setzt schlagartig die Kettenreaktion ein und als Folge wird ein relativ großer Energiebetrag explosionsartig freigesetzt. Die für eine Explosion erforderliche kritische Masse läßt sich berechnen, wenn die Wirkungsquerschnitte bekannt sind. Wenn wir annehmen, daß die Neutronen alle die gleiche Energie haben, dann können wir eine einfache kritische Bedingung angeben:

$$P(\rho, r_c, \Sigma_t) \left\{ \frac{\eta \, \Sigma_a + \Sigma_s}{\Sigma_t} \right\} = 1$$

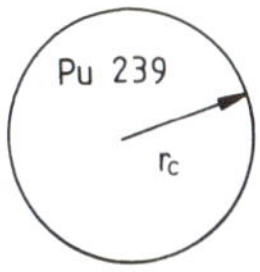

Die Nichtentkommwahrscheinlichkeit P hängt von der Dichte, der Geometrie und den Streueigenschaften der Anordnung ab. P ist im einzelnen eine komplizierte Funktion dieser Parameter, bei einer Kugel ist sie aber grob proportional zur Dichte und zum Radius, wie Bild 3.26 zeigt. Wird eine Kugel stark komprimiert, nimmt ρ umgekehrt proportional zur 3. Potenz von r zu, P nimmt aber nur linear mit r ab. Der angestrebte P-Wert ist offenbar mit einem kleineren r zu erreichen. Mit der obigen Beziehung können wir für einige spaltbare Materialien die kritische Masse abschätzen. Das Ergebnis enthält Tabelle 3.5.

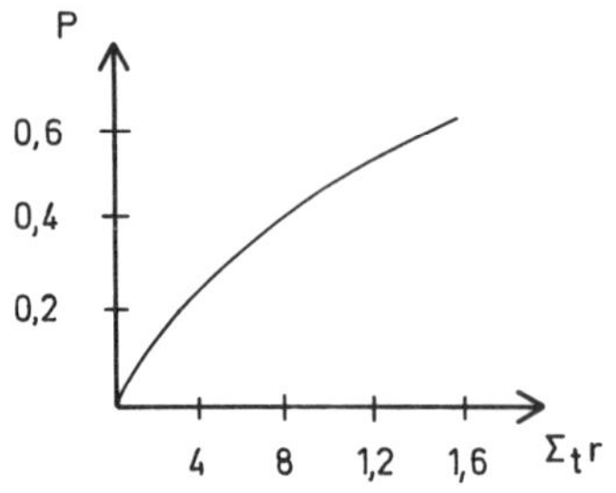

Bild 3.26

Neutronen-Nichtentkommwahrscheinlichkeit einer Kugel vom Radius r

Tabelle 3.5

Material	ν	σ_f	r_c	M_c	r_c 1)	M_c 1)
^{235}U	2,65	1,4 barn	6 cm	17 kg	3,1 cm	4,7 kg
^{239}Pu	3,2	2 barn	4,5 cm	7,5 kg	2,2 cm	1,8 kg
^{249}Cf	4,4	2,8 barn	3,3 cm	2,2 kg	1,6 cm	0,5 kg

Es ist also möglich eine nukleare Sprengladung als unterkritische Masse aufzubewahren und sie erst durch Kompression überkritisch zu machen zur Explosion zu bringen.

Zeitverhalten

Ob beim Überschreiten der kritischen Masse wirklich ein großer Energiebetrag freigesetzt wird, hängt davon ab, wie lange die kritische Masse zusammenhält. Diese Zeit wird durch eine einfache Tatsache aus der klassischen Mechanik, die Massenträgheit bestimmt. Wenn wir die Energieproduktionsrate $\dot{E}$ nennen und annehmen, daß die kritische Masse wieder unterschritten wird, wenn die Kugel sich um 10 % des Durchmessers ausgedehnt hat, dann können wir diese Zeit abschätzen. Nehmen wir weiter an, daß die ganze freigesetzte Energie in kinetische Energie umgewandelt wird, dann gilt:

$$E = \dot{E}\,t = \frac{m_c}{2}\,\frac{(0{,}1\,r_c)^2}{t^2} \rightarrow t^3 \sim \frac{1}{\dot{E}} \quad \text{und} \quad E \sim \dot{E}^{2/3}\,.$$

Je größer $\dot{E}$ ist, um so kürzer hält m_c zusammen, t nimmt aber nur langsam mit $\dot{E}$ ab.

Generationsdauer

Was in der Zeit t passiert, hängt von der Generationsdauer der Neutronen ab. Diskutieren wir der Einfachheit halber 2-MeV-Neutronen ($v \simeq 2 \cdot 10^9$ cm/s) und nehmen wir an, daß diese nach einer mittleren Flugstrecke von 5 cm eingefangen werden, dann folgt eine Generationsdauer $t_0 = 2{,}5 \cdot 10^{-9}$ s. Zur Spaltung von 1 kg Plutonium werden

$$\frac{m\,L}{A} \simeq \frac{1000 \cdot 6 \cdot 10^{23}}{239} \simeq 2 \cdot 10^{24} \text{ Neutronen}$$

benötigt.

1) doppelte Dichte

Für Plutonium ist

$$\frac{\eta\,\Sigma_a + \Sigma_s}{\Sigma_t} \simeq 1{,}6$$

und wegen

$$1{,}6^x \simeq 2 \cdot 10^{24}$$

folgt

$$x = 120.$$

Die 120 Generationen, die zur Spaltung benötigt werden laufen in

$$t = 120 \cdot 2{,}5 \cdot 10^{-9}\,s = 0{,}3\,\mu s$$

ab. Andererseits folgt aus der Massenträgheit

$$t \simeq \left| \frac{m_c}{2\dot{E}} (0{,}1\, r_c)^2 \right|^{1/3} \approx 3\,\mu s.$$

Wegen des exponentiellen Anstiegs ist diese Zeit in Wirklichkeit kleiner.

Man erkennt daraus: Damit eine Kernexplosion mit wesentlicher Energiefreisetzung stattfinden kann, muß die Energieproduktionsrate möglichst groß, die Generationsdauer der Neutronen in der Kettenreaktion extrem kurz (ns) und die kritische Masse Bruchteile von μs zusammengehalten werden. Das alles ist technisch nicht ganz einfach. Bei kontrollierten Kettenreaktionen werden diese Bedingungen nicht erfüllt. Bei thermischen Reaktoren ist die Generationsdauer ungefähr 6 Größenordnungen länger. Hinzu kommt, daß die Menge der prompt erzeugten Neutronen unterkritisch ist und erst durch die verzögerten Neutronen kritisch wird. Auch bei schnellen Reaktoren liegen die Generationszeiten um Größenordnungen über den kritischen kurzen Zeiten.

4 Kernreaktoren

L. Koester

Dieser Beitrag wird in einer Zeit geschrieben, in der die technische Nutzung der Kernenergie eine Betriebserfahrung von mehr als 25 Jahren und eine gesamte Reaktorbetriebszeit von ca. 1500 Jahren erreicht hat. In diesem Zeitraum sind weder Gesundheitsschäden noch gar Todesfälle in der Umgebung von Kernkraftwerken und anderen kerntechnischen Anlagen durch Aktivitätsfreisetzung verursacht worden.[1]) Trotz dieser einzigartigen Demonstration der Umweltfreundlichkeit und obwohl kein informierter Bürger die Notwendigkeit der Kernenergie ernsthaft wird bestreiten können, hat sich in den westlichen Ländern und besonders aktiv in der Bundesrepublik Deutschland durch jahrelanges Wirken in allen Gesellschaftsbereichen eine Gegnerschaft gegen die Kernenergie aufbauen lassen, die wirtschaftlich, politisch und ideologisch eine ernsthafte Gefahr letztlich für unsere freiheitliche, soziale und demokratische Staatsform werden kann.

Mangelhaftes Sachwissen, Ablehnung objektiver Information und besonders ernst: Verweigerung des Vertrauens zum fachkundigen oder sachverständigen Mitmenschen. Ablehnung der Autorität exakter Wissenschaft und Technik und auch liberalistische Überheblichkeit gehören zu den bedenklich negativen Erfahrungen aus den Diskussionen mit Kernenergiegegnern (siehe auch[2])). Diese haben im Journalismus des Wortes, der Schrift und des Bildes eine große Anzahl von Helfern, die die Öffentlichkeit massiv und wirksam beeinflussen. Es ist deprimierend zu erleben, wie in den letzten Jahren gerade junge Menschen, Schüler und Studenten, durch Überflutung mit Halbwahrheiten und Falschmeldungen in eine Gegnerschaft nicht nur zur Kernenergie, sondern auch gegen den Staat und seine notwendigen Institutionen verleitet werden.

Warum gibt es nicht auch in der Bundesrepublik viele Politiker aller Ebenen, die sich entschieden und kompromisslos gegen diese Entwicklung stemmen? Wo bleiben in unserem Land die Lehrer, die Geistes- und Naturwissenschaftler und die Ingenieure und die Techniker, die auf Gefahren für unsere Gesellschaft aufmerksam machen, die Wege zu ihrer Bewältigung weisen und die mit Festigkeit für ihre Kenntnisse und Erkenntnisse eintreten?

Der fundamentalste Weg zur persönlichen Orientierung junger Menschen in einer unübersehbaren Umwelt führt über die bedingungslose, leidenschaftslose Lehre exakten Wissens und seiner Bedeutung. Die folgenden Beiträge über Kernreaktoren und Umweltprobleme sind auf diesem Wege hilfreich.

---

1) Die Deutsche Sicherheitsstudie. Gesellschaft für Reaktorsicherheit (GRS). BMFT vom 15.8.1979 (Bonn).

2) Bürgerinitiativen im Bereich von Kernkraftwerken. Batelle Institut e.V. BMFT, 3. Auflage Bonn, 1977

4.1 Einleitung

4.1.1 Energie aus Kernspaltung

Die Entdeckung der induzierten Atomkernspaltung im Jahre 1939 durch O. Hahn und F. Strassmann und in Folge davon die Inbetriebnahme des ersten Kernreaktors durch E. Fermi im Jahre 1942 waren Ereignisse von epochemachender Bedeutung. Sie haben gezeigt, wie die enorm große Bindungsenergie in Atomkernen in technisch nutzbare Formen umgewandelt werden kann. Die nun zugänglich gewordene, riesengroße Energiemenge verschafft der Menschheit die Aussicht, die Grenze des Wachstums zu überschreiten, die durch die endlichen Vorräte an fossilen Brennstoffen und an Wasserkraft abgesteckt ist. Sie wird dann dazu beitragen, den Lebensstandard weltweit zu heben und den Frieden zu sichern.

4.1.2 Rohstoffe für Kernspaltung

Rohstoffe für die Nutzung der Kernenergie sind die Elemente Uran und Thorium. Ihre Mineralien sind auf der Erde und im Meerwasser weit verteilt. Die Erdkruste bis zu 3000 m Tiefe und das Meerwasser enthalten zusammen ein Potential an Spaltungsenergie von ca. $7 \cdot 10^{18}$ t SKE[1]), das die gesamten Erd-Reserven an fossilen Energieträgern von etwa $1{,}2 \cdot 10^{13}$ t SKE um das sechshunderttausendfache übersteigt.[3]) Beschränkt man die Betrachtung auf die zur Zeit ökonomisch gewinnbaren und nutzbaren Reserven, dann sind mit thermischen Kernreaktoren aus Uran ca. $3 \cdot 10^{11}$ t SKE Energie erzeugbar. Das ist weniger als der Energieinhalt von ca. $9 \cdot 10^{11}$ t SKE der ökonomisch noch nutzbaren fossilen Energieträger in Form von Kohle und Kohlenwasserstoffen. Aus diesem Grund kann die Kernenergie in der heute üblichen Art der Nutzung nur einen begrenzten Teil, allerdings hochwertiger Primärenergie ersetzen. Das wird für die letzten Jahrzehnte dieses Jahrhunderts ausreichend sein.

4.1.3 Brut- und Konverter-Reaktoren

Um letztlich das unermeßliche Potential an Spaltungsenergie nutzbar zu machen, das im Uran-238 und im Thorium verfügbar ist, müssen Brutreaktoren und Konverter eingesetzt werden, die aus diesen Kernen die Reaktorbrennstoffe Plutonium (239 und 241) und Uran-233 „erbrüten".

In diesem und dem kommenden Jahrzehnt wird es die Aufgabe unserer Ingenieure, Physiker, Chemiker und Techniker sein, die Brutreaktoren und Konverter, die benötigten Aufarbeitungsanlagen und die Endlagerstätte bis zur sicheren Betriebsreife zu entwickeln. Im gleichen Zuge haben Ökonomen, Soziologen und Juristen die wirtschaftlichen und gesellschaftlichen Perspektiven einer neuen, existenziell bedeutenden Industrie zu erforschen und zu gestalten.

4.1.4 Kernreaktoren

Kernreaktoren sind ein ungemein komplexes technisches System, für dessen Konstruktion und Betrieb das Zusammenwirken verschiedener Gruppen von Spezialisten er-

---

1) 1 t SKE = 1 Tonne Steinkohle-Einheiten = 8,14 MWh

[3] *M. Gratwohl,:* Energieversorgung: Resourcen, Technologien, Perspektiven. de Gruyter, Berlin, New York 1978.

forderlich ist. Neutronenphysiker, Strahlenphysiker, Regelungsfachleute und Thermodynamiker, Chemiker und Elektroingenieure, unabhängige Sachverständige und Aufsichtsbehörden, Rechtsprechung und Bürgerbeteiligung, alle und alles müssen letztlich zusammenwirken.

Grundlage dieses Systems ist die Reaktorphysik. Ihre Grundzüge werden in den folgenden Abschnitten bis zu den modernen Perspektiven nachgezeichnet. Die Darstellung von Kernreaktoren und Kraftwerken bleibt auf das Prinzip und die wichtigsten technischen Daten beschränkt.

4.2 Reaktorphysik

4.2.1 Bindungsenergie und Kernmassen

a) Bindungsenergie der Atomkerne

Zusammengehalten wird ein System von Masseteilchen durch verschiedenartige Kräfte: durch die Massenkraft (Schwerkraft, Gravitation) in kosmischen, globalen und makroskopischen Systemen, durch die elektrische Coulombkraft und durch quantenmechanische (Austausch-) Kräfte in molekularen und atomaren Bereichen. Durch Kernkräfte in nuklearen Dimensionen und durch superstarke Kräfte (Quanten-Chromodynamik) im subnuklearen Bereich der Elementarteilchen. Durch das Wirken der Kräfte hat ein abgeschlossenes Massensystem einen definierten Zustand mit einer bestimmten inneren Energie. Eine Änderung dieses Zustandes führt zu einer Änderung der Energie, verbunden mit einer Aufnahme oder Abgabe von Energie über spezielle Reaktionen.

Die Größenordnung einer solchen Energieänderung ist durch die Stärke der Bindung im System bestimmt. So sind die Nukleonen, Neutronen und Protonen, mit einer mittleren Energie von einigen MeV je Nukleon im Kern gebunden, wogegen die mittlere Bindungsenergie eines äußeren Elektrons im Atom bei einigen eV liegt. Von ähnlicher Größenordnung sind auch die Energieänderungen, die mit Reaktionen von Atomkernen oder Atomen auftreten.

b) Semiempirische Massenformel

Im Atomkern wirken die starken Kernkräfte praktisch nur zwischen benachbarten Nukleonen, zwischen den Protonen treten zusätzlich die elektrostatischen Kräfte sowie quantenmechanische Effekte im gesamten System der Nukleonen auf. Diese drei sehr verschiedenen Kraftgrößen (X) tragen zur gesamten Bindungsenergie B eines Kerns der Massenzahl A = Neutronenzahl N + Protonenzahl Z bei. Die Größe der einzelnen Beiträge B_X/A zur mittleren Bindungsenergie je Nukleon B/A wurde von C. F. v. Weizsäcker (1935) mit Hilfe des Flüssigkeits-Tröpfchenmodells hergeleitet. Die Terme der „Bindungsformel" sind in Tabelle 4.1 zusammengestellt. Die Zahlenwerte für die Konstanten a wurden experimentell ermittelt. Der Verlauf von B/A in Abhängigkeit von A stimmt für stabile Kerne, wie in Bild 4.1 gezeigt, mit den Meßwerten erstaunlich gut überein. Die deutlichen Abweichungen bei sehr leichten Kernen und die nicht darstellbaren kleinen Schwankungen bei schweren Kernen sind quantenmechanischer Natur.

Die mittlere Bindungsenergie je Nukleon erreicht bei den mittelschweren Kernen ($A \approx 60$) einen Maximalwert von rund 8,5 MeV. Werden nun leichte Kerne durch Zu-

Tabelle 4.1: Mittlere Bindungsenergie pro Nukleon. u = ungerade, g = gerade Neutronen- bzw. Protonenzahl

Art der Kraft	Bestimmende Kerngrößen	Beitrag zur Bindungsenergie pro Nukleon	Energiekonstante a (MeV)
Kernkräfte	Volumen, A	$B_A/A = a_v$	14,1 ± 0,2
Kernkräfte	Oberfläche, A	$B_0/A = -a_0 A^{-1/3}$	13 ± 1
Coulombkraft	Z, A	$B_c/A = -a_c \frac{Z^2}{A^{4/3}}$	0,595 ± 0,02
quantenmechanische Kräfte	Asymmetrie (N – Z)	$B_{as}/A = -a_{as} \frac{(N-Z)^2}{A^2}$	19,0 ± 0,9
quantenmechanische Kräfte	Gradzahligkeit von N und Z (Paarenergie)	$B_s/A = a_s A^{-7/4}$	(u, u) : – 33,5 (g, u) : 0 (g, g) : + 33,5
Bindungsenergie $B = B_A + B_0 + B_c + B_{as} + B_s$			

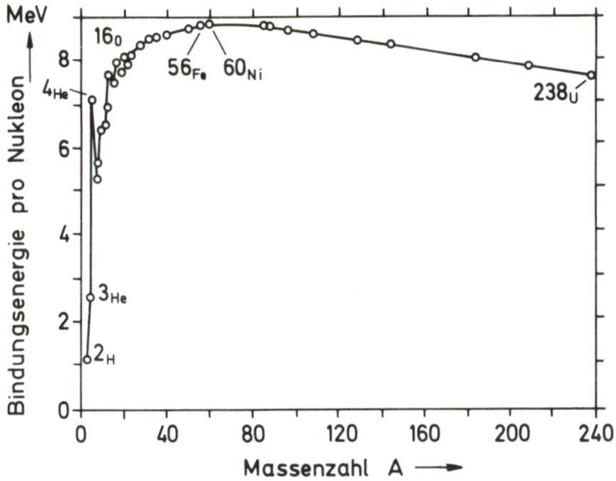

Bild 4.1 Bindungsenergie pro Nukleon für Kerne der Massenzahl A

sammenschmelzen (Fusion) oder schwere Kerne durch Spaltung (Fission) in Endkerne mit Massenzahlen im Bereich des breiten Maximums gebracht, dann wird Energie freigesetzt. Bei der Spaltung eines Kerns der Massenzahl 236 in zwei gleich schwere, primäre Spaltprodukte sind dies nach der Bindungsformel etwa 170 MeV. Die primären Spaltprodukte sind jedoch nicht stabil, sie zerfallen durch β^-- und Neutronenemission in stabile Endkerne. Für den Spaltungsprozeß bis hin zu den endgültigen Spaltprodukten folgt aus der Bindungsformel eine Spaltungsenergie von rund 210 MeV, so daß (210 – 170 MeV) = 40 MeV Energie durch die radioaktiven Zerfälle der Spaltprodukte freigesetzt werden müssen. Dieser relative große Beitrag zur Gesamtenergie ist für die Reaktortechnik ein bedeutender Faktor.

Die Bindungsenergie eines Kerns entspricht nach der Einsteinschen Beziehung einer Masse B/c^2, wobei c die Lichtgeschwindigkeit darstellt. Die Gesamtmasse M (A, Z) eines Kerns ist somit

$$m(A, Z) = Z \cdot m_p + (A - Z) m_n - B(A, Z)/c^2$$

und seine Gesamtenergie

$$mc^2 (A, Z) = Z \cdot m_p c^2 + (A - Z) m_n \cdot c^2 - B(A, Z),$$

worin m_p und m_n für die Masse von Proton und Neutron stehen.

Das Stabilitätsverhalten von Kernen gegenüber dem β-Zerfall, sowie Massengrenzen für α-Zerfall und Spaltung werden von der semiempirischen Massenformel gut beschrieben.

4.2.2 Neutronenreaktionen und Wirkungsquerschnitte

a) Energieschema und Kernreaktionen

Entsprechend der semiempirischen Massenformel können die Energieverhältnisse der Kerne und von Kernreaktionen in einem Energie-Massenzahl-Schema dargestellt werden. Das ist in Bild 4.2 für einen Kern ${}^A_Z X^N$ (Zielkern) und für Neutronenreaktionen

$$X + n \rightarrow (X + n)^* \rightarrow \text{irgendetwas} + \text{Energie}$$

dargestellt. Die Energieskala gibt die Differenzen der Energien zur Energie des Ausgangszustandes Zielkern und Neutron (Masse: $m + m_n$). Bei einer Reaktion des Neutrons mit dem Kern bildet sich zuerst ein Zwischenkern der Massenzahl A + 1 (Eingangskanal) mit

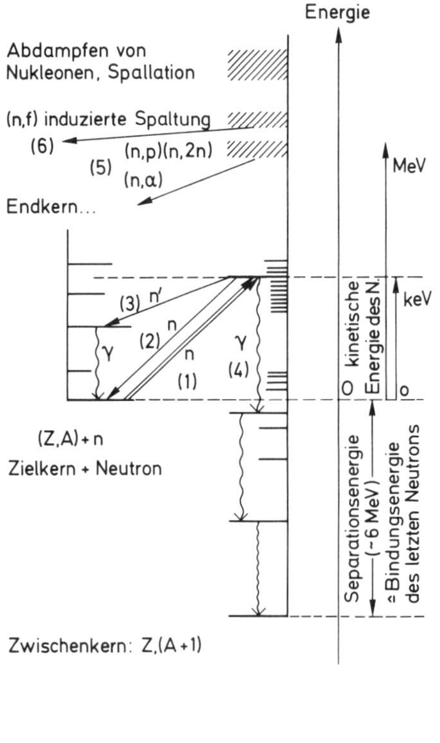

Bild 4.2

Zwischenkernreaktionen
(1) Neutroneneinschußkanal
(2) elastischer Kanal (n, n)
(3) inelastischer Kanal (n, n'γ)
(4) Strahlungskanal (n, γ)
(5) Reaktionskanäle
(6) Spaltungskanal

einer Anregungsenergie B_n über dem Grundzustand mit der Masse $m + m_n - B_n/c^2$. B_n ist auch die Separationsenergie, die erforderlich wäre, das Neutron aus dem Grundzustand des Zwischenkerns zu entfernen. Bringt das Neutron im Eingangskanal noch kinetische Energie E mit in die Reaktion, so wird der Zwischenkern mit einer Anregungsenergie $B_n + E$ gebildet. Besonders groß wird der Wirkungsquerschnitt für die Zwischenkernbildung immer dann, wenn mit der Neutronenenergie E ein Anregungsniveau des Zwischenkerns mit der Energie $E_R = B_n + E_0$ erreicht wird.

Der totale Wirkungsquerschnitt $\sigma_t(E)$ erreicht in diesen Resonanzen bei den Neutronenenergien E_0 Wirkungsquerschnitte bis zu mehr als dem Tausendfachem des geometrischen Wirkungsquerschnittes (Kernquerschnitt + Neutronenquerschnitt $\cong$ 4b)*). Der zu mehreren MeV hoch angeregte Zwischenkern ist instabil, er geht durch Emission von Reaktionsprodukten und von Energie in ein stabiles Endsystem über (Ausgangskanal).

Dazu stehen mehrere Reaktionskanäle, je nach Energie und Eigenschaften des angeregten Zustandes zur Verfügung.

b) Strahlungskanal

Im *Strahlungskanal* verliert der angeregte Zwischenkern seine Anregungsenergie i. a. durch die Emission einer Kaskade von γ-Quanten, die zum Grundzustand führt. Bei dieser Reaktion (n, γ) verschwindet das Neutron, ohne daß neben dem Zwischenkern ein Reaktionsteilchen auftritt. Große Absorptionsquerschnitte werden beobachtet, wenn ein geeigneter Zwischenkernzustand mit einer Resonanzenergie $E_R = B_n + E_0 \simeq B_n$ dicht unterhalb oder knapp oberhalb der Anregungsschwelle B_n existiert, der durch langsame Neutronen ($E \approx 0{,}02$ eV) noch angeregt werden kann. Der Absorptionsquerschnitt $\sigma(E)$ fällt beim Vorliegen einer „negativen" Resonanz ($E_0 < 0$) oder einer „positiven" Resonanz bei größeren Energien E_0 (> 0) mit steigender Neutronengeschwindigkeit v nach einem 1/v-Gesetz ($\hat{=} 1/\sqrt{E}$) ab. Beispiele für starke 1/v-Absorber sind die Kerne ^{107}Ag, ^{109}Ag, ^{113}In, ^{115}In und ^{197}Au. Die Wirkungsquerschnitte für thermische Neutronen der mittleren Energie, 0,025 eV ($v = 2200\ m\ s^{-1}$), liegen bei einigen 10^2 b.

Resonanzen bei sehr kleinen positiven Energien E_0 führen z. B. beim ^{113}Cd ($E_0 = +0{,}1776 \pm 0{,}006$ eV), beim ^{157}Gd ($E_0 = +0{,}0314$ eV) und beim (radioaktiven) ^{135}Xe ($E_0 = +0{,}084$ eV) zu enorm großen Absorptionsquerschnitten ($2 \cdot 10^4$ b bis $2{,}65\ 10^6$ b) für Neutronen mit der Energie 0,025 eV. Der Verlauf des Absorptionsquerschnittes weicht dort wegen der Nähe der Resonanzen stark vom 1/v-Verlauf ab.

Ausgeprägte Absorptions-Resonanzen treten bei mittelschweren Elementen ($25 < A < 80$) bis zu Neutronenenergien von 1 MeV auf. Bei schweren Kernen ($A > 80$) werden starke Resonanzen gehäuft bei niedrigen Energien zwischen 0 und 100 keV beobachtet. Von einzigartiger Wichtigkeit für die Reaktorphysik und die Nutzung der Kernenergie sind die stark absorbierenden Resonanzen des ^{238}Uran im Energiebereich von 5 ... 3 keV. Sie werden in Bild 4.3 als Beispiel für den Verlauf des Wirkungsquerschnitts $\sigma_t(E) \approx \sigma_a(E)$ im Resonanzbereich gezeigt. Der über einen 1/E-Verlauf der Neutronenflußdichte gemittelte Einfangquerschnitt wird als Resonanzabsorptionsintegral $I_\gamma = \int \sigma_\gamma(E)\, dE/E$ bezeichnet.

---

*) b = barn

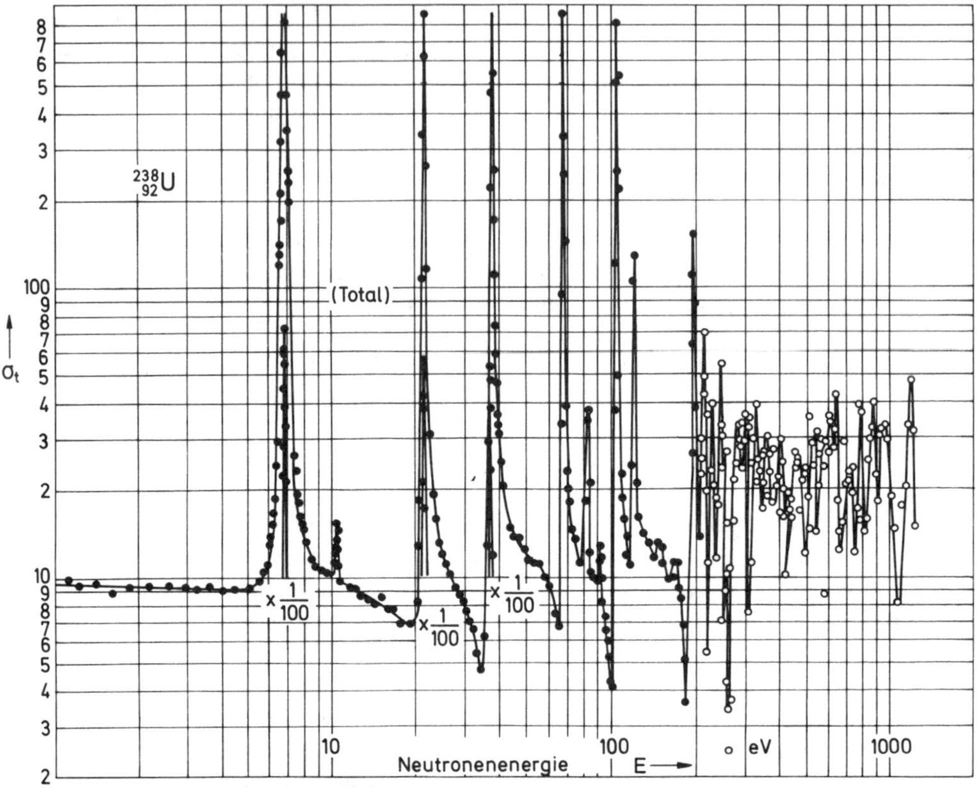

Bild 4.3 Totaler Wirkungsquerschnitt für ^{238}U

Das Linienspektrum der im Strahlungskanal emittierten γ-Quanten, die sogenannte Einfang-γ-Strahlung, ist charakteristisch für den Zielkern. Das wird in vielen Gebieten der angewandten Forschung und an Forschungsreaktoren zur Identifikation von Spurenelementen in Materie genutzt.

c) Neutronenkanäle

Über den *elastischen Neutronenkanal* emittiert der angeregte Zwischenkern ein Neutron mit genau der Energie des eingefangenen Neutrons. Diese elastische Resonanzstreuung (n, n) führt in den Ausgangszustand von Zielkern und Neutron zurück. Der Wirkungsquerschnitt $\sigma_n(E)$ zeigt ein ausgeprägtes Resonanzverhalten bis zu Neutronenenergien im MeV-Bereich. Bei der Emission von Neutronen durch einen *inelastischen Neutronenkanal* haben die Zerfallsneutronen eine geringere Energie als die Neutronen im Eingangskanal. Der Zielkern wird in einem angeregten Zustand erreicht, der durch Aussendung eines γ-Quants in den Grundzustand zurückgeht. Diese inelastische Neutronenstreuung (n, n' + γ) mit dem Wirkungsquerschnitt $\sigma_{n'}$ kann erst eintreten, wenn die Neutronenenergie größer als das niedrigste des erreichbaren Anregungsniveaus ist. Diese Kernzustände liegen in einem Energiebereich von einigen keV bis zu wenigen MeV Anregungsenergie. Der Verlauf des

Wirkungsquerschnittes zeigt ein entsprechendes Schwellwertverhalten mit einem flachen Maximum im Bereich schneller Neutronen. In diesem Gebiet ist die inelastische Streuung die vorherrschende Reaktion. Die Bedeutung der inelastischen Neutronenstreuung für die Reaktorphysik liegt in der Tatsache, daß schnelle Neutronen in einem Energiebereich, in dem andere Bremsprozesse weitgehend unwirksam geworden sind, verhältnismäßig große Energiebeträge durch eine Reaktion verlieren können.

d) Emission geladener Teilchen

Ist die Anregungsenergie eines Zwischenkerns so groß, daß die Separationsenergie für geladene Teilchen einschließlich der Energie zur Überwindung der Coulombschwelle ausreicht, dann wird ein Zerfall des Zwischenkerns mit Aussendung geladener Teilchen möglich. Die Energieschwellen für die Kernreaktionen mit Emission von Protonen (n, p) – *Protonenkanal* – oder von α-Teilchen – *α-Kanal* – liegen bei Neutronenenergien im MeV-Bereich. Nur bei einigen sehr leichten Kernen genügt bereits die Bindungsenergie des eingefangenen Neutrons zur Anregung der Emission geladener Teilchen. Wichtige Beispiele sind die Kerne ^{6}Li, ^{10}B und ^{14}N. Langsame Neutronen führen mit ^{6}Li (Häufigkeit im natürlichen Lithium: 7,5 %) über den Zwischenkern ^{7}Li zur Emission eines Tritium Kernes ^{3}H, wobei ein ^{4}He Kern (α-Teilchen) zurückbleibt. Der Wirkungsquerschnitt σ_{3_H} folgt dem 1/v-Gesetz bei niedrigen Neutronenenergien; er ist sehr groß für thermische Neutronen (940 b). Diese Reaktion wird in einem sehr großen Umfang zur Erzeugung von Tritium genutzt, das zusammen mit dem Deuterium (^{2}H) als „Sprengstoff“ in Wasserstoffbomben oder als „Brennstoff“ in Fusionsreaktionen dient oder dienen kann. Die Reaktion langsamer Neutronen mit ^{10}B-Kernen, zu 19,8 % im natürlichen Bor enthalten, führt zur Aussendung von α-Teilchen. Der mit 3837 ± 9 b sehr große Wirkungsquerschnitt für thermische Neutronen fällt nach dem 1/v-Gesetz ab, so daß ^{10}B bis in den keV-Bereich der Neutronenenergie noch ein wirksamer Absorber für Neutronen ist. Wegen dieser Eigenschaften wird Bor als Borkarbid (B_4C) oder in Form von boriertem Stahl als Neutronenabsorber in Kernreaktoren eingesetzt. Gasförmiges Bortrifluorit (BF_3) dient zur Füllung von Neutronendetektoren, in denen die α-Teilchen der ^{10}B(n, α)-Reaktion nachgewiesen werden.

Die (n, p)-Reaktion langsamer Neutronen an ^{14}N-Kernen (σ_p = 1,8 b für thermische Energie) hat technisch keine Bedeutung. Sie ist im biologischen Bereich die einzige Reaktion, mit deren Hilfe Energie aus einem Strahlenfeld thermischer Neutronen auf stickstoffhaltiges, biologisches Gewebe wirksam übertragen wird.

e) Spaltungskanal

Bei sehr schweren Kernen reicht die mit dem Neutroneneinfang gewonnene Anregungsenergie aus, um die Energieschwelle für eine Spaltung des Kerns zu überschreiten. Der Wirkungsquerschnitt für die „Fission“ über den *Spaltungskanal* erreicht für langsame Neutronen sehr große Werte, wenn die Spaltungsschwelle schon allein durch die Bindungsenergie des eingefangenen Neutrons überschritten wird. In diesen Fällen betragen die Wirkungsquerschnitte bei thermischer Neutronenenergie:

für ^{233}U: 531 ± 1 b,
für ^{235}U: 582 ± 1 b,
für ^{239}Pu: 742 ± 3 b,
für ^{241}Pu: 1009 ± 8 b.

Der Verlauf mit der Energie ist durch starke Spaltungsresonanzen bei niedrigen Neutronenenergien (0,1 eV bis ca. 1000 eV) geprägt.

Bei den übrigen sehr schweren Kernen, ^{232}Th, ^{238}U und ^{240}Pu liegt die Schwelle für die induzierte Spaltung bei Neutronenenergien um 1 MeV.

Die Wirkungsquerschnitte bleiben bis zu MeV Energie unter 1 b. Die auffallende Tatsache, daß die Kerne mit ungerader Massenzahl durch langsame Neutronen, die mit gerader Massenzahl nur durch schnelle Neutronen spaltbar sind, läßt sich mit Hilfe der „Bindungsformel" (Tabelle 4.1) verstehen. Die Bindungsenergie des eingefangenen Neutrons ist nämlich wegen des positiven Beitrags der Paarenergie (Spinabsättigung) in gerade (Protonenzahl)/ gerade (Neutronenzahl) Kernen im Vergleich zu den (g, u) Zwischenkernen mit negativem Paarbeitrag besonders groß, die aus Zielkernen gerader Massenzahl entstehen.

f) Neutronenabdampfung

Bei sehr hohen Anregungsenergien kann sich die Energie auf alle Nukleonen verteilen, so daß zuerst die weniger stark gebundenen Neutronen – sie haben keinen Coulombwall zu überwinden – abdampfen können. Die primären Spaltprodukte einer Kernspaltung entstehen in einem solchen sehr „heißen" Zustand, in dem im Mittel 2 bis 3 Neutronen je Spaltung abgedampft werden. Dieser thermodynamischen Vorstellung von der Neutronenemission entsprechend hat die Energieverteilung der Spaltungsneutronen die Form eines Maxwellspektrums einer Temperatur von rund $1{,}5 \cdot 10^{10}$ K.

Die Energieverteilung der Spaltungsneutronen der induzierten Spaltung von ^{235}U wird in Bild 4.4 gezeigt. Die wahrscheinlichste Neutronenenergie ist 0,645 MeV, die mittlere Energie 1,94 MeV.

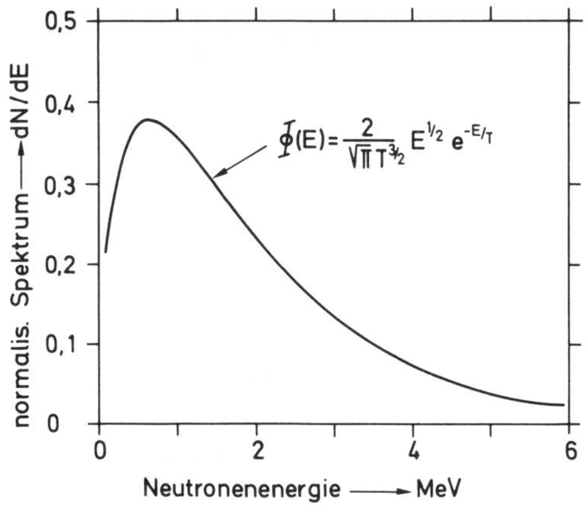

Bild 4.4
Neutronen-Energiespektrum für die induzierte Spaltung von ^{235}U
($T = 1{,}29$ MeV; $\bar{E} = \frac{3T}{2} = 1{,}94$ MeV)

g) Elastische Potentialstreuung

Neben den bislang betrachteten Neutron-Kernreaktionen, bei denen das Neutron durch Bildung eines Zwischenkerns absorbiert wird, spielen Stoßprozesse zwischen Neutron und Kern, speziell die mit leichten Kernen, in der Reaktorphysik eine große Rolle. Der eigentliche Stoßvorgang ist ebenso wie der Stoß zwischen zwei ideal harten Kugeln elastisch.

Nach den Stoßgesetzen verlieren die Neutronen bei der Streuung an Kernen dann kinetische Energie, die vom gestoßenen Kern als Rückstoß aufgenommen wird.

Der Wirkungsquerschnitt σ_{pot} für die elastische Potentialstreuung an einem Kern ist über einen ausgedehnten Bereich bis zu höheren Energien konstant. Für den Wasserstoffkern reicht dieser Bereich bis etwa 20 keV, für den schweren Wasserstoffkern, das Deuteron, bis ca. 1 MeV Neutronenenergie. Der Verlauf der Wirkungsquerschnitte für diese beiden Kerne sowie für die leichten Kerne ^7Be und ^{12}C, die nur sehr kleine Neutroneneinfangquerschnitte haben, wird in Bild 4.5 wiedergegeben. Dieser Darstellung entnimmt man auch, daß die Streuquerschnitte im Bereich der Energien der Spaltungsneutronen, mit Ausnahme von Deuterium, bereits sehr viel kleiner als bei niedrigen und mittleren Neutronenenergien sind.

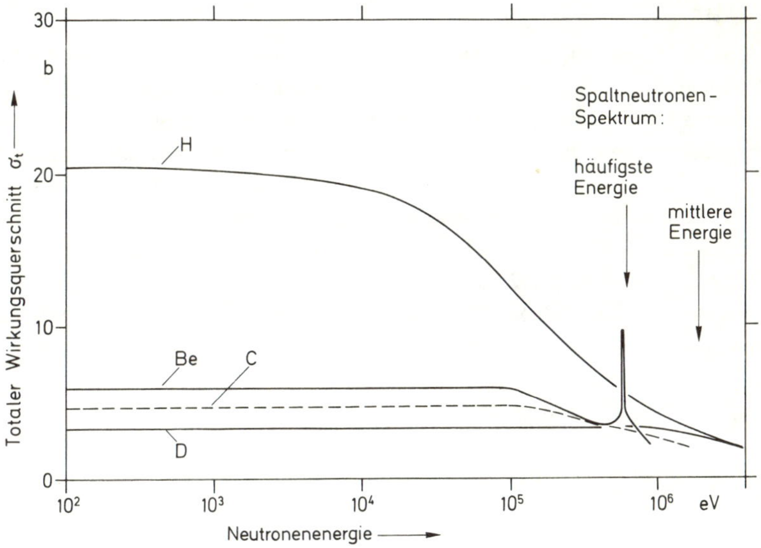

Bild 4.5 Totale Wirkungsquerschnitte für elastische Streuung von Neutronen an leichten Kernen

h) Totaler Wirkungsquerschnitt und Resonanzintegral

Der totale Wirkungsquerschnitt σ_t für die Neutron-Kern-Wechselwirkung ergibt sich aus dem Zusammenwirken der besprochenen Reaktionen. Diese lassen sich bezüglich des Neutronenschicksals in Absorptions- und Streuprozesse einteilen. Die entsprechenden Wirkungsquerschnitte sind dann:

der totale Absorptionsquerschnitt (10^{-24} cm^2 = 1 b).

$$\sigma_a = \sigma_\gamma + \sigma_p + \sigma_\alpha + \sigma_{2n} + \ldots + \sigma_f,$$

der totale Streuquerschnitt:

$$\sigma_s = \sigma_{pot} + \sigma_n + \sigma_{n'}$$

und der totale Wirkungsquerschnitt

$$\sigma_t = \sigma_a + \sigma_s\ .$$

Werden N Atomkerne je cm^3 einer Neutronenflußdichte mit $\varphi(E)$ Neutronen je cm^2 und je s ausgesetzt, dann wird eine totale Reaktionsrate (Reaktionen je s und je cm^3)

$$R_t = N\,\sigma_t(E)\,\varphi(E)$$

mit Neutronen der Energie E auftreten, die sich entsprechend der verschiedenen Wirkungsquerschnitte als Summe aus den speziellen Reaktionsarten zusammensetzt. Da beide Größen σ_t und φ von der Energie abhängen, ist es zweckmäßig, für Neutronenfelder mit speziellen Fluß-Spektren $d\varphi(E)/dE$ mittlere Wirkungsquerschnitte über den betrachteten Energiebereich ΔE zu berechnen gemäß:

$$\bar{\sigma} = \int_{\Delta E} \sigma(E)\,\varphi(E)\,dE \Big/ \int \varphi(E)\,dE.$$

Das Neutronenfeld eines „thermischen" Kernreaktors z. B. enthält Neutronen von nahezu Nullenergie bis hinauf zu etwa 10 MeV. Wie später im Abschnitt 4.2.4 e) gezeigt, sind das Maxwell-Spektrum der thermischen Neutronen, das 1/E-Spektrum der Neutronen im Resonanzbereich und das Maxwell-Spektrum der Spaltneutronen die wesentlichen Bestandteile der Neutronenverteilung auf den gesamten Energiebereich (siehe Bild 4.8).

Im thermischen Bereich ergibt sich für alle Absorptionsreaktionen mit einem $(1/\sqrt{E})$-Verlauf des Wirkungsquerschnitts der Mittelwert (für eine Neutronentemperatur von 283 K) zu $\sigma_a\,(th) = \sigma_a\,(0{,}025\text{ eV})$.

Für den mittleren Wirkungsquerschnitt im Resonanzbereich der Neutronenenergie mit einem spektralen Verlauf der Flußdichte

$$\frac{d\varphi}{dE}\,dE = \varphi_{epi}(E) = \Phi_{epi}\,\frac{dE}{E}$$

wird das Resonanzintegral z. B. für die Strahlungseinfänge als

$$I_\gamma = \int \sigma_\gamma(E)\,\frac{dE}{E}$$

angegeben. Die Reaktionsrate im Resonanzbereich:

$$R_\gamma = N\,\Phi_{epi}\,I_\gamma$$

ist für die Reaktortechnik von weitreichender Bedeutung.

4.2.3 Induzierte Kernspaltung

a) Schwellenenergie

Ein sehr schwerer Atomkern ändert mit zunehmender Anregungsenergie seine Gestalt. Charakteristische Kernquerschnitte, das Maß für ihre Deformation und die potentielle Energie des Kerns, bezogen auf den Grundzustand, werden in Bild 4.6 gezeigt. Dieser Darstellung ist zu entnehmen, daß sehr schwere Kerne bereits im Grundzustand eine Deformation vom Kugelquerschnitt zu einem elliptischen Querschnitt aufweisen. Durch Zufuhr von Energie wird ein hantelförmiger Querschnitt erreicht, dem eine Spaltung des Kerns in zwei Bruchstücke folgt. Die Energieschwelle zur Spaltung ist doppelhöckerig. Wird der letzte und höchste Höcker durch Anregungsenergie überwunden, tritt prompte

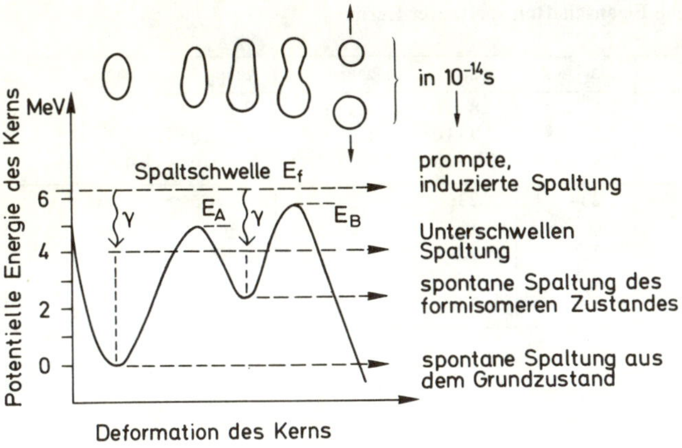

Bild 4.6
Formen der Spaltung

Spaltung ein. Der Kern hat als quantenmechanisches System die Möglichkeit, auch aus Zuständen unterhalb der Schwelle und vom Grundzustand aus den Potentialwall zu durchtunneln. Das führt zur spontanen Spaltung des Kerns.

Die notwendige Anregungsenergie für die Spaltung kann durch Neutroneneinfang aufgebracht werden. Aus dem Zielkern entsteht dabei der spaltbare Zwischenkern mit einer Anregungsenergie, die noch um den Betrag der kinetischen Energie des Neutrons größer ist als die Bindungsenergie des Neutrons im Zielkern (s. Abschnitt 4.2.2 a)).

Liegt die Anregungsenergie unterhalb der Spaltungsschwelle, dann geht der Kern durch γ-Emission in den Grundzustand (Strahlungskanal) über, von dem aus in der Regel durch β-Emissionen eine Umwandlung in stabilere Kerne erfolgt. Bei Anregungsenergien oberhalb der Spaltungsschwelle tritt die induzierte Spaltung als konkurrierende Reaktion neben den Strahlungsübergang.

Das Verhältnis α (abhängig von der Neutronenenergie E), in dem die Häufigkeiten beider Prozesse zueinander stehen, ist gleich dem Verhältnis der Wirkungsquerschnitte beider Reaktionen:

$$\alpha(E) = \frac{\sigma_\gamma(E)}{\sigma_f(E)} .$$

Je kleiner α ist, um so größer ist die Ausbeute an Spaltungsreaktionen.

b) *Spaltstoffe*

Die Zielkerne für neutronen-induzierte Spaltung (Spaltstoffe) sind sehr schwere Kerne, die mit langen Halbwertzeiten durch α-Emission und spotane Spaltung zerfallen. Die natürlichen Zerfallsdaten der Spaltstoffe, die Halbwertzeit τ in Jahren (a) und die Anzahl R der Zerfallsreaktionen je Sekunde und Gramm Substanz, sowie die charakteristischen Daten für die induzierte Spaltung, Schwellenenergie E_f und Bindungsenergie B/A des letzten Neutrons im Zwischenkern, sind in der Tabelle 4.2 zusammengestellt. Aus der Tabelle ist zu ersehen, daß bei den *starken Spaltstoffen* (^{233}U, ^{235}U, ^{239}Pu und ^{241}Pu) bereits durch die Neutronenbindungsenergie die Spaltungsschwellen weit überschritten werden. Sie sind mit langsamen, thermischen Neutronen spaltbar.

Tabelle 4.2: Physikalische Eigenschaften spaltbarer Kerne

Zielkerne	^{232}Th	^{233}U	^{235}U	^{238}U	^{239}Pu	^{240}Pu	^{241}Pu
τ (a)	$1,4 \cdot 10^{10}$	$1,6 \cdot 10^{5}$	$8,8 \cdot 10^{8}$	$4,5 \cdot 10^{9}$	$2,4 \cdot 10^{4}$	$6,5 \cdot 10^{3}$	14,9
$R_\alpha (g^{-1} s^{-1})$	$4,1 \cdot 10^{3}$	$3,5 \cdot 10^{8}$	$7,9 \cdot 10^{4}$	$1,2 \cdot 10^{4}$	$2,3 \cdot 10^{9}$	$8,4 \cdot 10^{9}$	$(\beta^-, \gamma, \alpha)$
$R_{fsp.} (g^{-1} s^{-1})$	$4,1 \cdot 10^{-5}$	$1,9 \cdot 10^{-4}$	$3,1 \cdot 10^{-4}$	$7 \cdot 10^{-3}$	$1 \cdot 10^{-2}$	$4,6 \cdot 10^{2}$	
Zwischenkern	233	234	236	239	240	241	242
Typ	gu	gg	gg	gu	gg	gu	gg
E_f(MeV)	6,4	5,2	5,8	6,3	4,8	5,0	5,0
B/A(MeV)¹)	5,1	6,7	6,4	4,8	6,4	4,5	5,2
$B/A-E_f$	– 1,3	+ 1,5	+ 0,6	– 1,5	+ 1,6	– 0,5	+ 0,2

¹) für das letzte Neutron

Bei den *schwachen Spaltstoffen* (^{232}Th und ^{238}U) fehlen zur Spaltung Energiebeträge um 1,4 MeV, die zur Induktion von Spaltungen von den Neutronen als kinetische Energie mitzubringen sind.

Die starken Spaltstoffe sind Brennstoffe für Kernreaktoren, die schwachen stehen als Brutstoff für Konverter und Brutreaktoren zur Verfügung. Die eingangs gegebenen Daten für den natürlichen Zerfall der Spaltstoffe geben Informationen zur Handhabung der Substanzen, die durch die α-Aktivität der Kerne von ^{233}U und Plutonium erschwert wird.

c) Reaktionsenergie der Spaltung

Die induzierte Spaltungsreaktion, z. B. an ^{235}U läuft nach der folgenden Reaktionsgleichung ab:

$$^{235}U + n \rightarrow (^{236}U)^* \begin{cases} \nearrow (^{236}U + \gamma + Q_\gamma) \\ \searrow f_1^* + f_2^* + \nu n_f + \overline{\nu}_e + Q, \end{cases}$$

worin angeregte Kerne durch * gekennzeichnet sind. Die gesamte Reaktionsenergie Q von 204 ± 6 MeV wird dabei auf 6 verschiedenen Wegen freigesetzt:

1. kinetische Energie der Spaltprodukte	167 ± 5 MeV
2. kinetische Energie von ν Spaltungsneutronen	5 ± 0,2 MeV
3. prompte γ-Strahlung	8 ± 1,5 MeV
4. verzögerte γ-Strahlung (Spaltprodukte)	6 ± 1 MeV
5. β-Strahlung der Spaltprodukte	6 ± 1 MeV
6. Elektron-Antineutrinos ($\overline{\nu}_e$)	12 ± 2,5 MeV

Die Antineutrinos haben so gut wie keine Wechselwirkung mit Materie, sie entweichen aus dem Reaktorkern ins Weltall. Im Spaltungssystem können demnach maximal nur (204 – 12) MeV = 192 MeV = $3{,}08-10^{11}$ Ws Energie je Spaltung absorbiert und technisch nutzbar gemacht werden. Um eine nutzbare Spaltungsleistung von 1 W zu erzeugen, sind somit $3{,}2 \cdot 10^{10}$ Spaltungen je Sekunde erforderlich. *1 g metallisches* ^{235}U enthält $2{,}55 \cdot 10^{21}$ Atomkerne, die ein Potential an Spaltungsenergie von 22000 kWh oder von 0,913 MWd (Megawatt-Tage) darstellen. Das ist gleich dem Potential an Verbrennungsenergie von *$2{,}7 \cdot 10^6$ g Steinkohle* mit rund 18000 m^3 Luft!

d) Spaltprodukte

Die primären Spaltprodukte haben verschiedene Massen, die sich in der leichten Gruppe um die Masse A = 96 und in der schweren Gruppe um A = 140 verteilen. Sie zerfallen, wie schon erwähnt (Abschnitt 4.2.1 b), in einer isobaren Kette von 3 bis 5 β^--Zerfällen, wobei die Zerfallsenergie von rund 40 MeV je Spaltung freigesetzt wird. Dies geschieht in Zeiten t von $10\,s < t < 100$ d mit einer Leistung $P_s(t)$, die wie folgt abklingt:

$$P_s(t) = 4{,}26 \cdot 10^{-3} \cdot t(s)^{-1{,}2}\ W.$$

Wird in einem Spaltungssystem (Kernreaktor) eine Spaltungsleistung P_0 (Watt) über einen Zeitraum T(s) erzeugt, dann führt das zu Zeiten $t > T$, also nach Abschalten des Reaktors, zu einer Strahlungsleistung

$$P_s(t) = P_0 \cdot 6{,}4 \cdot 10^{-2} \cdot [(t-T)^{-0{,}2} - t^{-0{,}2}],$$

sofern wieder $10\,s < t$, $(t - T) < 100$ d. Diese Spaltungsleistung wird im System absorbiert und produziert dort Nachwärme, die abgeführt werden muß.

Bei großen Kernkraftwerken ist die Leistung dieser Nachwärme beträchtlich. Innerhalb von 10 s nach Abschalten fällt z. B. die Wärmeleistung von P_0 auf $P_s(10\,s) \approx 0{,}04\,P_0$.

Der weitere Abfall der Leistung erfolgt gemäß $t^{-0{,}2}$ verhältnismäßig langsam. Der Störfall im Kernkraftwerk Harrisburg (USA) am 28.3.79 führte deswegen in die Nähe eines Unfalls, weil rund 6000 s nach Abschalten einer Leistung von $P_0 = 2717$ MW (thermisch, über 10 Tage Betrieb) die Nachkühlung abgeschaltet worden ist. Die Leistung des Reaktors betrug zu dieser Zeit noch etwa 20 MW. Sie führte zur Verdampfung von Kühlwasser und zur Beschädigung der „trocken stehenden" Teile der Brennelemente. Ein schwerer Unfall konnte durch Wiederherstellen der Kühlung vermieden werden.

Entsprechend dem zeitlichen Abfall der Strahlungsleistung fällt natürlich auch die primäre β-Zerfallsrate der Spaltprodukte ab. Unter den oben genannten Bedingungen beträgt die β-Aktivität der Spaltprodukte in einem Reaktorkern zur Zeit T nach Abschalten der Leistung P_0 (Watt)

$$A_\beta(t, T) \approx 4{,}4\,P_0\,[(t-T)^{-0{,}2} - t^{-0{,}2}]\ \text{Ci}$$
$$\approx 16{,}3\,P_0\,[(t-T)^{-0{,}2} - t^{-0{,}2}]\,10^{10}\ \text{Bq}$$

mit den Maßeinheiten

1 Curie = 1 Ci = $3{,}7 \cdot 10^{10}$ Zerfälle je Sekunde (s^{-1}) = $3{,}7 \cdot 10^{10}$ Bq und
1 Bequerel = 1 Bq = s^{-1}.

Beim Störfall in Harrisburg war die β-Aktivität nach 6000 s, also zur Zeit des Abschaltens der Nachkühlung, $A_\beta = 1{,}4 \cdot 10^9$ Ci = $5{,}2 \cdot 10^{19}$ Bq. Trotz der teilweisen Beschädigung der Brennelemente hat es keine Freisetzung von Teilen dieser β-Aktivität gegeben. Kernkraftwerke deutscher Konstruktion besitzen ein umfangreiches Schutzsystem mit 7 voneinander unabhängigen Rückhaltemechanismen für die Spaltproduktaktivität. Die Leckage des Systems liegt bei 1 von 10^{13}, im Störfall je nach Ablauf zwischen 1000 von 10^{13} bis 0,01 von 10^{13}. Die Freisetzung von etwa 1 Ci im ungünstigsten Störfall ist absolut harmlos und folgenlos für die Umwelt. Für die Reaktorfunktion, für Schutzmaßnahmen und für

Tabelle 4.3: Charakteristische Spaltprodukte

Element	A	Ausbeute je Spaltung %	$T_{1/2}$	β^-_{max} MeV	γ-Strahlung MeV	Bedeutung
Kr	85	1,31	10,8 a	0,67	–	Umwelt, Entsorgung
Br	87	2,5	55,6 s	2,6	n-Zerfall	verzögerte Neutronen
Sr + Y	90	5,89	28,1 a	2,27 (Y)	–	Entlagerung
J	131	2,8	8,04 d	0,61	0,36	Umwelt
J	134	7,65	52 m	2,46	1,7	Umwelt
Xe	135	6,45	9,2 h	0,92	0,24	Reaktor $\sigma_\gamma = 2{,}65 \cdot 10^6$ b
Cs	137	6,17	30,2 a	0,511	0,66	Endlagerung

die Entsorgung charakteristische Spaltprodukte sind mit ihren physikalischen Eigenschaften in Tabelle 4.3 zusammengefaßt.

Unter den für die Umgebung relevanten gasförmigen Spaltprodukten, die vom Reaktor im Normalbetrieb in sehr geringen Mengen emittiert werden, ist ^{85}Kr das Edelgasisotop mit der längsten Halbwertzeit. Gasförmiges Jod(^{131}J, ^{134}J ...) kann nur bei schwersten Schäden in der Anlage abgegeben werden. Wegen seiner spezifischen Wirkung und Anreicherung in der menschlichen Schilddrüse kann die Aufnahme kleinster Mengen leicht gemessen werden. Die Jod-Isotope gelten deshalb als Leitisotope für den Strahlenschutz nach Unfällen. In Harrisburg blieb die Jod-Emission weit unter den extrem niedrigen, zulässigen Werten. Die langlebigen β^--Strahler ^{90}Sr + ^{90}Y und ^{137}Cs entstehen mit relativ hoher Ausbeute aber verhältnismäßig geringer Aktivität. Wegen ihrer langen Halbwertzeiten sind sie für die Dauer der Endlagerung mitbestimmend. Ihre Aktivität ist in 300 Jahren auf einen Bruchteil von $4{,}5 \cdot 10^{-5}$ des Ausgangswertes abgefallen.

Das mit hoher Ausbeute entstehende Edelgasisotop ^{135}Xe wirkt wegen seines enorm großen Neutroneneinfang-Querschnitts von $2{,}65 \cdot 10^6$ b stark auf die Neutronenbilanz eines Reaktorkerns (Xe – Vergiftung). Der Zerfall des ^{87}Br ist ein Beispiel für einige kurzlebige Spaltprodukte, nach deren β^--Zerfall ein Neutron emittiert werden kann. In 2 % der β^--Zerfälle von ^{87}Br wird der Folgekern ^{87}Kr in einem so hohen Anregungszustand erreicht, von dem aus er durch Emission eines Neutrons direkt in den Grundzustand des ^{86}Kr übergehen kann.

e) Spaltungsneutronen

Im Zeitablauf der Spaltung werden innerhalb der ersten 10^{-14} s eine Anzahl von $(1 - \beta) \cdot \nu$ *prompten Neutronen* abgedampft (S. Abschnitt 4.2.2f)). Innerhalb der ersten 10^{-9} s erfolgt die Emission von 7 prompten γ-Quanten. Erst nach 10^{-2} s setzt der β^--Zerfall der Spaltfragmente und die Emission einer Anzahl von $\beta \cdot \nu$ *verzögerten Neutronen* ein, die in 6 Gruppen mit Halbwertzeiten von 55 s bis 0,18 s erscheinen.

Die Anzahl v der Neutronen aus einer Spaltung, die durch Neutronen der Energie E(MeV) induziert wurde, nimmt nahezu linear mit der Neutronenenergie zu: $v(E) = \nu_0 + a\,E$. Die Werte für ν_0 und a (MeV^{-1}) für die starken Spaltstoffe sind in Tabelle 4.4 zusammengestellt. Sie enthält auch Daten für das Verhältnis α_0 von Neutroneneinfang- zu Spaltungsquerschnitt (s. Abschnitt 4.2.3a)) bei sehr kleinen (thermischen) Neutronenener-

Tabelle 4.4: Neutronenausbeute bei der induzierten Spaltung

Spaltstoff	^{233}U	^{235}U	^{239}Pu	^{241}Pu
ν_0 je Spaltung	2,492(8)	2,416(8)	2,904(8)	2,947(7)
a (MeV^{-1})	0,131	0,136	0,127	
α_0	0,093	0,17	0,37	0,4
η_0 (je Neutron)	2,28	2,06	2,12	2,10
$\beta\,\nu_0$	0,0066	0,0158	0,00615	
β	0,00265	0,0065	0,00212	
$\bar{\eta}_s$ (je Neutron) Reaktorspektrum	2,31	2,10	2,45	–
$\bar{\eta}_s$ (Spaltungsneutronenspektrum)	2,51	2,36	2,95	–

gien. Mit Hilfe dieses Verhältnisses läßt sich sofort die *Neutronenvermehrung* η (Neutronenausbeute) einer induzierten Spaltung *pro Neutroneinfang* angeben:

$$\eta(E) = \frac{\sigma_f}{\sigma_\gamma + \sigma_f} \cdot \nu = \frac{1}{1 + \alpha(E)}\,\nu(E).$$

Die Werte für thermische Neutronenenergie sind in Tabelle 4.4 aufgeführt.

Die Anzahl $\beta\nu_0$ der insgesamt emittierten verzögerten Neutronen je induzierter Spaltung (Tabelle 4.4) ist mit rund 0,01 Neutronen je Spaltung verhältnismäßig klein. Trotzdem ist diese Anzahl ausreichend, um über die verzögerten Neutronen einen Kernreaktor sicher zu steuern und zu kontrollieren.

4.2.4 Neutronenreaktionen in verschiedenen Systemen

a) Reaktionsschema schneller und thermischer Reaktoren

Mit Hilfe der vorangegangenen, grundlegenden Betrachtungen der Neutronenwirkungsquerschnitte und ihrer Energieabhängigkeit ist es möglich, das Wechselspiel der Neutronenreaktionen in einem spaltbaren System zu durchschauen, was für das Verständnis der möglichen Reaktortypen unerläßlich ist.

Die diskutierten Wirkungsquerschnitte und die Parameter der induzierten Kernspaltung müssen vollständig und exakt über den gesamten Energiebereich der Neutronen von 0 bis ca. 20 MeV für alle Reaktormaterialien bekannt sein. Es sind dies:

starke Spaltstoffe (Brennstoffe): ^{233}U, ^{235}U, ^{239}Pu und ^{241}Pu

schwache Spaltstoffe (Brutstoffe): ^{238}U und ^{232}Th

Moderatoren:	H_2O, D_2O, C als Graphit, Be
Kühlmittel:	H_2O, D_2O, CO_2, He, Na, K
Absorber:	B, Cd, In, Ag, ^3He, Li, ^{135}Xe, ^{149}Sm …
Strukturmaterial:	C, Zr, Al, Fe, Cr, Ni, Ti, Mn, W, Ta …

In Bild 4.7 sind schematisch die Wirkungsquerschnitte und ihre Energieabhängigkeit für den Spaltstoff Uran, für den Moderator H_2O und für die Absorber Cadmium und

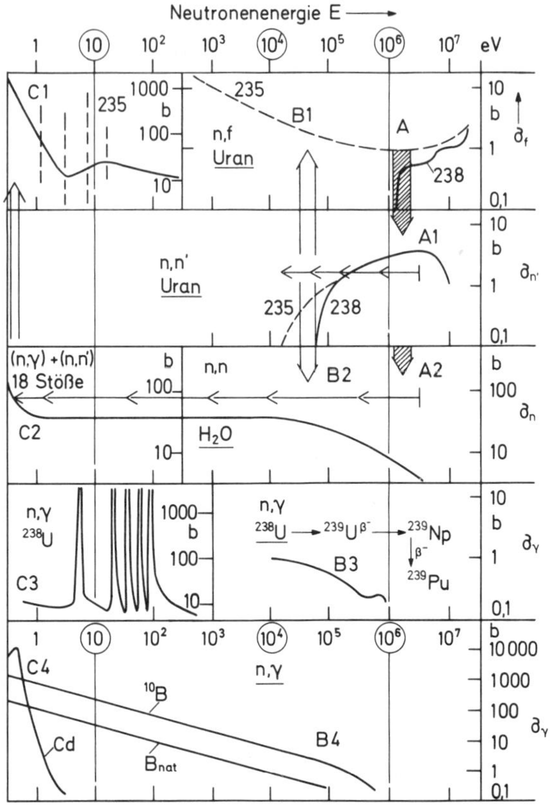

Bild 4.7 Wirkungsquerschnitte und Reaktionen im Reaktor

Bor synoptisch dargestellt. In diesem Schema soll das Schicksal eines freigewordenen Spaltungsneutrons mit einer Energie zwischen 1 MeV und 2 MeV (Punkt A in Bild 4.7) in groben Zügen verfolgt werden.

Besteht das System nur aus ^{235}U, dann wird das Neutron mit einem Wirkungsquerschnitt von etwa 1,2 b wieder eine Spaltung in ^{235}U induzieren, oder, was wahrscheinlicher ist, es wird an einem ^{235}U (mit $\sigma_i \approx 2{,}0$ b) inelastisch gestreut (Punkt A1). Dadurch und durch elastische Stöße erreicht das Neutron eine Energie zwischen 10^4 eV und 10^6 eV, bei der die Wahrscheinlichkeit für die ^{235}U Spaltung dann stark überwiegt (Punkt B1).

Bei dieser schnellen Spaltung entstehen im Mittel 2,43 neue Neutronen mit Energien um 2 MeV (Punkt A1). Es baut sich eine Reaktionskette in reinem ^{235}U selbständig auf, wenn das System so groß ist, daß in ihm eines oder mehrere der Spaltungsneutronen wieder spalten können. Dieser Reaktionskreis bildet die Grundlage für den *schnellen Reaktor.*

^{238}U im System trägt zur Spaltung praktisch sehr wenig bei, da Neutronen mit Energien unterhalb 1,5 MeV keine Spaltungen induzieren können. Wegen des Neutroneneinfangs durch ^{238}U bei mittleren Energien (Punkt B3) wirkt es schädlich auf die Neutronenbilanz. Schnelle Reaktoren können bereits mit einem Brennstoff mit nur etwas mehr als 7 % ^{235}U Anteil realisiert werden.

Die Regelung des schnellen Reaktors erfolgt unter anderem mit Absorbern aus Bor, das bei den Neutronenenergien im Reaktorkern noch ausreichend absorbiert (Punkt B4).

In Uranmischungen mit einem Anteil von weniger als 7 % ^{235}U ist eine Kettenreaktion nur dann realisierbar, wenn die Spaltneutronen bei A2 und B2 in einer Bremssubstanz (Moderator) durch elastische Stöße abgebremst werden. Sie enden dann im Maxwell-Spektrum (Punkt C2) der thermischen Energie von etwa 0,03 eV. Hier treffen sie in ^{235}U einen sehr hohen Spaltungsquerschnitt an (Punkt C1, $\sigma_f \approx 580$ b), so daß weniger spaltbares Material im System ausreicht, um den Reaktionskreis aufrecht zu erhalten.

Beim Bremsvorgang, im Wasser im Mittel insgesamt in 18 Stößen, muß der Bereich der Resonanzabsorption in ^{238}U (Bild 4.3) überwunden werden (Punkt C3), wobei Neutronen verloren gehen. Eine Steuerung der Reaktionen ist durch die starken Absorber Cadmium oder Bor möglich (Punkt C4), mit denen überzählige thermische Neutronen sehr effektiv eingefangen werden können.

Das System ^{235}U mit ^{238}U und H_2O ist eine Basis für einen *thermischen Reaktor,* so genannt, weil die Spaltungskette über thermische Neutronen abläuft.

b) Neutronenvermehrung und Zeitverhalten

Die effektive Neutronenvermehrung in einen spaltbaren System ergibt sich aus der Bilanz von Produktion und Verlust an Neutronen. Entsprechend ist der *Vermehrungsfaktor*[1]) k als das Verhältnis der Anzahl erzeugter Neutronen zur Anzahl der im System absorbierten und der ausfließenden Neutronen definiert. In einem System mit k = 1 stellt sich ein stationärer Reaktionszustand ein; k < 1 führt zu einem Absinken, k > 1 zu einem Anstieg der Reaktionsrate. Grundlegende Größe für die Geschwindigkeit, mit der eine Änderung abläuft, ist die mittlere Zeit τ_f, die Generationsdauer, die zwischen zwei aufeinander folgenden Spaltungen vergeht. Sie liegt bei schnellen Reaktoren um 10^{-7} s, bei thermischen um 10^{-4} s und ist nur wenig von der mittleren Lebensdauer der Neutronen in einem ausgedehnten System verschieden. Die Neutronenzahl n in einer Spaltungsgeneration ändert sich zur nächsten Generation mit kn Neutronen um dn = kn − n, was eine Vermehrungsrate

$$\frac{dn}{dt} = n\,\frac{k-1}{\tau_f}$$

zur Folge hat.

Die Größe (k − 1)/k wird als die Reaktivität ρ des Systems bezeichnet. Sie beschreibt den Unterschied eines augenblicklichen Zustandes mit k zum gerade kritischen Reaktor mit k = 1.

Entscheidend für eine Steuerung der Vermehrungsrate ist die Tatsache, daß bei der Spaltung $(1-\beta)\nu$ Neutronen prompt und $\beta \cdot \nu$ Neutronen um eine mittlere Zeit $\tau_\nu \approx 9$s verzögert entstehen. Entsprechend setzt sich der Vermehrungsfaktor aus einem prompten $(1-\beta)\cdot k$ und einem verzögerten Anteil $\beta \cdot k$ zusammen.

Für Änderungen des Vermehrungsfaktors $\Delta k = k - 1 = \rho \cdot k$, die kleiner als $\rho = \beta = 0{,}0065$ (^{235}U) sind, wird der zeitliche Ablauf der Neutronenvermehrung durch die

1) auch Multiplikationsfaktor

verzögerten Neutronen bestimmt. Die Neutronenzahl und damit die Spaltungsrate steigt nach einem geringen kurzzeitigen Anstieg mit einer Verdopplungszeit von $\tau_v(\beta-\rho)/\rho$ an; für $\rho \approx \beta/3 \approx 0{,}002$ sind das rund 18 s. Zeiten von dieser Dauer genügen, um durch Einführen und Entfernen von Absorbern die Reaktivität so zu ändern, daß die Spaltungsrate und damit die Leistung des Reaktorkerns mit Sicherheit gesteuert werden kann.

Sprunghafte Reaktivitätsänderungen mit $\rho > \beta$ führen zu „überprompt" kritischen Zuständen mit Verdopplungszeiten von rund $\tau_f/(\rho-\beta) \lesssim 0{,}01$ s, die durch Steuerung von außen nicht mehr kontrollierbar sind. Solche Ereignisse können spontan und betriebsmäßig nicht auftreten. Werden sie von außen erzeugt und versagen auch alle Sicherungen des Reaktors gegen Leistungsanstieg, dann besitzt der Reaktorkern noch die Fähigkeit der Selbstregelung. Der Temperaturanstieg, der einer Leistungsexkursion folgen muß, verringert die Reaktivität so weit, daß sich eine konstante oder langsam oszillierende Dauerleistung einstellt, die vom System lange Zeit ertragen wird. Dieses Verhalten ist durch zahlreiche Experimente an thermischen Reaktoren (SPERT-Experimente) und an schnellen Reaktoren (SEFOR-Experimente) nachgewiesen worden.

c) *Neutronenbilanz, Kritikalität*

In einem reinen ^{235}U-System von unendlicher Ausdehnung würde die Spaltungsreaktionskette durch schnelle Neutronen (mittlere Energie rund 1 MeV) aufrecht erhalten. Der Neutronenvermehrungsfaktor wäre $k = \eta_s = 2{,}34$, entsprechend einer Reaktivität von $\rho = 0{,}57$. In einer endlichen Spaltstoffkugel (Radius R) wird nur ein Bruchteil W_s der Neutronen absorbiert, der Anteil $(1 - W_s)$ entweicht nach außen. Die Kugel wird kritisch, wenn die Neutronenvermehrung $k = \eta_s \cdot W_s = 1$ ist. Das ist für eine Kugel mit dem kritischen Radius R_c und mit der Masse m_c [= Dichte $^{235}U \cdot (4/3) \cdot \pi \cdot R_c^3$] erfüllt, für die dann $W_s = 1/\eta_s = 0{,}429$ sein muß. Die Berechnung der Größe W_s für ein vorgegebenes System ist eine wichtige Aufgabe der Reaktorphysik, die mit Hilfe der Diffusions- und der Transporttheorie sehr genau gelöst werden kann.

Durch Umhüllung der Spaltstoffkugel mit einem Material, das Neutronen stärker streut, werden ausfließende Neutronen teilweise wieder reflektiert, so daß der Ausflußverlust verringert und W_s vergrößert wird. Durch eine solche Maßnahme läßt sich die kritische Spaltstoffmasse erheblich verkleinern. Kritikalitätsdaten für hochangereicherten Spaltstoff (94 % ^{235}U + 6 % ^{238}U) zeigen diesen Effekt deutlich:

1. nackte Kugel: $R_c = 8{,}6$ cm, $m_c = 48{,}8$ kg,
2. mit 43,2 cm dickem Graphit-Reflektor: $m_c = 16{,}9$ kg,
3. mit 20,3 cm Natururan Reflektor: $m_c = 16{,}28$ kg.

Dies Beispiel lehrt auch, daß die Reaktivität spaltbarer Systeme durch Veränderung des Reflektors wirksam geregelt werden kann.

d) *Schneller Reaktor*

Die Kerne schneller Leistungsreaktoren müssen neben dem Spaltstoff ein Kühlmittelsystem, Strukturmaterial und Regelungseinrichtungen enthalten. Für eine thermische Leistung von 1000 MW ist ein Volumen des Reaktorkerns von rund 2000 *l* erforderlich, in dem 600 *l* Brennstoff, 400 *l* Regelungs- und Strukturmaterial sowie 1000 *l* flüssiges Natrium als Kühlmittel untergebracht sind. Der Brennstoff für schnelle Brutreaktoren enthält etwa

20 % starken Spaltstoff (^{235}U, ^{238}Pu + ^{241}Pu) und 80 % ^{238}U als Brutstoff. Spaltstoff und Brutmaterial befinden sich als Tabletten in 26000 dünnen Hüllrohren aus Stahl (Durchmesser 6 mm, aktive Länge 100 cm). Ein Brennelement enthält 166 solcher Stäbe.

Die Masse des Spaltstoffs in oxider Form PuO_2, UO_2) liegt bei 1,2 t, die des Brutstoffs bei 5 t.

Geregelt wird der Reaktorkern mit Absorberelementen, die Bor in Form von Borkarbid (B_4C) enthalten. Natrium wird als Kühlmittel wegen seiner guten thermodynamischen und nuklearen Eigenschaften eingesetzt. Es ermöglicht einen Leistungstransport bis zu 1 MW je *l* Na und moderiert und absorbiert schnelle Neutronen nur wenig.

Strukturmaterial, Kühlmittel und Steuerelemente absorbieren einen Bruchteil $(1 - f_s)$ der Neutronen im Reaktorkern, so daß nur noch der Anteil f_s (= Nutzfaktor) für die Spaltungskette zur Verfügung steht. Der Neutronenvermehrungsfaktor wird damit

$$k = \eta_s W_s f_s \epsilon.$$

Durch den Faktor $\epsilon (\epsilon > 1)$ wird der Beitrag von Spaltung im „Brutmaterial" ^{238}U berücksichtigt. Für Reaktoren ohne ^{238}U ist $\epsilon = 1$.

Der Nutzfaktor eines schnellen Reaktorkerns ist hoch, da die Absorption der schnellen Neutronen durch Strukturmaterial, Kühlmittel und Spaltprodukte klein ist. Da keine zeitabhängigen Vergiftungseffekte (^{135}Xe) wirksam werden, ist die Regelung des Reaktorkerns frei von Komplikationen. Der Kern wird außerdem so ausgelegt, daß eine Temperaturerhöhung eine negative Reaktivität zur Folge hat.

e) Thermischer Reaktor: Moderator

Der Reaktionsablauf in einem thermischen Reaktor ist dadurch ausgezeichnet, daß die schnellen Neutronen nach der Spaltung unmittelbar, oder nach ersten inelastischen Stößen, durch elastische Stöße an Atomkernen des Moderators, die alle anderen Reaktionen überwiegen müssen, verlangsamt werden. Je schneller der Bremsprozeß abläuft, um so geringer ist der im Mittel dabei zurückgelegte Weg, der in der „Alters"-Theorie der Bremsung aus dem Fermi-„Alter" τ zu $\sqrt{\tau}$ berechnet wird. Je kleiner der Weg des „alternden" Neutrons im Reaktorkern, desto geringer ist natürlich auch die Wahrscheinlichkeit, daß das Neutron auf diesem Weg eingefangen wird oder aus dem Reaktor entweichen kann.

Ein Moderator ist also gut, wenn der mittlere Energieverlust eines Neutrons beim elastischen Stoß $\overline{dE}$ groß und wenn der Absorptionsquerschnitt σ_{abs} sehr klein ist. Aus der Theorie des elastischen Stoßes folgt für den Mittelwert über alle Streuwinkel für einen Streuprozeß des Neutrons mit der Masse 1 und der Energie E an einem Atomkern der Masse A:

$$\overline{dE_0} = \frac{-E_0 \, 2A}{(A+1)^2}.$$

Da also dE/E konstant ist, kann für eine Folge von n Stößen, durch die die Neutronenenergie von E_0 auf E_n erniedrigt wird, über dE/E leicht integriert werden:

$$\int_{E_n}^{E_0} \frac{dE}{E} = -\ln \frac{E_n}{E_0} = \text{const.}$$

Die Konstante läßt sich als n · ξ darstellen, so daß

$$\ln \frac{E_n}{E_0} = -n\bar{\xi}$$

wird. $\bar{\xi}$ ist dann das mittlere logarithmische Energiedekrement, es ergibt sich zu:

$$\bar{\xi} = 1 + \frac{(A-1)^2}{2A} \ln \frac{A-1}{A+1} \rightarrow \frac{2}{A + 2/3} \quad \text{für} \quad A > 2.$$

Mit Hilfe dieses Wertes läßt sich die Stoßzahl n_{th} berechnen, die erforderlich ist, um ein Spaltungsneutron aus dem Maximum des Spaltneutronenflusses ($E_0 \simeq 1{,}3$ MeV) auf die thermische Energie von 0,025 eV abzubremsen.

In einem thermischen Reaktorsystem mit Wasser als Moderator stellt sich dabei eine Verteilung der spektralen Neutronenflußdichte $d\varphi/dE$ bezüglich der Neutronenenergie ein, die in Bild 4.8 zusammen mit dem Verlauf von $E \cdot d\varphi/dE$ gezeigt ist. Es ist zu erkennen, wie das Spektrum durch Überlagerung von drei Komponenten zustandekommt, dem Maxwellspektrum der Spaltungsneutronen zwischen 10^5 eV und 10^7 eV, dem Maxwellspektrum der thermischen Neutronen im Bereich zwischen 0 und 0,5 eV und zwischen beiden im „Bremsbereich" von 1 eV bis 10^4 eV (auch Resonanzbereich) ein intermediäres Spektrum mit einem (1/E)-Verlauf, der auf die logarithmische Natur des Bremsvorgangs zurückgeht.

In Bild 4.8 ist auch der Verlauf der spektralen Flußdichte ($E \cdot d\varphi/dE$) in einem schnellen Reaktorsystem mit Natrium als Kühlmittel dargestellt. Die häufigste Neutronenenergie liegt bei einigen 0,1 MeV; im intermediären Bereich fällt das Spektrum wegen des Fehlens eines Moderators schnell ab.

Zur Beurteilung der Effektivität eines Moderators ist neben der zur Thermalisierung notwendigen Stoßzahl n_{th} noch die Angabe wichtig, wie groß das Verhältnis σ_s/σ_{abs}

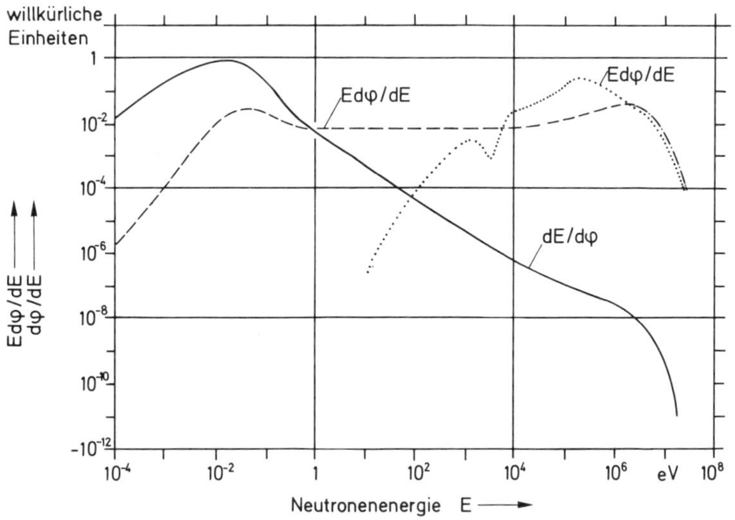

Bild 4.8 Typische Neutronen-Energiespektren thermischer und schneller Reaktoren

der Streu- zu den Absorptionsprozessen am Moderator ist. Zur Beschreibung dieser Effektivität kann das Bremsverhältnis $BV = \bar{\xi}\ \sigma_s/\sigma_a$ benutzt werden. Die Moderatoreigenschaften ($\bar{\xi}$, n_{th} und BV) für wichtige Substanzen sind in der Tabelle 4.5 zusammengestellt. Schweres Wasser D_2O zeigt sich als effektivste Moderatorsubstanz, in weitem Abstand gefolgt vom Kohlenstoff. D_2O ist sehr geeignet, Kohlenstoff gerade noch ausreichend für die Moderation eines thermischen Reaktors mit Natururan als Brennstoff. Natururan enthält folgende Isotopenanteile: 0,006 % ^{234}U, 0,72 % ^{235}U und 99,274 % ^{238}U; die Neutronenvermehrung je eingefangenem thermischen Neutron ist $\eta(0{,}025\ \text{eV}) = 1{,}34$.

Reaktoren mit leichtem Wasser als Moderator (LWR) benötigen einen Brennstoff mit schwacher Anreicherung an ^{235}U ($\geqslant 1{,}5$ %). Dieser Nachteil wird durch die Verfügbarkeit von Wasser auch als Kühlmittel ausgeglichen.

Tabelle 4.5: Moderatoreigenschaften

Kern	$\bar{\xi}$	n_{th}	Substanz	BV
^1H	1,0	18	H_2O	75
^2H	0,725	25	D_2O	9300
^4He	0,425	43	He-Gas	83
^9Be	0,209	86	Metall	142
^{12}C	0,158	114	Graphit	265
^{16}O	0,120	150		
großes A	2/(A + 2/3)	9A + 6		

f) *Thermischer Reaktor: Neutronenbilanz*

In einem thermischen Reaktorsystem umfaßt der Reaktionsablauf in einer Neutronengeneration die Entstehung der prompten Spaltneutronen, ihre Moderation in den thermischen Energiebereich, den Einfang der thermalisierten prompten Neutronen im Spaltstoff sowie Einfang der thermalisierten verzögerten Neutronen, die aus vorangegangenen Generationen stammen. Während einer Generation gehen Neutronen durch parasitäre Absorption im schwachen Spaltmaterial, im Moderator und im Struktur- und Regelmaterial, so wie durch Ausfluß aus dem „endlichen" System verloren.

Ein Beispiel für die Neutronenbilanzierung (einschließlich der Verluste) in einer Generation zeigt Tabelle 4.6. Die Zahlenangaben gelten für einen realen Reaktor mit normalem (leichtem) Wasser als Moderator und als Kühlmittel und mit stabförmigen Brennstoffelementen aus einem Spaltmaterial mit 3 % ^{235}U und 97 % ^{238}U. Der Neutronenvermehrungsfaktor hierfür ist $\eta = 1{,}84$ je Neutroneneinfang und der Schnellspalt-Faktor für ^{238}U beträgt $\epsilon = 1{,}044$. Bei der Bremsung entkommt der Bruchteil $p = 0{,}815$ dem Resonanzeinfang im ^{238}U. Von den schnellen Neutronen verbleibt ein Bruchteil $W_s = 0{,}89$ und von dem thermischen $W_{th} = 0{,}986$ im System. Neutroneneinfang im Strukturmaterial, im Moderator und Kühlmittel sowie im Regelungssystem lassen einen nutzbaren Anteil $f = 0{,}758$ der Neutronen zurück. Der effektive Vermehrungsfaktor über eine Generation beträgt dann (im Gleichgewicht):

$$k_{eff} = \eta \cdot \epsilon \cdot p \cdot f \cdot W_s \cdot W_{th} = k_\infty \cdot W_s \cdot W_{th} = 1{,}00.$$

Tabelle 4.6: Neutronenbilanz für einen thermischen Reaktor. LWR mit Brennstoff aus 3 % ^{235}U + 97 % ^{238}U

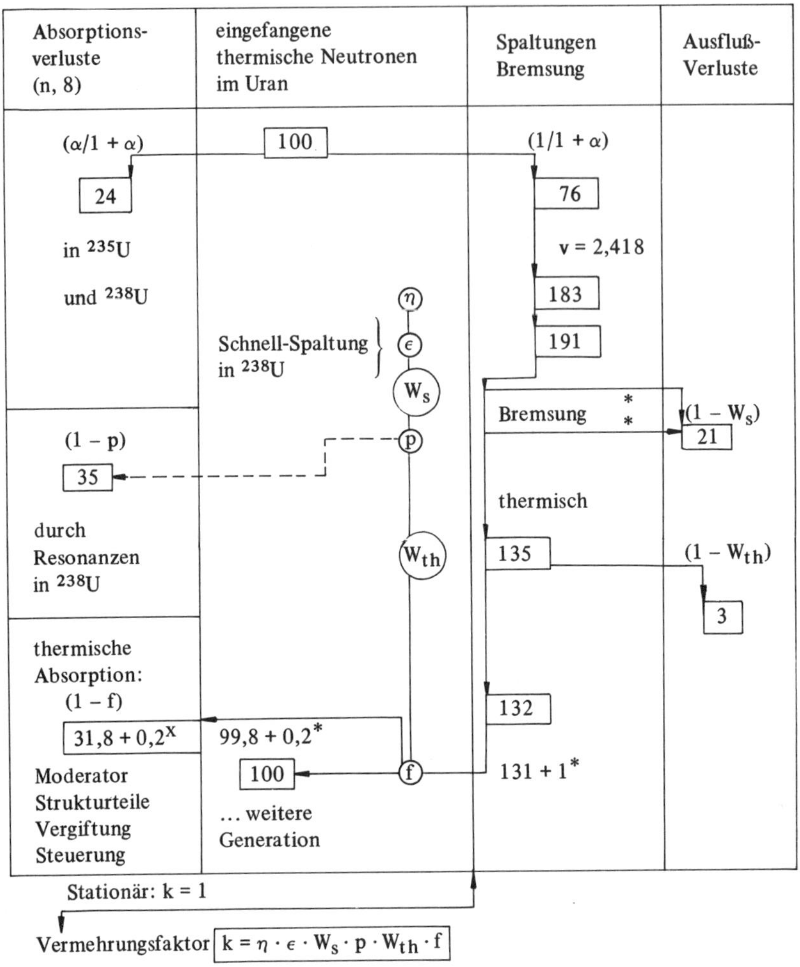

* kommen 0,1 ... 60 s verspätet

** Bremsung in ca. 18 Stößen

Der diskutierte Leichtwasser-Reaktor (LWR) benötigt für eine thermische Leistung von 3700 MW (elektrische Leistung rund 1300 MW) etwa 3 t ^{235}U in 100 t Gesamturan.

g) *Neutronenabsorption in schwachem Spaltmaterial*

Der Neutronenvermehrungsfaktor k_∞ für ein unendlich ausgedehntes Spaltungssystem ist im wesentlichen durch die Materialeigenschaften, also auch durch die geometrische Anordnung des Brennstoffs bestimmt. Für die Verwendung von reinem Uran-235 (Anreicherung > 90 %) in homogener Brennstoffverteilung können die Maximalwerte für k_∞ berechnet werden. Sie betragen für den schnellen Reaktor $k_\infty^{max} = \eta_s = 2{,}4$ und für ein thermisches System $k_\infty^{max} = \eta \cdot f \approx 1{,}8$, wogegen der skizzierte reale thermische Reaktor ein $k_\infty = 1{,}2$ hat. Wird für den Reaktorbetrieb ein k = 1,1 benötigt, dann stehen maximale Neutronenüberschüsse von 1,2 beim schnellen und 0,9 beim thermischen Reaktor LWR zur Verfügung. Der reale Leichtwasserreaktor bringt etwa 0,1 (= 10 % der erzeugten Neutronen). Es ist naheliegend, die überschüssigen Neutronen für die Konversion von schwachen Spaltstoffen in starke zu nutzen. Hierzu können Thorium (^{232}Th) oder ^{238}U in das Neutronenfeld eines Reaktors gebracht werden. Durch Neutroneneinfang entstehen aus diesen Kernen schwerere Isotope, die durch β^--Zerfall in die isobaren Kerne des nächsten Elementes mit höherer Ordnungszahl übergehen. Auf demselben Wege führen der folgende Neutroneneinfang an diesen Kernen und ihr β^--Zerfall zum Element mit der nächst-höheren Ordnungszahl. In Bild 4.9 wird gezeigt, wie bei der Neutronenbestrahlung von ^{238}U die Isotope des Elementes Plutonium mit Z = 94 gebildet und angereichert werden. Von diesen zerfällt nur das ^{241}Pu durch β^--Zerfall. Wegen der verhältnismäßig langen Lebensdauer dieses Isotopes (14 Jahre) werden die Elemente noch höherer Ordnungszahl, die Transurane, auf diesem Wege nur langsam gebildet.

Bei einer lang andauernden Bestrahlung von ^{238}U in den intensiven Neutronenfeldern von Leistungsreaktoren entsteht als Endprodukt die in Bild 4.9 angegebene Plutonium-Isotopen-Mischung, das sogenannte Gleichgewichts-Plutonium Pu$^+$. Es ist extrem schwierig, aus diesem Material Atomwaffen zu fertigen (Mindestmenge 8 kg). Für die Waffenproduktion geeignetes Plutonium mit einem sehr hohen Gehalt an ^{239}Pu kann aus ^{238}U in Neutronenfeldern geringerer Intensität oder in kürzeren Zeiten (und daher mit geringerer Ausbeute) erzeugt werden. Die Mindestmenge für eine höchst-entwickelte Waffe beträgt 4 kg (USA 1976).

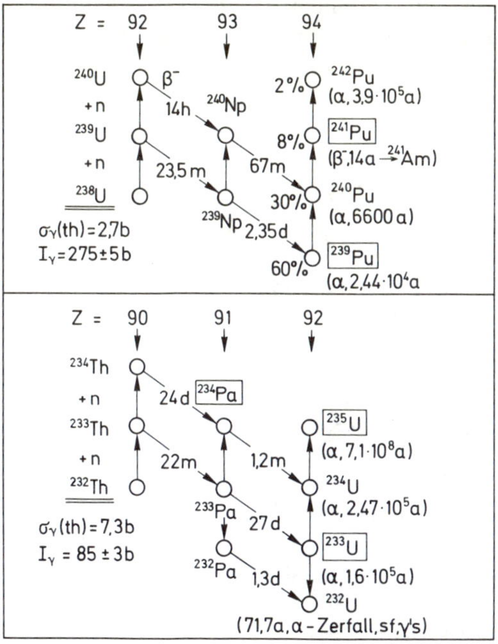

Bild 4.9
Reaktionsschema für die Konversion von ^{238}U und ^{232}Th in starke Spaltstoffe (eingerahmt)

Aus Thorium entsteht im Neutronenfeld ein Isotopengemisch U^+ des Urans als Endprodukt. Transurane werden nicht produziert. Im Reaktionsablauf wirkt das Isotop ^{233}Pa des Protactiniums wegen seiner langen Halbwertzeit und wegen der großen Wirkungsquerschnitte für Neutroneneinfang (σ_γ) und für die (n, 2n)-Reaktion als Gift für die Produktion des Spaltstoffs ^{233}U. Es verstärkt die Produktion der nicht spaltbaren Isotope ^{234}U und ^{232}U, von denen das ^{232}U mit verhältnismäßig großer Radioaktivität anfällt, durch die der Umgang mit dem Konversionsprodukt U^+ erheblich erschwert wird. Die Mindestmenge als Bombenmaterial liegt bei 16 kg $^{233}U^+$.

h) Brüter und Brutgewinn

Die physikalische Grundgröße für die Konversionsrate CR für das Erbrüten von starken Spaltstoffen in Kernreaktoren ist die effektive Neutronenausbeute η im primären Spaltstoff F des Kernreaktors. Aus der einfachen Neutronenbilanz folgt sofort die Beziehung

$$CR = \eta(F) \cdot \epsilon - 1 - L,$$

worin $\epsilon \geqslant 1$ für den Schnellspaltfaktor des gesamten Spaltstoffsystems einschließlich Brutstoff steht. L bezeichnet den totalen Verlust von Neutronen durch nichtproduktive Absorption und Ausfluß, bezogen auf die Zahl der Neutroneneinfänge im primären Spaltstoff. Die Größe -1 steht für das eine Neutron je Einfang im Spaltstoff, das zur Aufrechterhaltung der Kettenreaktion erforderlich ist.

Konversionsraten $CR > 1$ führen zu einem Gewinn $BG = CR - 1$ an starkem Spaltstoff, der Kernreaktor wird Brüter und die Konversionsrate als Brutverhältnis BR bezeichnet. Reaktoren mit $CR < 1$ werden Konverter genannt.

Die Grundgrößen $\eta(F)$ in der Formel für CR werden für die starken Spaltstoffe in Abhängigkeit von der Neutronenenergie in Bild 4.10 zum Vergleich mit typischen Reaktorneutronen-Spektren gezeigt. Für thermische Reaktoren (mit $\epsilon = 1$) läßt sich ein Verlustfaktor von etwa $L = 0{,}2$ erreichen, somit $CR = \eta(F) - 1{,}2$ wird. Für einen *Thermischen*

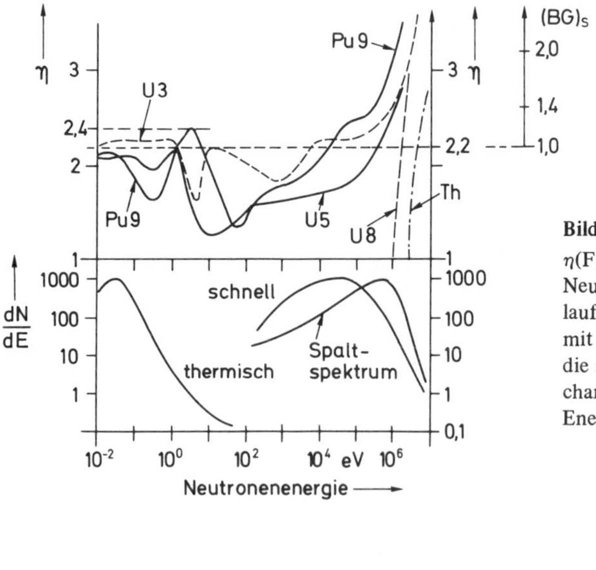

Bild 4.10
η(F) in Abhängigkeit von der Neutronenenergie oben: Verlauf der Neutronenausbeute η mit der Neutronenenergie für die starken Spaltstoffe unten: charakteristische Neutronen-Energiespektren

Brüter muß CR > 1 sein, was nur mit $\overline{\eta}$(therm.) > 2,2 erreicht werden kann. Man entnimmt der Darstellung in Bild 4.10 wie auch der Tabelle 4.4, daß diese Bedingung nur und knapp mit ^{233}U als Brennstoff erreicht werden kann. Als Brutstoff kommt wegen des größeren thermischen Einfangquerschnitts σ_γ (Bild 4.9) vornehmlich ^{232}Th in Frage. Eingehende Untersuchungen haben gezeigt, daß mit dem thermischen ^{233}U-Thorium-Brüter nur ein geringer Brutgewinn von etwa 10 % erreichbar sein wird. Diese Tatsache und die erwähnten Schwierigkeiten bei der Verarbeitung des Konversionsproduktes $^{(233)}U^+$ und bei der Herstellung der Brennelemente stehen einer Verwirklichung des Thermischen Brüters weltweit noch im Wege.

Ein wesentlich besserer Brutgewinn (bis etwa 40 %) kann mit schnellen Reaktoren erreicht werden, da mit steigender Neutronenenergie oberhalb von rund 10 keV die Neutronenausbeute η(F) schnell ansteigt. Verstärkend kommt hinzu, daß der totale Schnellspaltfaktor größer wird ($\epsilon \approx 1{,}1$) und daß die parasitären Absorptionsverluste erheblich zurückgehen. Verlustfaktoren von $L \approx 0{,}1$ erscheinen deswegen realisierbar. Aus Bild 4.10 ist zu ersehen, daß im Bereich schneller Neutronen das ^{239}Pu der günstigste Brennstoff ist. Wegen der größeren Absorption bei höheren Energien wird ^{238}U als Brutstoff bevorzugt; es wird außerdem zurück zum Brennstoff ^{239}Pu konvertiert. Unter Berücksichtigung aller Gesichtspunkte erscheint der *Schnelle Brüter* mit dem ^{239}Pu-^{238}U-Spaltstoffsystem als die optimale Einrichtung zur Nutzung des Kernenergiepotentials von Uran.

i) Hochkonverter

In jedem Reaktor, der mit der Mischung eines starken (F) mit einem schwachen Spaltstoff (B) betrieben wird, findet natürlich die Konversion zu einem neuen starken Spaltstoff (X) statt. F wird in den Brennelementen abgereichert, gleichzeitig entsteht während der Betriebszeit (Betriebszyklus) der sekundäre Spaltstoff X mit einer Konversionsrate, die für alle mit ^{235}U + ^{238}U oder $^{235/238}$U + Th betriebene Reaktoren CR < 1 ist. Durch chemische Aufarbeitung der in einem Betriebszyklus abgebrannten Brennelemente werden die Spaltprodukte abgetrennt, sowie der abgereicherte primäre Brennstoff und der neue sekundäre Spaltstoff wieder gewonnen.

Aus diesen beiden Komponenten (F und X) können dann unter Zugabe von zusätzlichem primären Spaltstoff neue Brennelemente für den nächsten Betriebszyklus hergestellt werden. Bei gleicher Einsatzmenge des primären Spaltstoffs F steht nun eine Menge von $F + X = F \cdot (1 + CR)$ an starkem Spaltstoff zur Verfügung. Ständige Wiederholung dieser Rezyklierung führt schließlich zur Spaltstoffmultiplikation um den Faktor

$$G = 1 + CR + (CR)^2 + (CR)^3 + \ldots = \frac{1}{1 - CR}\,.$$

Während ohne Aufarbeitung zur Energieumwandlung nur der A = 0,7 % große Anteil des ^{235}U am gesamten Spaltungspotential des Urans genutzt werden kann, erhöht sich durch Aufarbeitung und Rezyklierung der Nutzfaktor auf $N = A/(1 - CR)$.

Die Konversionsrate der üblichen Leichtwasser ^{235}U-Reaktoren der heutigen Kernkraftwerke liegt bei CR = 0,5, so daß schon jetzt durch chemische Aufarbeitung der Nutzfaktor des Urans verdoppelt werden könnte. Zur Zeit laufen umfangreiche Entwicklungsarbeiten für die Erhöhung der Konversionsrate auf Werte bis 0,9, die den Nutzfaktor bis zum Zehnfachen vergrößern würden. Konversionsraten für thermische Reaktoren bis nahe

1 (Hochkonverter) können prinzipiell durch Verwendung eines Brennstoffs aus ^{235}U (^{233}U) „verdünnt" mit ^{232}Th oder auch ^{238}U und mit einem Graphit-Moderator erreicht werden (Hochtemperatur-Reaktor: HTR).

4.3 Reaktortechnik

4.3.1 Kraftwerkssysteme

a) Kraftwerksschema und Wirkungsgrad

Ein Kernkraftwerk zur Erzeugung von elektrischer Leistung arbeitet nach dem konventionellen thermodynamischen Prinzip. In einer ersten Stufe wird die Energie eines „Brennstoffs" in Wärmeenergie umgewandelt und diese auf ein „Kühlmittel" übertragen. In konventionellen Verbrennungskraftwerken ist dieses Kühlmittel Wasser, das verdampft wird. Das „Arbeitsmittel" Dampf (oder Gas) treibt in der zweiten Stufe eine Turbine mit einem elektrischen Generator, wird danach bis zu Kondensation abgekühlt und als „Kühlmittel" Wasser in den Kreislauf zurückgeführt.

Kernkraftwerken liegt das in Bild 4.11 gezeigte, allgemeine Kreislaufschema zugrunde. Im ersten Kreis wird im Kernreaktor ein Teil der Bindungsenergie der Spaltstoffkerne durch Spaltung in Wärmeenergie überführt, die das Kühlmittel aufheizt. Aus Gründen der Betriebssicherheit kann es notwendig sein, den Arbeitskreis mit Dampferzeuger und Turbine vom primären Reaktorkreis durch Zwischenschaltung eines Übertragungskreises abzukoppeln, wie das in Bild 4.11 dargestellt ist.

Der Arbeitskreis wird mit mehrstufigen Turbinen und Vorwärmung des Kondensats im Clausius-Rankine-Kreisprozeß betrieben, dessen thermodynamischer Wirkungsgrad dem des idealen Carnot-Prozesses sehr nahekommt. Wird dem Arbeitskreis eine Wärmeleistung von insgesamt P_0 zugeführt und in der Turbine in Form von mechanischer Leistung (Wellenleistung) P_m und Abwärme P_k über den Kondensator abgeführt, dann ist der Wirkungsgrad $\eta = P_m/P_0 = (P_0 - P_k)/P_0 = 1 - P_k/P_0$. Für den idealen Carnot-Prozeß gilt: $P_k/P_0 = T_k/T_0$, wenn T_k und T_0 die absoluten Temperaturen (in Kelvin) des Kondensats und des eintretenden Dampfes sind. Etwas geringer ist der reale Wirkungsgrad des Arbeitskreises:

$$\eta \leqslant 1 - \frac{T_k}{T_0}.$$

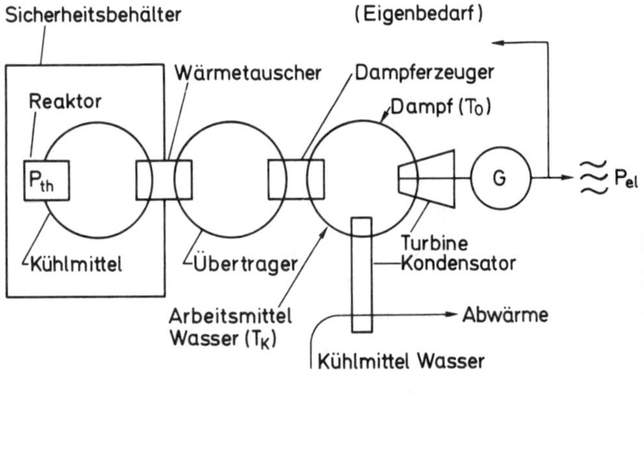

Bild 4.11
Kreislaufschema eines Kernkraftwerkes

Der Wirkungsgrad wird um so besser, je geringer T_k oder je größer die Dampftemperatur T_0 ist. Verbrennungskraftwerke arbeiten mit Dampf von etwa $T_0 = 800$ K und Kondensat-Temperaturen von rund $T_k = 320$ K. Das führt zu einem thermodynamischen Wirkungsgrad im Arbeitskreis von etwa 55 % und zu einem Netto-Wirkungsgrad für das gesamte Kraftwerk η_{netto} = (Abgegebene elektrische Leistung/Brennstoffleistung) von ≈ 40 %.

Kernkraftwerke mit Leichtwasser-Reaktoren produzieren im Arbeitskreis Dampf mit Temperaturen um 530 K und erreichen einen Wirkungsgrad η_{netto} von ca. 33 %. Besser sind gasgekühlte Hochtemperatur-Reaktoren, mit denen Werte um η_{netto} = 42 % realisiert werden.

b) Kraftwerksbaulinien

Durch Variation der Reaktorkomponenten Brennstoff, Moderator, Kühlmittel und Strukturmaterial erhält man zahlreiche, unterschiedliche Reaktorkonzepte. Von diesen sind in den ersten zwei Jahrzehnten der Kerntechnik die aussichtsreichen realisiert und getestet, in einigen Fällen auch kommerziell als Demonstrationskraftwerke genutzt worden.

Eine Zusammenstellung der wichtigsten verwirklichten Reaktorsysteme ist in Tabelle 4.7 gegeben. Die Entwicklungslinien, die inzwischen eingestellt wurden, sind besonders gekennzeichnet. Hierzu gehören auch die sogenannten Magnox-Reaktoren, die von England und Frankreich in den Jahren 1955–1970 in 34 Exemplaren zur Stromerzeugung gebaut worden sind. Von diesen Anlagen sind 17 noch im vollen Betrieb.

Unter den 186 Kernkraftwerken, die im Mai 1980 in der westlichen Welt betriebsfähig waren, sind 139 Kraftwerke mit Leichtwasser-Reaktoren, davon 74 in den USA, 18 mit Schwerwasser-, 26 mit Graphit- und 3 mit schnellen Reaktoren.

Tabelle 4.7: Einige verwirklichte Reaktorsysteme mit Dampfturbinen. Die mit * versehenen werden nicht weiterverfolgt.

^{235}U Anreicherung	Brennstoff	Moderator	Kühlmittel	Name
U_{nat} keine	Metall	Graphit D_2O	CO_2 Polyphenylen	GGR (Magnox)* ORGEL*
	UO_2	D_2O D_2O D_2O D_2O	D_2O D_2O CO_2 H_2O	HWR – CANDU PHW PHWR – Atucha Druckröhren-Reaktor* CANDU – PLW
U schwach (≤ 3 %)	Metall	Polyphenylen	Polyphenylen	OMR*
	UO_2	H_2O H_2O Graphit Zr H_x H_2O	H_2O H_2O H_2O Na UO_2SO_4+H_2O	PWR (Druckwasser-R.) BWR (Siedewasser-R.) russischer LWR KNK – Karlsruhe* Homogener Reaktor*
U hoch (93 %)	UC	Graphit	He	HTR (Hochtemperatur-Reaktor)
^{235}U ^{239}Pu	UO_2 PuO_2	–	Na He H_2O-Dampf	schnelle Brüter (Dampfgekühlt*)

Die aufgeführten Zahlen geben keine Auskunft über die Vorzüge oder Nachteile der Technik der verschiedenen Baulinien. Die ersten Entscheidungen für eine bestimmte Baulinie erfolgten vorwiegend aus politischen Gründen, die in den Atomstaaten stark von militärischen Forderungen bestimmt waren.

Als erstem Staat der Welt standen den USA seit 1945 große Mengen von hoch und vor allem von niedrig angereichertem Uran zur Verfügung. Damit waren die Voraussetzungen für den Bau von Leichtwasser-Reaktoren besonders günstig. Sie waren vergleichsweise schnell zu bauen und konnten zur Plutonium(239)-Produktion oder zur Erzeugung von elektrischer Leistung errichtet werden. Den anderen westlichen Großmächten fehlte anfangs die Möglichkeit der ^{235}U Anreicherung. Sie begannen die Kerntechnik deshalb mit Natururan-Reaktoren. Großbritannien und Frankreich entwickelten die Graphit-moderierten, gasgekühlten Reaktoren zur Produktionsreife. Kanada verfolgte konsequent die Natururan-Schwerwasser-Baulinie, was zu sehr zuverlässigen und wirtschaftlichen Kraftwerken vom CANDU-Typ führte.

Mit den Natururan-Reaktoren produzierten und produzieren England und Frankreich spaltbares Plutonium in großen Mengen. Damit wurde auch die Brennstoffbasis für den Betrieb schneller Reaktoren und der Brüter geschaffen. Diese Länder entwickelten in Zusammenarbeit mit den USA den schnellen Reaktor und konnten die Betriebssicherheit und Leistungsfähigkeit dieser Anlagen demonstrieren.

4.3.2 Kraftwerkstechnik

a) Reaktorkern

Herzstück eines Kernkraftwerkes ist der Reaktorkern. Er enthält den Spaltstoff in Form langer Stäbe oder als Kugeln. Die Wärmeleistung der Brennelemente wird durch einen Kühlmittelstrom abgeführt. Für die Führung des Kühlmittels gibt es drei verschiedene Möglichkeiten, die alle genutzt werden.

Erstens ist es möglich, jeden einzelnen Brennstab mit einem eigenen Kühlmittelstrom in einem Druckrohr zu kühlen. Die gebündelten, parallelen Rohre liegen oder stehen in einem Behälter mit der Moderatorsubstanz. Die Kontroll- und Regelstäbe werden in das Druckrohr-Bündel eingeführt. In diesem Druckröhren-Reaktor sind Kühlmittel und Moderator voneinander getrennt; sie können also verschiedenartig sein. Ein großer Vorteil ist, daß die Temperatur des Moderators und damit auch der Druck niedrig gehalten werden können.

Die zweite Möglichkeit eröffnet sich, wenn die Moderatorsubstanz auch als Kühlmittel genutzt werden kann. Das Bündel paralleler Brennelemente, durchsetzt mit Kontroll- und Regelstäben, ist jetzt in einem Druckbehälter untergebracht, der vom Kühlmittel durchströmt wird. Von Vorteil ist der einfachere Aufbau, von Nachteil der erschwerte Zugang und damit der erschwerte Wechsel von Brennelementen. In einem Druckröhren-Reaktor dagegen kann jedes Brennelement in seinem Druckrohr im Betrieb ausgewechselt werden.

Das dritte Konzept basiert auf dem Einsatz kugelförmiger Brennelemente, die aus (Tennisball großen) Graphitkugeln mit einem Kern aus oxidischen Spaltstoff bestehen und somit eine Brennstoff-Moderator Einheit bilden. Diese Kugeln werden in einem Druckbehälter zu einem Kugelhaufen aufgeschüttet, der von durchströmendem Gas gekühlt wird. Eine solche Kugelschüttung zeigt kinetische Eigenschaften einer Flüssigkeit. Kontroll- und Regelstäbe können eintauchen, die Brennelemente vermögen bei Betrieb nahezu kontinuierlich durch den Reaktorkern zu fließen.

Im folgenden werden die wichtigsten Daten charakteristischer Reaktoren dieser drei Gruppen beschrieben.

b) Schwerwasser-Reaktoren Candu – PHW

Die kanadischen Deuterium-Uran-Reaktoren (Candu) arbeiten nach dem Druckröhrenprinzip mit schwerem Wasser unter Druck (PHW) als Kühlmittel. Die Brennstäbe bestehen aus Natururanoxid (UO_2), die in Form von Tabletten in einem Hüllrohr aus Zirkalloy-4 (Legierung von 98,5 Teilchen Zirkon mit 1,5 Teilen Zinn) untergebracht sind. Die Druckrohre liegen horizontal im Moderatortank mit schwerem Wasser, wie das am Beispiel zweier Druckrohre in Bild 4.12 gezeigt ist.

Das schwere Kühlwasser erzeugt im Dampferzeuger im Arbeitskreis Leichtwasserdampf mit einer Temperatur von 254 °C (527 K) und einem Druck von 43 bar, mit dem eine Naßdampfturbine angetrieben wird. Wegen der relativ niedrigen Dampftemperatur von 254 °C wird ein Wirkungsgrad von nur 29,9 % erreicht. Dieser Nachteil gegenüber Leichtwasser-Reaktoren wird durch den billigeren Brennstoff ausgeglichen.

Die Wirtschaftlichkeit der Candu-Reaktoren hängt stark vom Verbrauch, das heißt vom Verlust an schwerem Wasser im Kühlkreis ab. Es ist gelungen, diese Verluste so klein zu halten, daß die Wirtschaftlichkeit gewährleistet wird. Hinzu kommt der Vorteil, beim Betrieb mit Natururan eine Konversionsrate von CR = 0,79 nutzen zu können. In einem ^{233}U-/Thorium Zyklus sollte sogar CR = 0,92 erreicht werden. Wegen dieser guten Neutronenökonomie kann mit dem Schwerwasser-Reaktor je Einheit gefördertes Natururan doppelt soviel Strom produziert werden als mit dem Leichtwasser-Reaktor. Im Mai 1980 waren in Kanada insgesamt 8 Kernkraftwerke des Candu Typs mit elektrischen Leistungen von 542 MW (Pinkering, Baujahr 1971) und von 788 MW (Bruce, Baujahr 1977) ohne Unterbrechung in Betrieb.

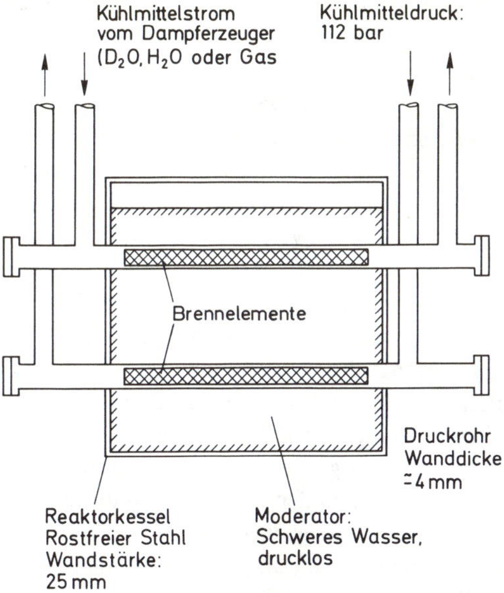

Bild 4.12
Schema eines Druckröhrenreaktors (CANDU)

Das gute Funktionieren des Candu-Prinzips hat andere Länder bewogen, sich für die D_2O-Baulinie zu entscheiden. Diese Länder sind in der Lage D_2O zu produzieren, können sich aber nicht eine Anreicherungsanlage für ^{235}U leisten.

Die technischen Daten der modernen Bruce-Reaktoren sind der Tabelle 4.8 zu entnehmen.

c) Leichtwasser-Reaktoren

Der Reaktorkern von Leichtwasser-Reaktoren ist in einem Druckbehälter untergebracht. Dieser enthält hoch entsalztes Wasser als Moderator und Kühlmittel, das die parallelen Brennstäbe umfließt. Jeder Stab besteht aus einem Hüllrohr aus Zirkalloy, das mit Tabletten aus gesintertem Urandioxid gefüllt ist. Als Brennstoff wird Uran mit einer Anreicherung zwischen 1,5 % und 3 % ^{235}U eingesetzt. Die Steuerung erfolgt durch Steuerstäbe, die parallel zu den Brennstäben geführt werden. Leichtwasser-Reaktoren werden als Siedewasser-(BWR) und als Druckwasser-Reaktoren (PWR) gebaut. Im Druckbehälter des BWR entsteht durch Sieden des Kühlwassers heißer Dampf von rund 280 °C mit einem Druck von etwa 70 bar, der nach Trocknung direkt in die Turbine strömt. Das Kondenswasser aus dem Arbeitskreis fließt als Speisewasser in den Druckbehälter zurück. Bei den neueren Reaktoranlagen besorgen Pumpen innerhalb des Reaktordruckbehälters einen Zwangsumlauf des Kühlmittels.

Im Reaktorkern entstehen durch Radiolyse des Wassers vor allem freier Wasserstoff und etwas Sauerstoff. Außerdem diffundieren aus dem Brennstoff Spuren von radioaktiven Spaltedelgasen in das Kühlwasser. Diese Gase strömen mit dem erzeugten Dampf über die Turbine in die Kondensatoren. Von dort werden sie ständig in die Abgasanlage abgesaugt, in der der Wasserstoff mit Sauerstoff rekombiniert wird. Die nicht kondensierbaren Gase werden in Behältern mit Aktivkohlebetten solange zurückgehalten, bis ihre Radioaktivität soweit abgeklungen ist, daß sie über den Abluftkamin abgegeben werden können.

Ein vereinfachtes Fluß-Schema für das Einkreis-System des Siedewasser-Kraftwerks zeigt Bild 4.13.

Tabelle 4.8 gibt die Hauptdaten für einen neuen Siedewasser-Reaktor wieder. Der Anlagen-Wirkungsgrad von etwa η_{netto} = 34 % ist verhältnismäßig günstig.

Im Kern eines *Druckwasser-Reaktors* (PWR) wird Wasser auf eine Temperatur von etwa 320 °C aufgeheizt. Um Sieden zu vermeiden, muß im Kühlmittelkreis ein Druck von 155 bar aufrechterhalten werden. Der Kühlmittelkreis arbeitet mit Dampferzeugern, die Wasserdampf von rund 270 °C mit einem Druck von 54 bar an die Turbine liefern. Der Anlagen-Wirkungsgrad liegt bei 33 %.

Durch die Trennung vom Kühlmittelkreis (Bild 4.13) bleibt der Dampfkreis frei von radioaktiven Verunreinigungen, was im Bereich der Überwachung der riesigen Turbinenanlage einen einfacheren Betrieb ermöglicht.

Der PWR wird mit Steuerstäben und durch Zugabe von Borsäure (als Neutronenabsorber) in das Kühlmittel geregelt. Kurzzeitige Reaktivitätsschwankungen werden durch Bewegung der Steuerstäbe abgefangen. Langzeitige Reaktivitätsänderungen, die durch Temperaturänderungen beim An- und Abfahren, durch den Abbrand und durch die Xenon-Vergiftung auftreten, werden durch die einstellbare Konzentration der gelösten Borsäure ausgeglichen. Beim Siedewasser-Reaktor verdünnen die Dampfblasen Dichte und Wirksamkeit des Moderators, was direkt zu einer Selbstregelung der Reaktivität ausgenutzt wird.

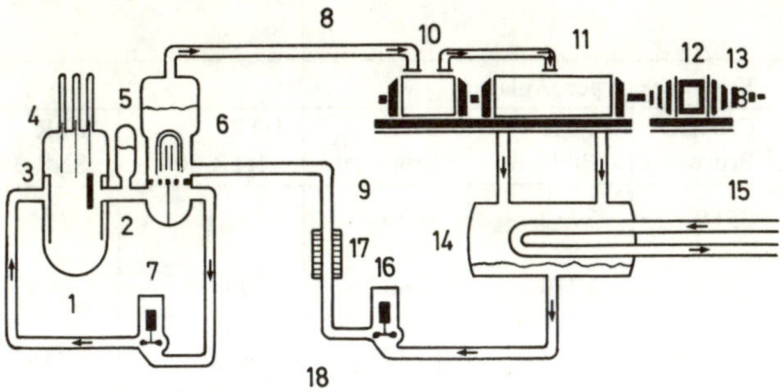

a) Druckwasser-Reaktor

1 Reaktordruckgefäß
2 Uranbrennelement
3 Regelstab
4 Regelstabantrieb
5 Druckhalter
6 Wärmetauscher (Dampferzeuger)
7 Kühlmittelpumpe
8 Frischdampf
9 Speisewasser
10 Hochdruckteil der Turbine
11 Niederdruckteil der Turbine
12 Generator
13 Erregermaschine
14 Kondensator
15 Flußwasser
16 Speisewasserpumpe
17 Vorwärmanlage
18 Betonabschirmung

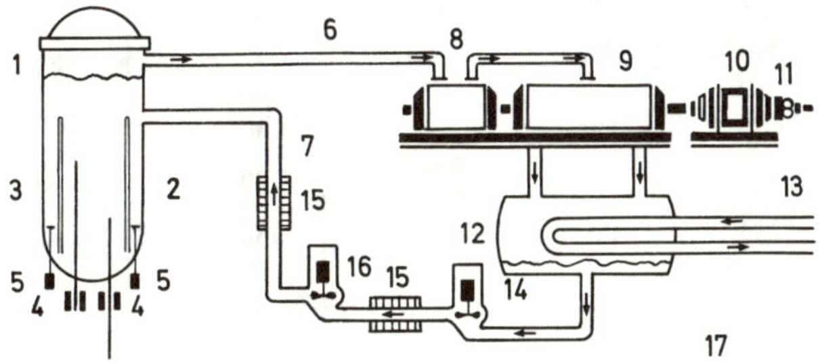

b) Siedewasser-Reaktor

1 Reaktor
2 Brennelemente
3 Regelstab
4 Regelstabantrieb
5 Umwälzpumpen
6 Frischdampf
7 Speisewasser
8 Hochdruckteil der Turbine
9 Niederdruckteil der Turbine
10 Generator
11 Erregermaschine
12 Kondensator
13 Flußwasser
14 Kondensatpumpe
15 Vorwärmanlage
16 Speisewasserpumpe
17 Betonabschirmung

Bild 4.13 Kernkraftwerk (vereinfachte Flußschema)

Die mit Steuerelementen und Borsäure (beim PWR) insgesamt kompensierbare Reaktivität ermöglicht einen einjährigen Betrieb zwischen zwei Brennelementwechseln.

Die im LWR erreichbare Dampftemperatur von rund 280 °C ist durch die maximal zulässige Temperatur von 350° für die Zirkalloy-Hüllrohre der Brennstäbe begrenzt. Dadurch bleibt der Wirkungsgrad auf Werte unter 35 % beschränkt.

Moderne Leichtwasserreaktoren werden für eine elektrische Leistung von 1300 MW und eine thermische von 3730 MW ausgelegt. Hierzu sind 102,7 t Uran (3 % Anreicherung)

Tabelle 4.8

	Kraftwerkstypen/Anlagen				
	CANDU Bruce	PWR Biblis B	BWR Krümmel	HTR THTR 300	FBR SNR 300
Thermische Leistung MW	2515	3752	3690	750	755
Elektrische Leistung MW	752	1240	1260	300	293
Anloge-Wirkungsgrad %	29,9	33,0	34,1	40,0	38,2
Spaltstoff	^{235}U	^{235}U	^{235}U	^{235}U	Pu
Anreicherung %	nat.	3,0	2,6	93	
Brutstoffe	^{238}U	^{238}U	^{238}U	^{232}Th	^{238}U
Masse Spaltstoff kg		4680	2652	648	850
Masse Brennstoff t		156	102	7,4	4,0
Leistungsdichte kW/*l*	10,9	92	51	6	375
Max. Brennstoff-Temperatur °C		2100	2100	1250	2700
Moderator	C	H_2O	H_2O	C	kein
Konversionsfaktor	0,79	$\simeq$ 0,5	$\simeq$ 0,5	$\simeq$ 0,7	< 1[a)]
Kühlmittel primär	D_2O	H_2O	H_2O	He	Na
Eintritts-Temperatur	261	290	278	250	377
Austritts-Temperatur	299	323	286	750	546
Druck bar	112	155	72	40	12
Übertragerkreis	kein	kein		kein	Na
Dampfkreis, T_{ein} °C		210	wie primär	220	284
T_{aus} °C	254	268		530	495
Druck bar	43	54		180	165

a) später Brutrate ≈ 1,1

in 193 Brennelementen erforderlich, von denen jedes aus 236 Brennstäben mit einer Füllung aus UO_2-Tabletten (Pellets) besteht. Ein Brennstab ist rund 4,7 m lang und hat einen Durchmesser von etwa 11 mm. 60 bis 70 Steuerstäbe dienen zur Regelung.

Ein wichtiges Konstruktionselement ist der Reaktordruckbehälter. Im Kernkraftwerk Biblis B (Tabelle 4.8) hat er einen Innendurchmesser von 5 m und eine Gesamthöhe von 13,25 m. Die Wanddicke beträgt 25 cm. Der Behälter ist aus einem Feinkornbaustahl gefertigt, der gute Schweißqualität mit hoher Zähigkeit und geringer Versprödungsneigung unter Neutronenbestrahlung vereinigt. Die Innenseiten aller druckführenden Komponenten des Kühlmittelkreises sind gegen Korrosion durch eine zweilagige Schweißplattierung aus rostfreiem Stahl geschützt. Die Gesamtmasse des Behälters beträgt 527 t, der Auslegungsdruck 172,5 bar bei einer Temperatur von 350 °C.

Druckbehälter dieser Art werden in Frankreich im Rahmen des Energieprogramms am Fließband gefertigt. Es ist geplant, in den nächsten 10 Jahren 40 Kernkraftwerke des Leichtwasser-Typs zu errichten.

Wie der Übersicht über die verschiedenen Reaktorbaulinien in Abschnitt 4.3.1b zu entnehmen ist, sind z. Z. 75 % aller Kernkraftwerke vom Leichtwasser-Typ. Diese Baulinie hat sich durchgesetzt. Die notwendigen Anlagen für die Brennstoffanreicherung, für die Fabrikation der Brennelemente sowie für die Wiederaufarbeitung des gebrauchten Brennstoffs, für das Recycling und für die Endlagerung des Abfalls existieren, sind technisch ausgereift und wirtschaftlich. Für den LWR gibt es die sorgfältigsten und umfangreichsten Sicherheits- und Risiko-Studien. Damit sind für einen weiteren Ausbau dieser Technik, etwa in Richtung des Hochkonverters, die besten Voraussetzungen gegeben.

Nach dem heutigen Entwicklungsstand und auch nach den physikalischen Gegebenheiten kann der LWR nur eine mittelfristige Lösung darstellen. Es ist absehbar, daß eine bessere Brennstoffausnutzung, letztlich unter Einschluß des Thoriums, erreicht werden muß. Die im folgenden zu diskutierenden Reaktortypen bieten die Möglichkeiten hierzu.

d) Schnelle Brüter

Die Entwicklung schneller Brüter ist fast ebenso alt wie die Entwicklung der thermischen Reaktoren. Sie erwies sich jedoch als wesentlich schwieriger und kostspieliger. Die hohe Leistungsdichte des schnellen Reaktors erfordert ein besonders wirksames Kühlmittel, das außerdem nur sehr gering moderieren darf. Flüssiges Natrium erwies sich weltweit als das geeignete Kühlmittel. Die Untersuchungen zur Verwendung von Wasserdampf als Kühlmittel (Dampfbrüter) wurden eingestellt. Die Möglichkeit, Heliumgas zur Kühlung zu nutzen, wird weiter verfolgt (Gasbrüter). Natrium wird erst bei etwa 100 °C flüssig. Damit der Kühlkreis in Gang kommt, werden alle natriumführenden Anlagenteile elektrisch geheizt. Sehr willkommen ist die Eigenschaft von Natrium, auch bei hohen Temperaturen fast drucklos zu bleiben. Die Materialbelastung des Kühlkreises und Kühlmittelverlustes bleiben gering. Sie sind außerdem vergleichsweise einfach unter Kontrolle zu halten. Die günstigen Eigenschaften des Kühlmittels und die Verwendung von Brennstabhüllen aus Stahl ermöglichen höhere Kühlmitteltemperaturen und damit einen Anlagenwirkungsgrad um 40 %.

Wegen der starken Reaktionsfähigkeit von Natrium mit Sauerstoff und Wasser werden alle Natriumoberflächen in den Kreisläufen mit Argon abgedeckt. Außerdem befindet sich der Reaktorkern in einem Sicherheitsdoppeltank, der wie der unmittelbar umgebende Gebäudebereich mit Stickstoff geflutet wird. Zur Trennung des radioaktiven Kühlmittels vom Dampferzeuger wird ein zusätzlicher Kreislauf mit Na-Na-Wärmetauscher und Dampferzeuger installiert. Das System hat damit drei getrennte Kreisläufe (siehe Bild 4.11). Ein Kontakt von Sekundär-Natrium mit Wasser oder Dampf im Dampferzeuger erhielte nur die Dimensionen eines konventionellen Störfalls.

Über die charakteristische Zusammensetzung des Reaktorkerns eines schnellen Brüters wurde bereits im Abschnitt 4.2.4 d) berichtet. Auskunft über die Hauptdaten der deutsch-niederländisch-belgischen Demonstrationsanlage SNR 300 gibt Tabelle 4.8. An dem 300-MW_{el}-Kernkraftwerk wird seit 1973 gebaut. Der Baufortschritt wurde durch politische Eingriffe erheblich beeinträchtigt.

In anderen hochentwickelten Industriestaaten werden und wurden die Projekte mit dem Schnellen Brüter zur Sicherung der Energieversorgung zügig verfolgt. Information hierüber ist in der Zusammenstellung über den Bau Schneller Brüter in Tabelle 4.9 enthalten.

Für die vollständige Verwertung des Natururans sind Schnelle Brüter unerläßlich. Für ihre Erstbestückung mit Spaltstoff stehen die Plutoniummengen zur Verfügung, die

Tabelle 4.9: Bau Schneller Brüter im internationalen Vergleich

Land	Reaktor	Leistung	Inbetriebnahme
Frankreich	Rapsodie	40 MW_{th}	1967
	Phénix	250 MW_{el}	1973/74
	Super-Phénix	1200 MW_{el}	1984
England	DFR	15 MW_{el}	1959
	PFR	250 MW_{el}	1975
	CFR 1	1250 MW_{el}	1984
UdSSR	BOR-60	45–60 MW_{th}	1970
	BN-350	350 MW_{el} 1)	1975
	BN-600	600 MW_{el}	1979/80
USA	EBR-II	20 MW_{el}	1964
	FFTF	400 MW_{th}	1978
	CRBR	350 MW_{el}	1983
Bundesrepublik Deutschland/ Belg./Nied.	KNK II	20 MW_{el}	1977
	SNR 300	300 MW_{el}	1985
	SNR 2	> 1200 MW_{el}	1995?
Japan	JOYO	50 MW_{th} 2)	1977
	Jonju	300 MW_{el}	1983

1) Ein Teil der entspr. Wärmeenergie wird zur Meerwasserentsalzung verwendet.

2) Spätere Steigerung auf 100 MW_{th} vorgesehen.

beim Betrieb der Leichtwasser-Reaktoren anfallen und angefallen sind und die durch Aufarbeitung der abgebrannten Brennelemente verfügbar werden. Das bei der ^{235}U-Anreicherung und bei der Aufarbeitung angefallene ^{238}U ist dann der Brutstoff. Der Plutoniumzyklus der Brüter kann natürlich so betrieben werden, daß kein überschüssiges Plutonium produziert wird. Hierdurch lassen sich die Probleme der Lagerung und Endlagerung von Plutonium wirksam reduzieren.

Die überschüssige Brutkapazität kann nun zur Konversion von Thorium in ^{233}U genutzt werden, das dann z. B. in den Hochtemperatur-Hochkonverter-Reaktoren oder in Candu-Reaktoren in den Uran-Thorium Zyklus anstelle von ^{235}U eingespeist wird. Dieses Verfahren in einem „Asymptotischen Reaktorsystem" ermöglicht dann die vollständige Verwertung auch der Thorium-Vorräte.

e) Hochtemperatur-Reaktor

Hochtemperatur-Reaktoren sind wie die alten Magnox-Reaktoren (siehe Tabelle 4.7) gasgekühlte Anlagen mit Graphit als Moderator. Entgegen den alten Natururan-Kraftwerken, die wegen hoher Anlagekosten und geringem Wirkungsgrad unrentabel geworden sind, bietet die Verwendung von angereichertem oxidischen oder carbidischen Brennstoff aussichtsreiche Entwicklungsmöglichkeiten.

Für den Physiker und Techniker ist der gasgekühlte Hochtemperatur-Reaktor ein faszinierendes System. Der Kern besteht nur aus Graphit, Spalt- und Brutstoff und dem inerten Kühlgas Helium, das zu keinen Korrosionsproblem führt. Hohe Kühlgastemperaturen bis zu 1000 °C ermöglichen hohe Wirkungsgrade für die Stromerzeugung. Die einzigartige Stärke des Systems liegt jedoch in der Nutzung der Hochtemperaturwärme als Prozeßwärme für die bessere Erschließung fossiler und chemischer Energievorräte.

Ausgangspunkt für die Entwicklung des HTR war die Erfindung der „beschichteten Teilchen" oder „coated particles". Dies sind 0,4 mm dicke Kügelchen aus Uran- oder Thoriumoxid (UO_2 bzw. ThO_2), die durch pyrolytisches Auftragen mehrerer Graphitschichten in eine hochfeste, gasdichte Schale von 0,4 mm Wanddicke eingeschlossen werden. Die innere Graphitschicht ist porös, sie nimmt die gasförmigen Spaltprodukte auf und setzt dem Schwellen des Brennstoffkerns im Betrieb keinen Widerstand entgegen. Die Außenschale aus hochfestem Graphit bildet einen undurchlässigen Miniatur-Druckkessel für die Spaltprodukte. Eine Mischung dieser beschichteten Teilchen mit Graphitpulver und mit einem Phenolharz-Binder läßt sich in jede beliebige Form für Reaktor-Brennelemente pressen.

Diese Brennelemente haben die Eigenschaften des Graphit: sie vertragen Temperaturen bis 3500 °C (Sublimationstemperatur > 3500 °C), sind korrosionsfest, moderieren und haben keine parasitäre Neutronenabsorption. Die Brennstoffelemente werden in einem Moderatorblock aus Graphit gelagert, der wie die Brennelemente Bohrungen für den Kühlgasdurchfluß enthält. Der Moderatorblock ist von einem Reflektor aus Graphitwänden umgeben. Das Ganze befindet sich in einem Behälter aus Spannbeton, der den Druck des Kühlgases aufnimmt und der die Strahlung des Reaktorkerns nach außen abschirmt. Regelstäbe werden von außen in Kühlkanäle eingeführt.

Eine originelle Variante ist der deutsche Kugelhaufenreaktor. Sein Brennstoff sind 675000 Brennelementkugeln, die jeweils aus einem 5 cm dicken Kern aus 33000 Brennstoffkörnern bestehen, der von einer festen 0,5 cm dicken Graphitschicht eingeschlossen ist (siehe auch Abschnitt 4.3.2 a)). Die Brennelementkugeln sind von einem Behälter aus Spannbeton umgeben, der auch alle wichtigen Komponenten des Kühlmittelkreislaufs (Helium) enthält: den Dampferzeuger bzw. Wärmetauscher, die Pumpen, die Steuer- und Beschickungseinrichtungen. Das Schema eines Kugelhaufen-Hochtemperaturreaktors zeigt Bild 4.14.

Ein weiterer Vorteil dieser Anordnung ist es, daß die Brennelementkugeln im Betrieb kontinuierlich eingeschleust und nach dem Abbrand wieder entnommen werden können. Außerdem ist es möglich, den Reaktor mit getrennten Spaltstoff- und Brutstoff-Kugeln zu beschicken und beide Sorten bei der Entnahme wieder zu trennen.

Der Spaltstoff der Kugelelemente besteht aus einem Mischoxid von etwa 90 % Thorium und 10 % fast reinem (93 %) ^{235}U. Während des Reaktorbetriebes verwandelt sich immer mehr Thorium in ^{233}U, das seinerseits dann den überwiegenden Teil der Leistungsproduktion bestreitet.

Ein deutscher Versuchsreaktor des Kugelhaufen-Typs, der AVR in Jülich, ist seit 1967 in Betrieb. Er hat eine thermische Leistung von 46 MW. Mit ihm wird seit 1974 eine Kühlgastemperatur von 950 °C erreicht.

An der Errichtung eines Prototypkraftwerks mit 300 MW_{el}, dem THTR 300 in Schmehausen, wird seit Februar 1972 gearbeitet. Ursprünglich sollte das Kraftwerk bereits 1977 die Stromlieferung aufnehmen. Jetzt rechnet man mit einer Inbetriebnahme im Jahre 1983! Die Hauptdaten dieser Anlage sind der Tabelle 4.8 zu entnehmen. Die Kühlmitteltemperatur soll 750 °C betragen. Das bringt im Dampferzeuger Dampf von 530 °C mit

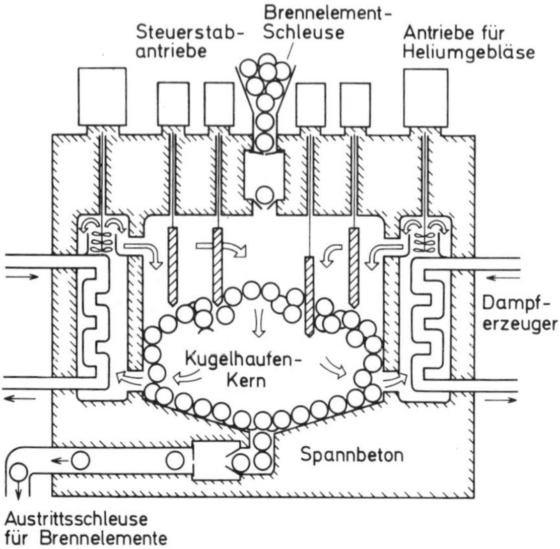

Bild 4.14 Schema eines Kugelhaufen-Hochtemperatur-Reaktors

einem Druck von 180 bar und ermöglicht einen Anlagenwirkungsgrad von 40 %. Im Anschluß an den THTR 300 soll ein Demonstrationskraftwerk für eine elektrische Leistung von etwa 600 MW errichtet werden.

f) Nukleare Prozeßwärme

Es ist einzigartiger Vorteil der Hochtemperaturreaktoren, Wärmeenergie bei Temperaturen zwischen 900 °C und 1000 °C zu liefern. Hiermit wird es möglich, chemische Synthesen und, in Zukunft wahrscheinlich, katalytisch-thermische Wasserspaltung mittels nuklearer Prozeßwärme durchzuführen.

Für die Synthese von Methan (CH_4) und Synthesegas ($CO + 3H_2$) stehen die Rohstoffe Kohle und Wasser zur Verfügung. Als Beispiel sei die hydrierende Vergasung von Kohle zu synthetischem Naturgas kurz skizziert. Kohle reagiert unter Wärmefreisetzung mit Wasserstoff, wobei Methan gebildet wird:

$$2C + 4H_2 \rightarrow CH_4 + \text{Wärme}.$$

Aus einem Teil des entstandenen Methans und aus Wasser kann der benötigte Wasserstoff freigesetzt werden:

$$CH_4 + H_2O\,(\text{Dampf}) \longrightarrow CO + 3H_2 - \text{Wärme}$$

und

$$CO + H_2O \rightarrow CO_2 + H_2 + \text{Wärme}.$$

Hier tritt ein Defizit an Wärme auf, das durch Verbrennung von Kohle (autotherm) oder durch nukleare Prozeßwärme gedeckt werden kann. Der Wärmeverbrauch im technischen Prozeß liegt bei 0,47 ... 0,52 kWh je Normal-m³ CH_4. Wird er nuklear gedeckt, können 30 % bis 40 % an Kohle eingespart werden. Die synthetischen Gase sind als Haushaltsgas verwendbar oder als Ausgangsstoffe für die Synthese von Kraftstoffen (Methanol, Oktan etc.) zu gebrauchen. Eine Zusammenstellung der Möglichkeiten der Prozeßwärme ist in Bild 4.15 zusammengestellt.

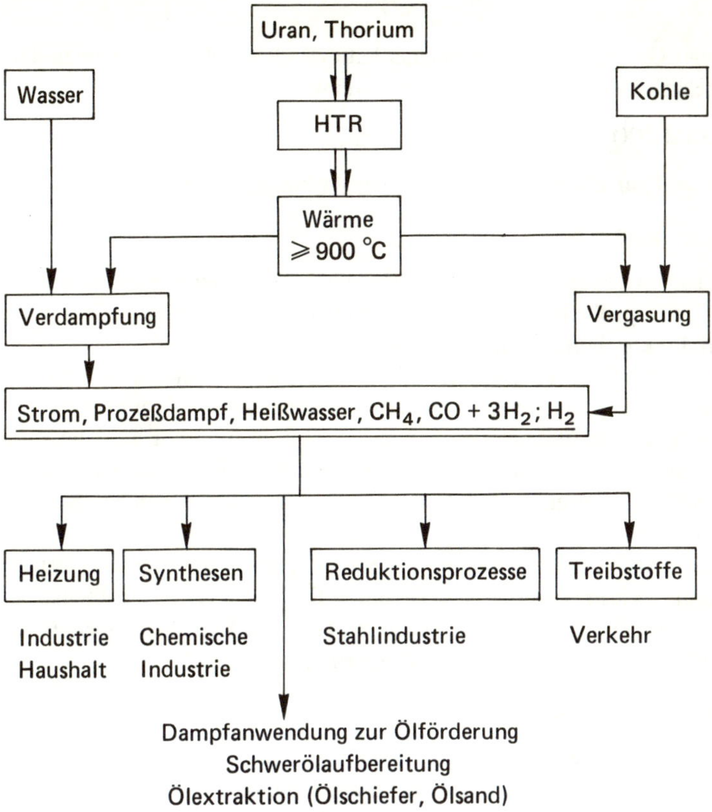

Bild 4.15 Prozeßwärme: Einsatzgebiete des Hochtemperaturreaktors

Es zeigt sich, daß auf den angedeuteten Wegen der Bedarf an Erdöl als Energiequelle und auch als Rohstoff drastisch gesenkt werden kann.

g) Nukleare Fernwärme

Die Wärmeversorgung von Industrie und Haushalten ist nicht so sehr ein Problem der Wärmeproduktion, es ist vielmehr ein Problem des Wärme- oder Energietransportes und der Energiespeicherung. Forschungsprogramme und Projektstudien zur Lösung dieser Probleme gehen davon aus, daß die Wärmeenergie von einem HTR in chemische oder latente Energie eines Stoffsystems überführt wird, und daß diese Energie auf einfache Weise beim Verbraucher wieder freigesetzt werden kann. Das Stoffsystem dafür muß transport- und lagerfähig sein. In Betracht kommen Einstoffsysteme mit geeigneten Phasenübergängen, Lösungs- und Trennungsvorgänge in Zweistoffsystemen sowie chemische Reaktionen.

Eine, bis zu Versuchsanlagen fortgeschrittene, Projektstudie der Kernforschungsanlage Jülich befaßt sich mit einem chemischen Zweistoffsystem (EVA – ADAM). Die Wärmeleistung eines HTR wird dazu benutzt, bei einer Temperatur von 950 °C Methan mit Wasserdampf in das Synthesegas $CO + 3H_2$ zu überführen:

$$\text{EVA:} \quad Q_{ein} + CH_4 + H_2O \longrightarrow CO + 3H_2 .$$

Dieses Gas wird beim Verbraucher katalytisch bei 500 °C wieder zu den Ausgangsstoffen zurückgebildet, wobei Wärmeenergie frei wird:

$$\text{ADAM:} \quad CO + 3H_2 \rightarrow CH_4 + H_2O + Q_{aus}.$$

Das Methan wird zur EVA zurückgeleitet. Der Wirkungsgrad des Systems ist mit

$$Q_{aus}/Q_{ein} \approx 0{,}8$$

recht hoch. Die Probleme dieses Systems liegen bei den hohen Investitionskosten für die benötigten Gas-Doppelleitungen. Insgesamt jedoch erscheint dieses Verfahren wirtschaftlicher als ein direktes Fernwärme-Leitungssystem.

Ein THTR-EVA-ADAM Verbund wäre an Umweltfreundlichkeit nur noch von einem reinen Wasserstoffsystem zu übertreffen. Hierbei soll die Energie eines THTR zur Spaltung von Wasser genutzt werden. In einer Einfach-Rohrleitung wird der Wasserstoff dem Verbraucher zugeleitet, der ihn zu Wasser verbrennen kann. Der Wirkungsgrad der katalytischen Wasserspaltung mit Hilfe von Prozeßwärme ist bei den heutigen Versuchsanlagen jedoch noch zu gering.

Nach dem Ergebnis umfangreicher Projektstudien und nach den vorliegenden Erfahrungen gilt es als realisierbar, den gesamten Energie- und Rohstoffbedarf an Kohlenwasserstoffen auf den beschriebenen Wegen mit Hilfe der Kernenergietechnik aus den Elementen Uran, Thorium, Wasser und Kohle zu befriedigen.

4.3.3 Reaktorsicherheit

Die Kernenergie hat neben ihrem kaum zu überschätzenden Nutzen den Nachteil, daß bei ihrer Freisetzung in erheblichem Umfang radioaktive Stoffe entstehen. Die gesetzlich verordnete Aufgabe ist es, dieses radioaktive Material so weitgehend aus dem ökologischen System fernzuhalten, daß das reale Risiko durch Kerntechnik um Größenordnungen unter den Risiken der übrigen Technik gehalten wird. Die Kerntechnik ist von Beginn an unter strengsten Sicherheitsforderungen entwickelt worden. Von der Uranaufbereitung, über das Kernkraftwerk und die Wiederaufarbeitung bis zur Endlagerung hat sie im großtechnischen Maßstab seit mehr als 20 Jahren einen Stand der Sicherheit erreicht, den keine andere Technik aufweisen kann.

Die radioaktiven Spaltprodukte sind in den Brennstäben des Reaktorkerns eines Kernkraftwerkes eingeschlossen. Das Sicherheitssystem der Anlage gewährleistet, daß

1. keine Betriebszustände auftreten, in denen mehr Radioaktivität als zulässig aus den Brennstäben freigesetzt wird und
2. freiwerdende Radioaktivität durch passive Barrieren auch im schlimmsten denkbaren Störfall so weitgehend zurückgehalten wird, daß die Umwelt vor Schäden verschont bleibt.

Die verschiedenen Sicherheitsbarrieren gegen die Abgabe von radioaktiven Stoffen in die Luft und ihr Rückhaltevermögen (Angabe in Klammern) sind:

1. Bindung der Spaltprodukte im Brennstoff (20),
2. Einschluß in Brennstabhülle (10^5),
3. Reaktordruckbehälter (10^3),
4. Sicherheitsbehälter mit Stahlbetonhülle (10^3),
5. Abluftfilter mit Verzögerungsstrecke (10^2),
6. Abluftkamin (≈ 10).

Das gesamte Rückhaltevermögen von rund 10^{15} besagt, daß z. B. von 10^{15} radioaktiven Atomen ein einzelnes entweichen könnte.

Der Aufwand für aktive und passive Sicherheitseinrichtungen eines Kernkraftwerkes, sowie die Sicherheitsvorschriften für den Betrieb und die Überwachung haben ein Ausmaß angenommen, das kaum beschreibbar und nicht mehr zu überbieten ist. Weitere Einzelheiten zur Reaktorsicherheit bringt Kap. 5.

5 Reaktorsicherheit

K. Köberlein

5.1 Funktion eines Kernkraftwerks

Wie schon ausführlich in Kap. 4 beschrieben, machen Kernkraftwerke die Energie, die bei der Spaltung schwerer Atom*kerne*, wie Uran oder Plutonium, frei wird, in Form von Wärmeenergie technisch nutzbar (daher die Bezeichnung *Kern*energie). Die Wärmeenergie wird in Kernkraftwerken im wesentlichen in gleicher Weise in elektrische Energie umgewandelt wie bei anderen thermischen Kraftwerken, die z.B. mit Kohle, Öl oder Gas (also fossilen Brennstoffen) beheizt werden. Es ist daher auch üblich, das spaltbare Material als Kern-„Brennstoff" zu bezeichnen, obwohl im Reaktor keine Verbrennung vor sich geht (und damit auch kein Sauerstoff verbraucht wird).

Bild 5.1 zeigt das Funktionsschema eines Kernkraftwerks mit Druckwasser-Reaktor (DWR). Der DWR wird in diesem Kapitel als Beispiel herangezogen, da er in unserem Land und weltweit gegenwärtig bevorzugt eingesetzt wird.

Der Brennstoff ist bei einem großen DWR auf über 45 000 Brennstäbe verteilt. In einer Brennstabhülle (Zirkon-Legierung, ca. 4 Meter lang, 11 mm Außendurchmesser) sind etwa 4 kg Schwermetall als Oxid (z. B. UO_2) in Form von gesinterten Tabletten gasdicht eingeschlossen. Jeweils etwa 240 Brennstäbe sind zu einem Brennelement zusammengefaßt und rund 190 Brennelemente bilden schließlich den Reaktorkern.

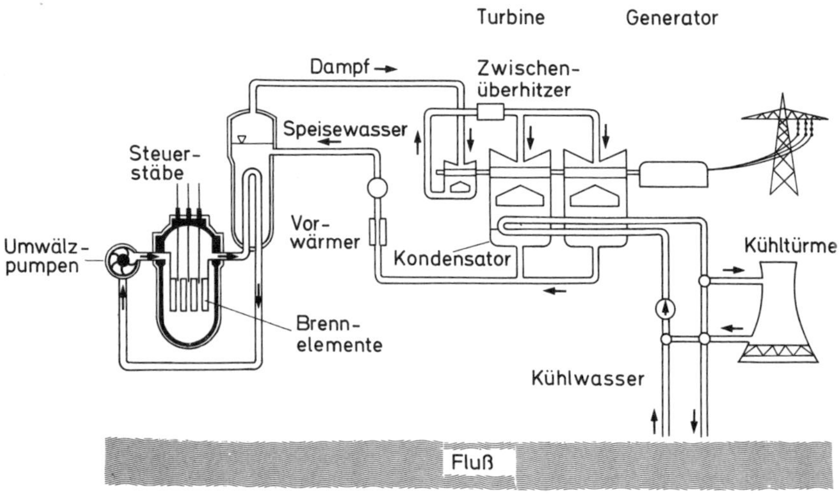

Bild 5.1 Kernkraftwerk mit Druckwasser-Reaktor (Kreislauf)

Durch Steuerstäbe, die von oben in den Reaktorkern eingefahren werden können, läßt sich die nukleare Kettenreaktion und damit die im Reaktorkern frei werdende Energie steuern.

Der Reaktorkern ist von einem dickwandigen Stahlbehälter, dem Reaktordruckbehälter, umgeben.

Im Reaktorkern fällt bei vollem Betrieb des Reaktors eine Wärmeleistung von knapp 4 000 MW an. Die Wärme wird mit Hilfe von Umwälzpumpen über den Reaktorkühlkreislauf zu einem Wärmetauscher transportiert. Als Kühlmittel wird normales („leichtes") Wasser verwendet („Leichtwasserreaktor").

Der Reaktorkühlkreislauf wird unter einem Druck von etwa 160 bar gehalten, so daß das Kühlmittel bei einer maximalen Betriebstemperatur von rund 340 °C nicht verdampft. Erst auf der Sekundärseite des Wärmetausches wird Dampf erzeugt („Dampferzeuger"). Der Dampf strömt über Rohrleitungen zur Turbine. In den verschiedenen Stufen der Turbine wird die Wärmeenergie (teilweise) in mechanische Energie, und diese schließlich im Generator in elektrische Energie umgewandelt.

Aus dem 2. Hauptsatz der Thermodynamik ergibt sich, daß nur ein Teil der Wärme in mechanische Energie umgesetzt werden kann. Bei einem modernen DWR beträgt dieser Anteil rund 1/3. 2/3 der im Reaktorkern erzeugten Wärme fallen als Abwärme an. Sie werden im Kondensator an das Kühlwassersystem übergeben und an das Flußwasser oder, durch Kühltürme, an die Umgebungsluft abgeführt.

Das im Kondensator anfallende Wasser wird als „Speisewasser" wieder in den Dampferzeuger gepumpt. Der „Sekundärkreislauf" ist damit geschlossen.

Der Speisewasser-Dampf-Kreislauf, die Turbine, der Generator und die Kühlwassersysteme eines Kernkraftwerks unterscheiden sich nicht wesentlich von den entsprechenden Aggregaten eines fossil beheizten Kernkraftwerks. Dieser Bereich wird deshalb auch als „konventioneller Teil" des Kernkraftwerks bezeichnet, im Gegensatz zum „nuklearen Teil" (Reaktor, Primärseite des Dampferzeugers). Für die Sicherheit ist allerdings auch der konventionelle Teil von Interesse, da sich Störungen von hier aus auf den Reaktor auswirken können.

Der thermische Wirkungsgrad, d. h. der Anteil der in elektrische Energie umgewandelten Wärmeenergie, ist beim DWR mit ca. 33 % etwas niedriger als bei fossil beheizten Kraftwerken. Hier werden (bei Kühlturmbetrieb und Rauchgasentschwefelung) ca. 36,5 % erreicht. Damit wird bei einem Kernkraftwerk die Umwelt, bezogen auf die Nutzenergie, mit knapp 20 % mehr Abwärme belastet. Die Blockleistungen von Kernkraftwerken sind mit 1 300 MW heute aber fast doppelt so hoch wie die der größten konventionellen Kraftwerke. Die Abwärme fällt daher stärker konzentriert an.

Dennoch handelt es sich um ein Umweltproblem, das alle thermischen Kraftwerke betrifft. Da es die Reaktorsicherheit nicht entscheidend berührt, wird es hier nicht weiter diskutiert.

5.2 Aufgabe der Reaktorsicherheit

Der Spaltungsprozeß im Reaktor wird durch eine kontrollierte Kettenreaktion aufrechterhalten. Jede Spaltung eines Uran- oder Plutoniumatomkerns verursacht im Mittel wieder eine Spaltung. Das spaltbare Material ist im Reaktor nur sehr schwach konzentriert.

Der Anreicherungsgrad, d. h. der Anteil spaltbarer Isotope, beträgt beim DWR im Mittel ca. 3 % (Natururan: 0,7 %). Ein lawinenartiges Anwachsen der Kettenreaktion und damit eine explosionsartige Energiefreisetzung ist daher aus physikalischen Gründen von vornherein, auch ohne den Eingriff von Sicherheitsvorkehrungen, unmöglich.

Gefahren für die Umwelt könnten aber von einer anderen Eigenschaft des Kernreaktors ausgehen: Die Spaltprodukte, die als „Bruchstücke" bei der Spaltung der schweren Atomkerne anfallen, sind zu einem erheblichen Teil radioaktiv. Die Strahlung, die diese Stoffe aussenden, kann biologische Schäden hervorrufen. Daher muß ein Kontakt zwischen den Spaltprodukten und der Umwelt verhindert werden.

Neben den Spaltprodukten entstehen, z. B. durch die Bestrahlung von Strukturmaterial, Aktivierungsprodukte. Ihr Anteil am Aktivitätsinventar ist aber vergleichsweise unerheblich.

Bild 5.2 enthält einige Angaben zum Spaltproduktinventar eines Leichtwasserreaktors. Bei 4 000 MW thermischer Reaktorleistung beträgt das Gleichgewichtsinventar nach 2 Jahren Vollastbetrieb 10 Mrd. Ci (= $37 \cdot 10^{19}$ Bq). Es besteht aus zahlreichen Isotopen unterschiedlicher physikalischer und chemischer Eigenschaften.

15 % der Gesamtaktivität bilden Edelgase (vor allem Xenon, Krypton), 20 % kommen von Isotopen, die bei Betriebstemperatur des Brennstoffs flüchtig sind, den Rest von 65 % bilden Feststoffe.

Nahezu die Hälfte des Inventars besteht aus Isotopen mit einer Halbwertszeit unter einem Tag, nur 5 % haben Halbwertszeiten über 100 Tagen. Ein großer Teil der Aktivität klingt also nach Abschaltung des Reaktors relativ schnell ab.

Trotz dieser Effekte enthält der Reaktorkern eines Kernkraftwerks ein sehr großes Gefährdungspotential. Dies soll an folgendem Rechenbeispiel verdeutlicht werden.

Das radioaktive Edelgas Xenon-133 ist mit etwa 2 %, das sind $2 \cdot 10^8$ Ci, am Gesamtinventar beteiligt. Nach der Strahlenschutzverordnung ist für Xenon-133 eine Aktivitätskonzentration in der Luft von $2 \cdot 10^{-8}$ Ci/m^3 zulässig. Wollte man das gesamte Xenon 133 auf diese Konzentration verdünnen, wären dafür 10^{16} m^3 Luft notwendig. Dies entspricht einem Würfel von mehr als 200 km Kantenlänge.

Inventar:

Edelgase	$1{,}5 \cdot 10^9$ Ci =	$5{,}55 \cdot 10^{19}$ Bq
Flüchtige	$2{,}0 \cdot 10^9$ Ci =	$7{,}40 \cdot 10^{19}$ Bq
Feste	$6{,}5 \cdot 10^9$ Ci =	$24{,}05 \cdot 10^{19}$ Bq
Summe	$10{,}0 \cdot 10^9$ Ci =	$37{,}00 \cdot 10^{19}$ Bq

Verteilung der Halbwertszeiten:

< 1 Tag	45 %
1...10 Tage	20 %
10...100 Tage	30 %
> 100 Tage	5 %
Summe	100 %

Bild 5.2
Spaltproduktinventar eines Kernkraftwerkes mit Leichtwasserreaktor nach zwei Jahren Vollastbetrieb (thermische Reaktorleistung 4000 MW)

An die Rückhaltung der Spaltprodukte im Reaktorkern sind also sehr hohe Anforderungen zu stellen. Ähnlich hohe Rückhaltefaktoren sind aber auch in der chemischen Industrie bei einer Reihe gefährlicher Stoffe erforderlich. Obwohl dort mit Millionen von Tonnen gefährlicher Produkte umgegangen wird, sind auf Grund umfassender Sicherheitsvorkehrungen größere Unfälle sehr selten. Bezogen auf die geleisteten Arbeitsstunden ereignen sich in der chemischen Industrie sogar weniger tödliche Unfälle als in der Gesamtindustrie.

Das Gefährdungspotential, bei Kernkraftwerken das Spaltproduktinventar, in der Chemie die Menge gefährlicher Stoffe, ist somit kein ausreichender Maßstab für die Gefährlichkeit einer Industrie. Entscheidend ist, inwieweit durch Sicherheitsvorkehrungen (vor allem technischer Art) unter allen in Betracht zu ziehenden Umständen verhindert werden kann, daß Schadstoffe freigesetzt werden. Im folgenden sollen deshalb die in der Kerntechnik angewandten Sicherheitsvorkehrungen behandelt werden.

5.3 Sicherheitskonzept

Kernreaktoren werden so konstruiert, daß die Spaltprodukte, die im Reaktorkern entstehen, mehrfach eingeschlossen sind. Die „Aktivitätsbarrieren" sind in Bild 5.3 stark schematisiert dargestellt.

Ein großer Teil der Spaltprodukte ist im Kristallgitter des Brennstoffs, der „Brennstoffmatrix", gebunden. Gasförmige und andere flüchtige Anteile werden durch die Brennstabhüllen zurückgehalten. Der Reaktorkern befindet sich innerhalb des geschlossenen Kühlkreislaufes. Das gesamte Primärsystem ist von einem gasdichten und druckfesten Sicherheitsbehälter umgeben. Der Sicherheitsbehälter, eine Stahlhülle mit etwa 3 cm Wanddicke, hat einen Durchmesser von fast 60 m. Er hält dem Druck stand, der beim Ausdampfen des gesamten Reaktorkühlmittels entstehen würde.

Eine massive Stahlbetonhülle mit etwa 2 m Wanddicke schützt den Sicherheitsbehälter gegen Einwirkungen von außen. Der Raum zwischen dem Sicherheitsbehälter und der Betonhülle wird auf leichtem Unterdruck gegenüber der Außenatmosphäre gehalten, so daß nur Einwärtsleckagen möglich sind. Die abgesaugte Luft wird über Filter und Kamin an die Umgebung abgeführt.

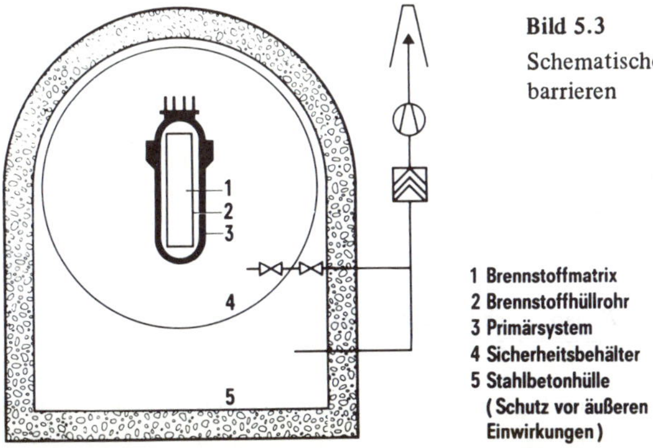

Bild 5.3

Schematische Darstellung der Aktivitätsbarrieren

Durch das Barrierenkonzept, unterstützt durch Lüftungs- und Filtersysteme und Anlagen zur Aufbereitung von Abwässern, wird erreicht, daß nur äußerst geringe Mengen radioaktiver Stoffe durch technisch unvermeidbare Undichtigkeiten in die Umgebung gelangen. Die Strahlenbelastung, die dadurch verursacht wird, liegt nach aller Erfahrung erheblich unterhalb der Werte, die nach der Strahlenschutzverordnung zulässig sind.

Tabelle 5.1 zeigt eine Zusammenstellung der „genetisch signifikanten Strahlenexposition der Bevölkerung in der Bundesrepublik Deutschland im Jahre 1978" aus dem Bericht der Bundesregierung über „Umweltradioaktivität und Strahlenbelastung im Jahre 1978". Die mittlere Strahlenbelastung der Bevölkerung durch Kernkraftwerke und andere kerntechnische Anlagen betrug demnach – wie in den Vorjahren – weniger als 1 % der natürlichen Strahlenbelastung, auch in der näheren Umgebung der Anlagen.

Sie kann daher auch nicht direkt gemessen werden. Man ermittelt aber durch ständige Messung die Abgabe radioaktiver Stoffe mit der Abluft und dem Abwasser und berechnet daraus die zu erwartenden Strahlenbelastungen. Da man diesen Berechnungen

Tabelle 5.1: Genetisch signifikante Strahlenexposition der Bevölkerung in der Bundesrepublik Deutschland im Jahr 1978

1 Natürliche Strahlenexposition		ca. 110 mrem/a[1])
1.1 durch kosmische Strahlung in Meereshöhe	ca. 30 mrem/a	
1.2 durch terrestrische Strahlung von außen	ca. 50 mrem/a	
bei Aufenthalt im Freien	ca. 43 mrem/a	
bei dauerndem Aufenthalt in Häusern	ca. 57 mrem/a	
1.3 durch inkorporierte radioaktive Stoffe	ca. 30 mrem/a	
2 Künstliche Strahlenexposition		ca. 60 mrem/a
2.1 durch kerntechnische Anlagen	< 1 mrem/a	
2.2 Verwendung radioaktiver Stoffe und ionisierender Strahlung in Forschung und Technik	< 2 mrem/a	
2.2.1 durch technische Strahlenquellen	< 1 mrem/a	
2.2.2 durch Industrieerzeugnisse	< 1 mrem/a	
2.2.3 durch Störstrahler	< 1 mrem/a	
2.3 beruflich strahlenexponierte Personen (Beitrag zur mittleren Strahlenexposition des Menschen)	< 1 mrem/a	
2.4 durch Anwendung ionisierender Strahlen und radioaktiver Stoffe in der Medizin	ca. 50 mrem/a	
2.4.1 Röntgendiagnostik	ca. 50 mrem/a	
2.4.2 Strahlentherapie	< 1 mrem/a	
2.4.3 Nuklearmedizin	ca. 2 mrem/a	
2.5 Strahlenunfälle und besondere Vorkommnisse	0	
2.6 durch Fall-out von Kernwaffenversuchen	< 1 mrem/a	
2.6.1 von außen im Freien unabgeschirmt	< 1 mrem/a	
2.6.2 durch inkorporierte radioaktive Stoffe	< 1 mrem/a	

Gegenüber dem Jahr 1977 haben sich keine Änderungen ergeben.

[1]) Die Einheit rem ist nur noch eine begrenzte Zeit zugelassen. Die Entsprechende SI/-Einheit ist J/kg. Es gilt 1 rem = 1/100 J/kg.

pessimistische Annahmen zugrundelegt, dürften die tatsächlichen Strahlenbelastungen noch deutlich geringer sein als die berechneten.

Die Belastung der Umwelt durch radioaktive Stoffe ist somit beim normalen, ungestörten Betrieb eines Kernkraftwerks äußerst gering. Wie bei jeder technischen Anlage muß aber auch hier mit Störungen gerechnet werden. Als Ursachen kommen das Versagen von Anlagenteilen, menschliches Versagen und auch äußere Einwirkungen in Betracht. Wegen der lebenswichtigen Bedeutung der Aktivitätsbarrieren muß mit hoher Zuverlässigkeit verhindert werden, daß sie infolge von Störungen beschädigt werden. Um dieses Ziel zu erreichen, wendet man ein dreifach gestaffeltes Sicherheitskonzept an (Bild 5.4).

An erster Stelle stehen dabei besonders hohe Anforderungen an die Qualität der Anlage. Damit soll erreicht werden, daß betriebliche Störungen und vor allem ernstere Störfälle möglichst selten auftreten. Neben einer umfassenden Qualitätskontrolle bei Herstellung, Errichtung und Inbetriebnahme der Anlagen spielen Wiederholungsprüfungen eine entscheidende Rolle. Die sicherheitstechnisch wichtigen Komponenten und Systeme werden in regelmäßigen Abständen überprüft, um Verschleißerscheinungen oder andere Ausfallursachen zu erkennen, bevor sie sich auf den Betrieb auswirken können.

Trotz dieser Vorkehrungen sind bei komplizierten technischen Systemen, wie sie Kernkraftwerke darstellen, immer wieder betriebliche Störungen zu erwarten. Damit solche Störungen nicht zu Schäden führen, werden die Anlagen – in einer zweiten Stufe des Sicherheitskonzepts – mit Schutzeinrichtungen ausgerüstet. Alle wichtigen Meßwerte in der Anlage, z. B. die Reaktorleistung, der Kühlmitteldruck oder die Drehzahl der Hauptkühlmittelpumpen, werden fortlaufend überwacht. Für diese Prozeßgrößen sind Grenzwerte festgelegt. Werden solche Grenzwerte überschritten, so löst das Reaktorschutzsystem automatisch Gegenmaßnahmen aus, z.B. eine Reduzierung der Leistung oder eine Schnellabschaltung des Reaktors.

Die Wirksamkeit der Schutzsysteme wird – soweit es physikalisch-technisch möglich ist – durch eine inhärent sichere Reaktorauslegung unterstützt. Beispielsweise sorgt

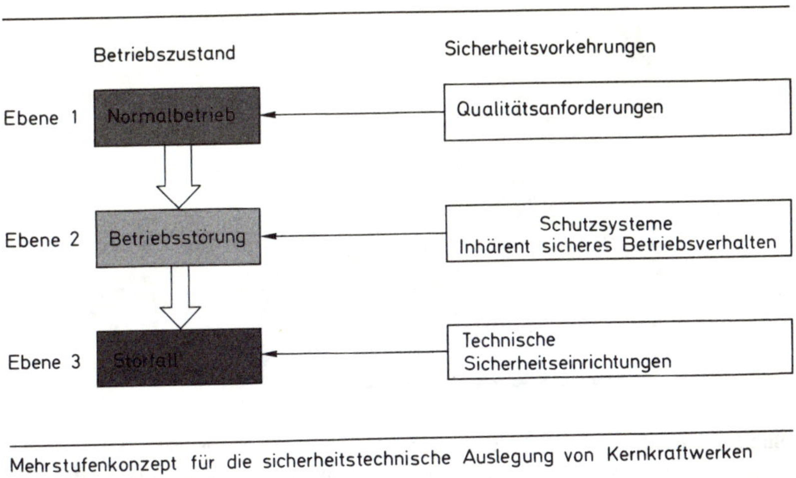

Bild 5.4 Mehrstufenkonzept für die sicherheitstechnische Auslegung von Kernkraftwerken

man dafür, daß jede störungsbedingte Leistungserhöhung, bei der die Temperaturen von Brennstoff und Kühlmittel ansteigen, über reaktorphysikalische Rückkoppelungseffekte sich selbst entgegenwirkt. Damit wird die Leistungszunahme auch ohne aktive Gegenmaßnahmen begrenzt.

Auf der ersten und zweiten Stufe geht es darum, Störungen möglichst zu vermeiden, zumindest aber die Ausweitung von Betriebsstörungen zu verhindern. In einer dritten Stufe werden zusätzlich Maßnahmen gegen ein umfangreiches Spektrum denkbarer Störfälle getroffen. Auf dieser Ebene ist das Schutzziel die Eindämmung des Schadensumfanges. Von einem „Störfall" (im Gegensatz zur „Störung") spricht man dann, wenn mindestens eine der Aktivitätsbarrieren beschädigt oder unmittelbar gefährdet ist. Um in diesem Fall Folgeschäden an den intakten Barrieren zu verhindern, werden Kernkraftwerke mit Sicherheitseinrichtungen ausgerüstet (Bild 5.5)

Das Reaktorschnellabschaltsystem, hier mit RESA bezeichnet, unterbricht bei einem Störfall die nukleare Kettenreaktion innerhalb weniger Sekunden. Ein Reaktor erzeugt jedoch durch den nichtbeeinflußbaren Zerfall der Spaltprodukte auch nach Abschaltung noch Wärme. Bei einem vollständigen Ausfall der Kernkühlung würde diese Wärme ausreichen, die inneren Barrieren (Brennstabhülle, Brennstoffmatrix) zu überhitzen und schließlich zum Schmelzen zu bringen. Um dies zuverlässig zu verhindern, werden die Anlagen mit Notkühlsystemen ausgerüstet, der Not- und Nachkühlung für den Reaktorkühlkreislauf und der Noteinspeisung für den Sekundärkreislauf. Diese Systeme greifen ein, wenn die reguläre Kühlung ausfällt, z. B. weil Pumpen versagen oder das Kühlmittel bei einem Rohrleitungsbruch ausströmt.

Teilbereiche des Sicherheitsbehälters sind während des Betriebs begehbar. Der Sicherheitsbehälter wird deshalb be- und entlüftet. Bei einem Störfall werden die Lüftungs-

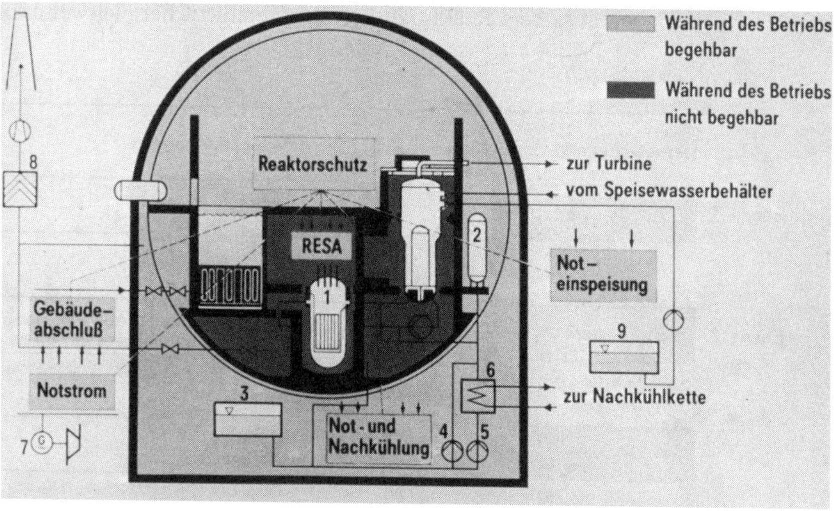

Bild 5.5 Sicherheitstechnische Einrichtungen eines Druckwasser-Reaktors

1 Schnellabschaltsystem
2 Druckspeicher
3 Flutbehälter
4 Sicherheitseinspeisepumpe
5 Nachkühlpumpe
6 Nachwärmekühler
7 Notstromsystem
8 Lüftungsanlagen
9 Notspeisesystem

kanäle und alle anderen Durchführungen durch die Stahlhülle, die nicht unbedingt benötigt werden, automatisch geschlossen („Gebäudeabschluß").

Die Sicherheitssysteme können nicht nur durch die normale Stromversorgung, sondern auch durch eigene Notstromanlagen versorgt werden. Die Systeme werden, wie die Schutzeinrichtungen, durch das Reaktorschutzsystem automatisch in Betrieb genommen und gesteuert. Eingriffe des Betriebspersonals sind grundsätzlich frühestens 30 Minuten nach Eintritt eines Störfalls notwendig.

Sicherheitssysteme müssen sehr zuverlässig arbeiten. Durch verschiedene Maßnahmen sorgt man dafür, daß ein Versagen dieser Systeme möglichst unwahrscheinlich wird. Mögliche Ausfallursachen und die angewandten Gegenmaßnahmen sind in Tabelle 5.2 zusammengestellt.

Mit „Einzelausfall" wird das sporadische Versagen einzelner Systemkomponenten bezeichnet. Damit in einem solchen Fall nicht das gesamte System versagt, werden Reservesysteme installiert. So besteht das Not- und Nachkühlsystem aus 4 Teilsystemen, von denen auch im ungünstigen Fall nicht mehr als zwei benötigt werden. Man spricht hier von „4 · 50 %-Redundanz". Die Redundanz wäre zwecklos, wenn in mehreren Teilsystemen Ausfälle mit gemeinsamer Ursache auftreten würden. Dies könnten z. B. Konstruktionsfehler an gleichartigen Komponenten der redundanten Teilsysteme sein. Um solchen Ausfällen vorzubeugen, wendet man nach Möglichkeit unterschiedliche Wirkungsmechanismen oder unterschiedliche Gerätekonstruktionen für gleiche Aufgaben an. So wird die Reaktorschnellabschaltung stets von mehreren unterschiedlichen Prozeßgrößen ausgelöst, bei einem unzulässigen Leistungsanstieg z. B. über die Messung der Reaktorleistung und über die Messung der Kühlmitteltemperatur.

Die Funktion redundanter Systeme könnte auch durch übergreifende Einflüsse beeinträchtigt werden, z. B. durch Brand oder Überflutung. Zum Schutz gegen solche Einwirkungen werden die einzelnen Teilsysteme räumlich getrennt angeordnet und, wenn erforderlich, baulich besonders geschützt, z. B. durch Verbunkerung.

In manchen Fällen ist es auch möglich, das „Fail-Safe"-Prinzip anzuwenden. Ein Systemausfall wirkt sich dann in die sichere Richtung aus. Beispielsweise ist das Schnellab-

Tabelle 5.2: Auslegungsgrundsätze für Sicherheitssysteme

Auslegung gegen	Prinzip	Bedeutung/Beispiel
Einzelausfall (A)	Redundanz	Installation von Reservesystemen (Kernnot- und Nachkühlsystem: 4 · 50 %)
Ausfälle mit gemeinsamer Ursache (B)	Diversität	Anwendung unterschiedlicher Wirkungsmechanismen bzw. Gerätekonstruktionen (Anregekriterien Reaktorschnellabschaltung)
Übergreifende	räumliche Trennung	getrennte Aufstellung redundanter Teilsysteme
Einflüsse (C)	baulicher Schutz	Reaktorgebäude, Auslegung gegen Flugzeugabsturz
A, B, C und Ausfall Hilfsenergie	„Fail-Safe"	Systemfehler wirkt eindeutig sicherheitsgerichtet (Schnellabschaltsystem)

schaltsystem so konstruiert, daß bei einem Ausfall der Stromversorgung die Steuerstäbe durch ihr eigenes Gewicht in den Reaktorkern einfallen und damit die nukleare Kettenreaktion unterbrechen.

Der Konstrukteur eines technischen Systems braucht konkrete Angaben darüber, welche Aufgaben das System erfüllen muß. Nur dann kann er z. B. Fördermengen von Pumpen, elektrische Leistungen von Notstromanlagen, Querschnitte von Rohrleitungen und viele andere Auslegungsdetails bestimmen. Bei Sicherheitssystemen in Kernkraftwerken richtet sich die Auslegung danach, bei welchen Störfällen die Systeme eingreifen müssen. Für jedes System gibt es aus dem Spektrum aller Störfälle einen oder mehrere, die die höchsten Anforderungen stellen. Diese Störfälle sind maßgebend für die Auslegung, man bezeichnet sie deshalb auch als „Auslegungsstörfälle".

Ein Beispiel dafür ist der „große" Kühlmittelverluststörfall. Man postuliert hier den vollständigen Bruch einer Reaktorkühlmittelleitung und damit den Verlust des normalen Kühlmittels.

Bevor die Genehmigung erteilt werden kann, ein Kernkraftwerk zu errichten und zu betreiben, ist – neben anderen Voraussetzungen – nachzuweisen, daß auch bei Auslegungsstörfällen Spaltprodukte nicht in unzulässigem Ausmaß freigesetzt werden. Die bei Störfällen zulässigen Strahlenbelastungen sind in der Strahlenschutzverordnung festgelegt.

Beim Kühlmittelverluststörfall ist eine Aktivitätsbarriere – die druckführende Umschließung des Reaktorkühlkreislaufs – durch die Störfallursache selbst ausgefallen. Daher ist nachzuweisen, daß die Funktion der verbleibenden Barrieren (Brennstäbe und Sicherheitsbehälter) in ausreichendem Maße erhalten bleibt. Dies bedeutet unter anderem, daß die Brennstabhüllen an keiner Stelle den in Sicherheitskriterien festgelegten Temperatur-Grenzwert von 1 200 °C überschreiten dürfen.

Mit welchen Methoden werden Störfallabläufe untersucht? Es ist natürlich nicht möglich, sie naturgetreu in vollem Maßstab in einem Kernkraftwerk oder einem Experiment ablaufen zu lassen. Die Vorgänge werden daher mit Hilfe von Rechenprogrammen auf elektronischen Rechenanlagen simuliert. Die Simulation muß zum Teil komplexe physikalische Phänomene berücksichtigen, so z. B. das instationäre, mehrdimensionale Strömungsverhalten von Wasser-Dampf-Gemischen und instationäre Wärmeübergangsverhältnisse in Wechselwirkung mit dem Kühlmittelzustand.

Wo derartige Vorgänge durch Experimente nicht vollständig abgesichert sind, ist es notwendig, bei der Simulation von pessimistischen Annahmen auszugehen, die die Ergebnisse in ungünstige Richtung beeinflussen. Um die damit erreichten Sicherheitsabstände genauer beurteilen zu können, werden in verschiedenen Ländern mit erheblichem Aufwand und in enger internationaler Zusammenarbeit experimentelle Untersuchungen durchgeführt. Durch Voraus- und Nachberechnung von Experimenten wird die Aussagefähigkeit und Genauigkeit derjenigen Rechenmodelle überprüft, die im Genehmigungsverfahren zur Analyse von Störfällen eingesetzt werden.

5.4 Betriebserfahrungen

Über den praktischen Erfolg des beschriebenen Sicherheitskonzepts liegen inzwischen umfangreiche Erfahrungen vor. Kernkraftwerke werden seit über 20 Jahren betrieben. In den Ländern außerhalb des Ostblocks wurden in dieser Zeit über 3 500 TWh (= 3,5 Billionen KWh) elektrische Energie erzeugt. Damit hätte der gesamte Strombedarf in der Bundesrepublik Deutschland während der letzten 12 Jahre gedeckt werden können.

Gerade in den Entwicklungsjahren einer Technologie sind nicht nur Erfolge zu erwarten. Auch in Kernkraftwerken hat es neben zahlreichen Störungen eine Reihe ernsterer Störfälle gegeben. Der schwerste Störfall hat sich im März 1979 im amerikanischen Kernkraftwerk Three-Mile-Island Block 2 ereignet. Durch eine Verkettung von technischem und menschlichem Versagen blieb der Reaktorkern über längere Zeit ohne ausreichende Kühlung. Nach bisherigem Wissen wurden praktisch alle Brennstabhüllen undicht, ein Teil des Brennstoffs ist geschmolzen. Der wirtschaftliche Schaden ist groß, die Anlage wird – wenn überhaupt – frühestens in einigen Jahren wieder in Betrieb gehen können. Auch die psychologischen Auswirkungen in der Öffentlichkeit waren erheblich. Durch die große Publizität, die der Störfall fand, wurde augenscheinlich, daß es auch bei Kernkraftwerken eine absolute Sicherheit nicht geben kann. Andererseits hat sich gerade in Three-Mile-Island das Prinzip des mehrstufigen Schutzes als richtig erwiesen. Die technische Sicherheitseinrichtungen waren letztlich in der Lage, Schäden in der Umgebung der Anlage zu verhindern.

Zuweilen wird behauptet, Kernkraftwerke hätten sich seit jeher als besonders unzuverlässig und störanfällig erwiesen. Diese Behauptung läßt sich durch die Tatsachen nicht belegen. Die mittlere Gesamtzahl von störungsbedingten Abschaltungen beträgt bei Kernkraftwerken etwa 10 pro Betriebsjahr. Das entspricht ziemlich genau dem Erfahrungswert bei konventionellen Kraftwerken. Bei einem solchen Vergleich ist zu berücksichtigen, daß Kernkraftwerke aus Sicherheitsgründen bereits bei relativ unbedeutenden Unregelmäßigkeiten automatisch abgeschaltet werden. Tatsächlich wird ein nicht zu vernachlässigender Anteil an Abschaltungen durch Probleme mit der bei Kernkraftwerken besonders umfangreichen Instrumentierung verursacht. Die Ausfalldauer ist in diesen Fällen meist sehr gering.

Bei echten Störungen, vor allem an verfahrenstechnischen Komponenten, ist dagegen die durchschnittliche Stillstandsdauer bei Kernkraftwerken deutlich höher als bei konventionellen Anlagen. Dies hat im wesentlichen zwei Gründe:

1. Bei Kernkraftwerken werden die Ursachen für Störungen aus Sicherheitsgründen besonders intensiv untersucht. Häufig schalten sich auch die Aufsichtsbehörden ein. Umfangreiche behördliche Überprüfungen, meist durch Gutachter unterstützt, bedingen oft relativ lange Stillstände. Werden systematische Fehler erkannt, so wird eine Inbetriebnahme nur dann genehmigt, wenn nicht nur bei der betroffenen, sondern auch bei weiteren Komponenten gleicher Art Abhilfe geschaffen ist.
2. Reparaturen, vor allem im nuklearen Bereich, finden meist unter erschwerten Bedingungen statt. Die Zugänglichkeit wird durch radioaktive Strahlung begrenzt.

Dazu kommt, daß Kernkraftwerke jährlich etwa 4 Wochen abgeschaltet werden müssen, um verbrauchten Brennstoff zu ersetzen und um Revisions- und Wartungsarbeiten durchzuführen.

Insgesamt betrachtet geben die Betriebserfahrungen keinen Anlaß, die Sicherheit von Kernkraftwerken in Zweifel zu ziehen. Das schließt nicht aus, daß mit zunehmender Erfahrung und auf Grund intensiver Sicherheitsforschung neue Erkenntnisse gewonnen werden können, die zu einer weiteren Erhöhung der Sicherheit führen.

6 Umweltprobleme

L. Koester

6.1 Einleitung

Seit menschliches Leben und Denken sich formte, folgte es bis zum heutigen Tage dem Göttlichen Auftrag: „... Seid fruchtbar und mehret euch und füllet die Erde und machet sie euch untertan ...". Diese Entwicklung über Millionen von Jahren führte unter beständiger Auseinandersetzung und Wechselwirkung mit der Natur zu einer Umgestaltung der Natur in die Umwelt des Menschen. Auf diesem Wege haben unsere Vorfahren uns eine kaum ermeßbare Macht auf dieser Erde und über diese Erde bereitet. Und mit der Vielzahl und der „Übermacht" der Menschen wurden die Eingriffe in die Natur immer drastischer. Dies führte zu irreversiblen Veränderungen und zu nachhaltigen Gestaltungsfehlern.

Vergegenwärtigen wir uns, was trotz aller vermeintlichen Fehler und trotz aller Probleme aus den Quellen der Natur durch menschliches Wirken geschaffen wurde: Lebensmöglichkeit für mehr als 4 Milliarden Menschen, körperliche Bewegungsmöglichkeit über die Horizonte hinaus bis in den extraterrestrischen Raum, Fernsehen (farbig) und Fernhören (hifi) aus jedem Ort der Erde und vom Mond. Verlängerung der menschlichen Lebenszeit, weitgehende „Erlösung" von harter, körperlicher Arbeit und von Gefährdung durch Naturgewalten.

Es ist hier nicht der Platz, die unvorstellbar großen und unbewältigten geistigen und sozialen Probleme zu diskutieren, die mit dem Aufstieg des Könnens und der kollektiven Mächte der Menschheit verbunden sind und die als stärker und bedrohlicher erscheinen können als das Umweltproblem unserer Tage. Hier soll das sachlich zugängliche Umweltproblem an charakteristischen Beispielen, vor allem hinsichtlich der Folgen des großen Energieverbrauchs der Menschheit, betrachtet werden. Im Vordergrund steht dabei die Frage, welche der Veränderungen der Umwelt für die Gemeinschaft und für den einzelnen bedrohlich sind und schädlich werden können. Wie notwendig und wie gefährlich ist das vermeintliche Pulverfaß unserer modernen Technik, auf dem wir leben?

6.2 Bedeutung und Notwendigkeit des Einsatzes von Energie

6.2.1 Energiebedarf

In der griechischen Sagenwelt gibt Prometheus den Menschen das Feuer zurück, das ihnen Zeus entzogen hatte. Zusammen mit dem Feuer aber gab er ihnen eine neue Schöpfung: die Kultur. Durch Nutzung des Feuers als Energiequelle und durch Entwicklung der Kultur wurde der Mensch unabhängiger von den (Natur) Gewalten. Vielleicht deswegen rächte Zeus sich grausam an Prometheus.

Nahrung, Wohnen und Energie sind seit den frühesten Entwicklungsstufen die fundamentalen Bedürfnisse des Menschen. Wie sich in der geschichtlichen Entwicklung die Bedeutung dieser Bedürfnisse verschoben hat, das läßt sich aus dem Diagramm in Bild 6.1 ablesen.

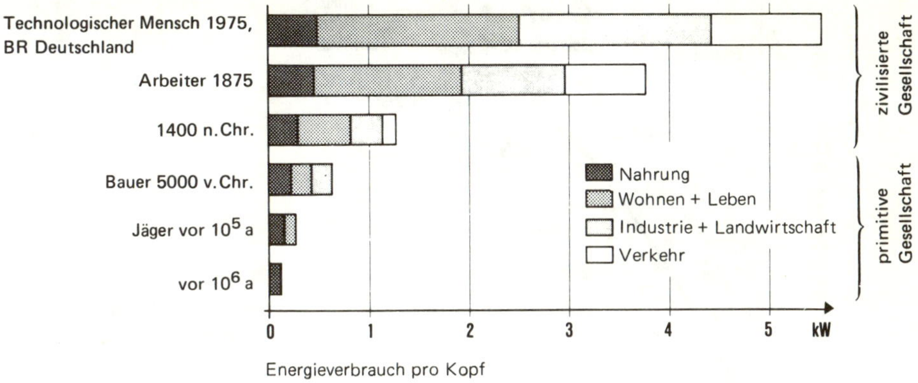

Bild 6.1 Energieverbrauch der Menschen in den verschiedenen Entwicklungsstufen

Solange der Energiebedarf durch die Nahrungsaufnahme allein gedeckt werden konnte, blieb die Anzahl der Menschen klein. Sie lebten als Jäger in primitiven Gesellschaften. Durch zunehmenden Gebrauch von Fremdenergie wurden neue Gebiete bewohnbar, Landwirtschaft konnte betrieben werden. Es entstand die zivilisierte, produzierende Gesellschaft mit einem Fremdleistungsbedarf von mehr als 1 kW pro Mensch (1400 n. Chr.). Je mehr Menschen durch die Fremdleistung von harter körperlicher Arbeit freigestellt werden konnten, um so schneller entwickelten sich u. a. die methodischen Naturwissenschaften, die Technik und auch die Medizin. So wurde schließlich die Welt gestaltet, in der wir leben: so gut und so erfüllbar wie bei keiner Generation vor uns.

In den industrialisierten Gesellschaften wird für diese Lebensqualität eine Fremdleistung von etwa 5 kW pro Angehörigen benötigt. Dagegen verschwindet die körperliche Leistungsfähigkeit eines Menschen von nicht einmal 0,1 kW. Aus eigener Körperkraft heute leben zu wollen, ist also eine prinzipiell unmögliche Alternative.

6.2.2 Energieverbrauch und Bruttosozialprodukt

Die materiellen Werte, über die eine Gesellschaft von Menschen verfügt und die sie an ihre Mitglieder verteilen kann, bilden die Basis für den Lebensstandard. Diese Basis für den Lebensstandard muß von der Gesellschaft erarbeitet werden. Eine Maßzahl für das Ergebnis aller Arbeit und Produktion ist das spezifische Bruttosozialprodukt (BSP), hier angegeben je Einwohner (EW) und Jahr (a). Das Aufbringen dieses BSPs erfordert den Einsatz von Fremdenergie, berechenbar als Energie je EW und Jahr, also als Fremdleistung (KW) je EW. Sorgfältige und umfangreiche Erhebungen haben gezeigt, daß in den Industriegesellschaften eine lineare Proportion zwischen BSP und Energieverbrauch (Fremdleistung) besteht. Andererseits zeigt auch der Vergleich zwischen den verschiedenen Staaten eine nahezu lineare Korrelation zwischen dem erbrachten BSP und der benötigten Fremdlei-

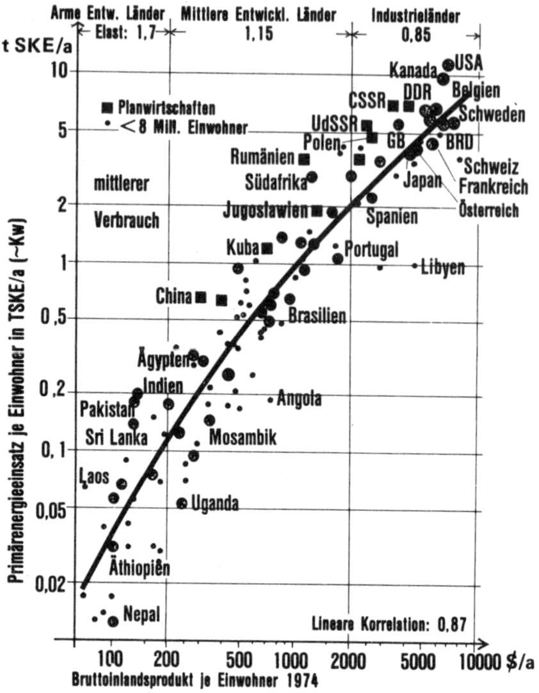

Bild 6.2
Bruttosozialprodukt und Primärenergieeinsatz für verschiedene Staaten (logarithmische Maßstäbe).

stung je EW. Diese Beziehung ist in Bild 6.2 dargestellt. Die Abweichungen von der ausgezeichneten Kurve als Mittelwert sind durch klimatische Unterschiede und durch Verschiedenheiten im Wirtschaftssystem und im Sozialverständnis erklärbar.

Die Darstellung läßt deutlich erkennen, daß mit steigender Produktion in den Entwicklungsländern der Energiebedarf dieser Länder entsprechend ansteigen muß. Dieser Anstieg wird stetig sein, er führt aber letztlich zu einer Erhöhung des Energieverbrauchs auf das 10- bis 100-fache des heutigen Bedarfs dieser Länder. Ein Blick zurück auf Bild 6.1 zeigt auch, daß die Menschen in den Entwicklungsländern durch diese enorme Erhöhung der Fremdleistung erst die 1-kW-Schwelle zur sozial zivilisierten Gesellschaft überschreiten werden.

Deutlich erscheint die Verkettung: Bei einem weltweiten Mangel in der Energieversorgung werden die Chancen der Entwicklungsländer zunichte gemacht und in den hochindustrialisierten Ländern wird der Lebensstandard sinken. Wer den Mangel in Kauf nimmt oder das Wachstum ablehnt, der muß mit entsetzlichen Verteilungskämpfen rechnen.

6.2.3 Der soziale Ertrag des Energieeinsatzes

In den bisherigen Ausführungen ist angeklungen, daß zwischen dem Energieeinsatz, dem erarbeiteten Bruttosozialprodukt und dem Lebensstandard eine Beziehung besteht, die über das materielle Wohl hinausgeht. Wohlstand und Technik bieten neue Dimensionen der Freiheit und des Erlebens, führen aber auch in steigendem Maße zum totalen

Scheitern von Menschen, deren Schicksal in einem umgrenzten, überschaubaren und glaubbaren Entfaltungsraum möglicherweise glücklicher verlaufen wäre.

Die Auswertung weltweiter Statistiken zeigt neben dem geschilderten Zusammenhang zwischen Energieverbrauch und BSP auch deutliche Korrelationen zur mittleren Lebenserwartung (LEW), zum Anteil der Studenten an der Bevölkerung (STD) und zur Anzahl der Selbstmorde (SM). Die in der Tabelle 6.1 zusammengestellten statistischen Daten vermitteln einen starken Eindruck davon, wie eng das Ansteigen der genannten Größen mit dem Anstieg des BSP also auch mit dem des Energieverbrauchs gekoppelt ist.

Die Aussagekraft solcher Statistik hat ihre Grenzen. Sie erlaubt aber mindestens die Aussage, daß ihr keinerlei Argumente für die Behauptung zu entnehmen sind, ein weiterer Fortschritt würde der Menschheit letztlich nur Unheil bringen. Mithin darf, muß sogar, die weiterhin steigende Entwicklung der Menschheit ins Auge gefaßt werden, wobei ausgeschlossen werden soll, daß sich die Menschheit durch Irrsinn und Hetze in einen globalen Selbstmord treiben läßt.

Tabelle 6.1

BSP		PE		LEW		STD		SM	
je EW und a	relativer Anstieg β	Watt je EW	relativer Anstieg π	Jahre	relativer Anstieg λ	je 10^5 EW und a	relativer Anstieg σ	je 10^6 EW und a	relativer Anstieg τ
100	0,66	35	0,51	40	0,66	30	0,53	–	
1000	1	1000	1	60	1	600	1	400	1
2000	1,1	2000	1,1	67	1,11	1000	1,08	800	1,11
5000	1,23	5000	1,23	72	1,2	1700	1,16	1300	1,2
8000	1,30	7000	1,28	75	1,25	2000	1,19	1800	1,25

$$\frac{\ln \text{BSP}}{\ln 1000} = \beta; \quad \frac{\ln \text{PE(BSP)}}{\ln \text{PE}(1000)} = \pi; \quad \frac{\text{LEW(BSP)}}{\text{LEW}(1000)} = \lambda; \quad \frac{\ln \text{STD(BSP)}}{\ln \text{STD}(1000)} = \mu; \quad \frac{\ln \text{SM(BSP)}}{\ln \text{SM}(1000)} = \tau$$

6.2.4 Prognose des Wachstums

Die Menschheit hat sich in der Frühzeit der Geschichte nur langsam vermehrt. So lebten um 6000 v. Chr. nur etwa $10 \cdot 10^6$ Menschen auf der Erde. Zur Zeit von Christi Geburt waren es etwa $250 \cdot 10^6$ Menschen und um 1650 n. Chr. erst $500 \cdot 10^6$ Menschen. Zu dieser Zeit betrug die Wachstumsrate nur 0,3 %. Im Jahr 1930 gab es bereits $2 \cdot 10^9$ Menschen, 1970 schon $3{,}59 \cdot 10^9$ und 1975 $3{,}92 \cdot 10^9$. Heute wächst die Menschheit mit einer Vermehrungsrate von etwa 1,9 % je Jahr, was einer Verdopplungszeit von 37 Jahren entspricht.

In den Industriestaaten ist in den vergangenen Jahren der rasante Anstieg der Bevölkerungszahl drastisch zurückgegangen. Hierfür gibt es eine Reihe von Gründen, zu denen das Wohlstandsdenken, die Leichtigkeit der Geburtenkontrolle sowie Bildungseinflüsse und ein verändertes Sozialverhalten zu zählen sind.[1]) In dem Maße, in dem diese Verhaltensweisen und Lebenseinstellungen von den Entwicklungsländern übernommen werden, wird

---

1) *M. Grathwohl,* Energieversorgung; Ressourcen, Technologien, Perspektiven. de Gruyter, Berlin, New-York 1978

auch die Steigerungsrate der Erdbevölkerung zurückgehen. Entsprechend prognostizieren UN-Studien und H. Kahn[2]) eine Verlangsamung des Wachstums, die in den Jahren um 1980 einsetzen soll. Sie führt in den Prognosen zu einem Sättigungsstand der Weltbevölkerung zwischen $10 \cdot 10^9$ und $16 \cdot 10^9$ Menschen, der etwa im Jahr 2075 erreicht sein sollte.

Eingeschlossen in den Prognosen ist ein begleitender Anstieg des Lebensstandards aller Menschen, für den im Mittel pro Kopf der Weltbevölkerung eine Fremdleistung von etwa 6 kW bereitgestellt werden muß (siehe auch Bild 6.1). Das führt zu einer prognostizierten Entwicklung des Weltbedarfs an Primärenergie, die in Tabelle 6.2 aufgezeigt ist.

Tabelle 6.2: Voraussichtliche Entwicklung der Erdbevölkerung (EB), des Brutto-Weltprodukts pro Kopf (BWP/K) und des Bedarfs an Primärenergie (in Q/a)

Jahr	EB Mrd.	davon 3. Welt	BWP/K $	Q/a	kummulativer Verbrauch Q (seit 1975)	
1975	4,0	65 %	1300	0,25		
1985	5,0		1700	0,35	3	
2000	6,6	77 %	2600	0,60[1])	10	
2025	9,3		5600	1,20	30	} 210 Q in 100 Jahren (30–240)
2076	14,6	84 %	10400	2,40	115	
2126	15,0		15200	3,20	240	
2176	15,0		20000	3,60	400	

[1]) darin 0,03 Q Sonnenenergie

Als Energieeinheit in einen globalen Maßstab hat sich international die Größe Q eingebürgert, die auch in der Tabelle 6.2 verwendet wird:

$$1\ Q \mathrel{\hat{=}} 3{,}62 \cdot 10^{10}\ \text{t SKE (Tonnen Steinkohleeinheiten)},$$

$$1\ Q = 1{,}05506 \cdot 10^{21}\ J = 2{,}93 \cdot 10^{14}\ kWh = 3{,}34 \cdot 10^{7}\ MWa.$$

Die hier wiedergegebene Prognose über die Entwicklung der Menschheit basiert auf der Analyse normaler Zustände und normaler Entwicklung. Andere, vorstellbare technische und geistige Entwicklungen würden zu einem anderen Ergebnis führen. Differenzierende Studien der Vereinten Nationen (UN) ergaben, daß im Jahre 2076 das Bevölkerungswachstum bei $12{,}3 \cdot 10^9$ Menschen zum Stehen kommen sollte. Der größte Erwartungswert liegt bei $16 \cdot 10^9$, der niedrigste bei $9{,}8 \cdot 10^9$ Menschen. Es kann auch ganz anders kommen. Dann allerdings müssen wir fragen, ob die Entwicklung eine gute im Sinne unserer abendländischen Wertvorstellungen sein kann.

Da neue, verändernde Ideen für ihre Entwicklung Jahrzehnte und ebenso lange Zeiten für ihre Verwirklichung erfordern, darf heute die Prognose für die nächsten 50 Jahre als reelle Grundlage der Planung angenommen werden. In den 5 Jahrzehnten von 1975 bis 2025 wird die Menschheit eine Primärenergie von etwa 30 Q verbrauchen. Für das dann folgende Jahrhundert ist mit einem Verbrauch von rund 210 Q und in der niedrigsten Variante von 120 Q zu rechnen.

[2]) *H. Kahn,* Vor uns die guten Jahre. Verlag Fritz Molden, Wien – München – Zürich – Innsbruck 1977

6.2.5 Grenzen des Energieverbrauchs

a) Energievorräte

Die enorme Größe des Bedarfs an Primärenergie in den kommenden Jahrzehnten provoziert eine Unzahl von Fragen, die aus allen Lebens- und Gedankenbereichen, von der Logistik bis zur Ideologie, hervorgehen. Fundamental sind hier die Fragen nach den Energievorräten der Erde, nach den benötigten Massen an Energieträgern und damit die Frage nach dem Massentransport.

An erster Stelle ist das Problem der Energiereserven der Erde zu betrachten. Im vergangenen Jahrzehnt wurde diese Frage mit sehr großem Aufwand international von Behörden, wissenschaftlichen Organisationen und von der Industrie bearbeitet, so daß wir heute einen guten Überblick über die Energiereserven haben. Wichtige Ergebnisse sind in der Tabelle 6.3 zusammengestellt. Sie enthält Angaben über die heute bekannten und wirtschaftlich gewinnbaren Vorräte sowie über die vermuteten Vorräte, die voraussichtlich auf wirtschaftliche Weise gefördert werden können. Ein Vergleich dieser Daten mit der „sicheren" Vorausschätzung der Prognose in Tabelle 6.2 führt zu der alarmierenden Feststellung, daß die bekannten Erdöl- und Erdgas-Vorräte schon vor dem Ablauf der nächsten 20 Jahre ausgebeutet sein werden. Je stärker die vermuteten Reserven angegriffen werden, um so schneller steigen wohl auch Förderkosten und Preise. Ein Ausweichen auf Steinkohle und Braunkohle ist wegen der Umweltprobleme, die später aufgezeigt werden, und wegen ihrer Bedeutung als Rohstoff für die chemische Industrie nur bedingt möglich. Auf lange Zeit gesehen, reichen auch diese Vorräte nicht, um die Primärenergieversorgung sicherzustellen. Kurzfristig, das heißt in den nächsten Jahren, bleibt als einzige Möglichkeit die verstärkte Nutzung der vorhandenen Technik zur Umwandlung von Kernenergie in elektrische Energie und in Wärme. Regenerative Energiequellen mit einem nennenswerten Potential sind in Tabelle 6.3 mit aufgeführt. Auch ihre Nutzung wird erst in etwa 20 Jahren soweit ausge-

Tabelle 6.3: Energiereserven der Erde

Energieträger	Primärenergie in Q, aus der Erdkruste wirtschaftlich gewinnbar:		
	bekannte Vorräte		bekannt und vermutet
Erdöl + Erdgas + Ölsand + Ölschiefer	5,2[1]		40
Steinkohle + Braunkohle	18[1]		mit Torf: 51
Uran	thermischer Reaktor:	4,2	40
	Brutreaktor:	250	2400
Thorium	thermischer Reaktor:	3	7
	Brutreaktor:	180	420
^{6}Li für (D, T)-Fusion		150	1000 ... 13000
Gezeiten	max. 0,09 Q/a		–
Erdwärme	max. 0,96 Q/a		–
Sonneneinstrahlung total absorbiert	3500 Q/a		–

[1]) Energieversorgung-Daten und Fakten, Hauptberatungsstelle für Elektrizitätsanwendung e.V. – HEA – Energie-Verlag GmbH, Heidelberg 1978. Stand Anfang 1977. Alle übrigen Daten können Referenz[1]) auf S. entnommen werden.

baut sein, daß sie einen begrenzten Beitrag zur Energieversorgung leisten können. In amerikanischen Studien wird für das Jahr 2000 in Aussicht gestellt, daß etwa 5 % des Weltenergiebedarfs mit Hilfe der Sonnenenergie gedeckt werden können.

Die Lücke in der Energieversorgung, die Anfang des kommenden Jahrhunderts bedrohlich wird, läßt sich aller Wahrscheinlichkeit nach nur mit Hilfe der Kernenergie füllen. Noch ist es sehr fraglich, ob dann die Wasserstoff-Fusions-Reaktoren zur Verfügung stehen werden, an deren Entwicklung weltweit bereits seit mehr als 20 Jahren gearbeitet wird. Andererseits wird über schnelle Brutreaktoren verfügt werden können, deren Technik heute schon industriell beherrscht wird. Mit ihnen erschließt sich eine Energiereserve, die auf undenkbar lange Zeit den Energiebedarf der Menschheit decken kann. Die Umweltproblematik der globalen Energienutzung soll daher im Vergleich von Verbrennungsprozessen mit der Kernenergie-Nutzung behandelt werden.

Eine schnelle und vergleichende Übersicht über das umweltrelevante Mengenproblem ermöglicht die folgende Zusammenstellung der Energieinhalte der verschiedenen Energieträger. Angegeben sind die Wärmemengen (in kWh), die aus der Masse 1 kg des Energieträgers durch vollständige Spaltung, Fusion oder Verbrennung gewonnen werden können:

1 kg Uran-235	23 000 000 kWh
1 kg schwerer Wasserstoff	92 000 000 kWh
1 kg Steinkohle	8 kWh
1 kg Erdöl	12 kWh

Der Energieinhalt von 1 kg Steinkohle wird in der Energiewirtschaft häufig als Maßgröße genutzt: 1 kg SKE = 29,3 MJ = 8,14 kWh.

b) *Die Solargrenze*

Die Erde steht im thermodynamischem Gleichgewicht mit ihrer Umgebung, dem Weltall. Sie wird von der Sonne mit einer Leistung von $1{,}78 \cdot 10^{14}$ kW ($\hat{=}$ 5280 Q/a) bestrahlt und gibt dieselbe Leistung nach außen in den Weltraum ab, wobei etwa 33 % der eingestrahlten Leistung direkt reflektiert werden. Weitere 45 % werden im Oberflächensystem der Erde in (Niedertemperatur) Wärme umgesetzt und als Wärmestrahlung abgestrahlt. Die restlichen 23 % gehen in den physikalischen und biochemischen Kreislauf der Erde und werden dabei nach mehr oder weniger langen Zeiträumen letztlich in Wärme umgewandelt, die wieder abgestrahlt wird. Die „Oberflächentemperatur" des Systems Erde/Atmosphäre stellt sich dadurch ein, daß die absorbierte Strahlungsleistung von $S_a = 1{,}19 \cdot 10^{14}$ kW = 3520 Q/a mit derselben Leistung S wieder abgegeben wird. Die Abstrahlung folgt dem Stefan-Boltzmann-Gesetz für einen schwarzen Körper mit einer absoluten Temperatur T (in K) $S = \sigma T^4$. Die Konstante des Strahlungsgesetzes, die Stefan-Boltzmann-Konstante, ist $\sigma = 5{,}7 \cdot 10^{-8}\ \mathrm{W\,m^{-2}\,K^{-4}}$.

Wird auf der Erde eine Leistung dS zusätzlich freigesetzt, so führt das zu einer Verschiebung des Gleichgewichts nach höheren Temperaturen: T + dT. Durch Differenzieren des Strahlungsgesetzes folgt

$$\frac{dT}{T} = \frac{dS}{4S}.$$

Eine Erhöhung von S um 1 % bewirkt demnach eine Temperaturerhöhung von $\Delta T = 0{,}75$ K an der Oberfläche des Systems. Da die Erdatmosphäre die direkte Abstrahlung von der Erdoberfläche behindert, wird dort die Temperaturerhöhung größer sein, näherungsweise doppelt so hoch wie an der abstrahlenden Fläche. Es wird demnach überschlagsmäßig angenommen, daß eine künstliche Energiezufuhr von 1 % der absorbierten Sonnenenergie an der Erdoberfläche zu einer Temperaturerhöhung von etwa 1 K führt. Eine Erhöhung von dieser Größe gilt aus klimatologischen Gründen als gerade noch akzeptabel.

Im globalen Maßstab wäre somit eine Primärenergieumwandlung, die unter der Solargrenze von 35 Q/a liegt, ohne globale Umweltschädigung vorstellbar. Die Prognose für das Jahr 2176 (siehe Tabelle 6.2) mit einem Primärenergieumsatz von etwa 3,6 Q/a bleibt weit unter dieser Grenze.

In Ballungsgebieten wie dem Ruhrgebiet liegt die zusätzliche Leistungsflächendichte mit etwa 23 W/m^2 bereits bei 10 % der mittleren Sonnenenergiezufuhr von 232 W/m^2 (bezogen auf die gesamte Erdoberfläche). Hier sind lokale Temperaturerhöhungen wie in Großstädten allgemein zu beobachten.

6.3 Schadstoffe

6.3.1 Industrielle Schadstoffproduktion

Alles das, was unser äußerliches Leben leicht und angenehm macht, was dazu beiträgt, neuen Lebensraum für neue Menschen zu schaffen und eine längere Lebenszeit und Freizeit zu ermöglichen, geht auf handwerkliche und industrielle Produktion zurück, für die außerdem ein großer Teil der Menschheit arbeitet. Die chemische Industrie nimmt hier einen bedeutenden Platz ein. Von ihr werden etwa 60000 verschiedene chemische Verbindungen hergestellt. Hiervon dienen rund 50000 der Herstellung von unzähligen Industrieprodukten, etwa 6000 werden in der Lebensmittelindustrie und zur Arzneimittelherstellung genutzt. 1500 finden Anwendung als Kampfstoffe gegen Insekten, Unkräuter und Schädlinge. Vieles davon erreicht ziemlich unkontrolliert die Umwelt des Menschen[1]). Neben den hochgiftigen Stoffen, wie TCDD (Seveso Unfall) und das Botulinus Toxin, von dem eine Teelöffel-Füllung ausreicht, etwa $140 \cdot 10^6$ Menschen zu töten[2]), werden in großen Mengen chemische Grundstoffe produziert und weiter verarbeitet, die ein unvorstellbar großes Vernichtungspotential enthalten. Als Beispiel hierfür gibt Tabelle 6.4 einige Daten über die jährliche Schadstoffproduktion in den USA. Die Mengenangabe erfolgt in Letaldosen. Diese Zahl zeigt an, wie viele Menschen mit dem produzierten Material getötet werden könnten. Es wird dabei unterschieden, ob die Substanz durch Einatmen oder Verschlucken in den Körper gelangt.

Die Angaben demonstrieren ein scheinbar unbegrenztes Vernichtungspotential, das in der Industrieproduktion enthalten ist. Tatsächlich stellt dieses Pulverfaß der Industrie,

---

1) *L. Rausch*, Strahlenrisiko!? Serie Piper Nr. 194, R. Piper u. Co. Verlag, München 1979. (Diesem vorzüglichen Taschenbuch ist weiteste Verbreitung zu wünschen!)

2) Kernthemen: Faktenpapier, März 1979. Deutsches Atomforum e.V., Heussallee 10, 5300 Bonn 61979

Tabelle 6.4: Jährliche Schadstoffproduktion in den USA in Letaldosen (bei KKW: 100 in Betrieb)

Einatmen	
Chlor	$4 \cdot 10^{14}$
Phosgen	$2 \cdot 10^{13}$
Ammoniak	$6 \cdot 10^{12}$
Cyanwasserstoff	$6 \cdot 10^{12}$
radioaktive Abfälle 10 Jahre alt	$4 \cdot 10^{10}$
radioaktive Abfälle 500 Jahre alt	$1 \cdot 10^{9}$
Verschlucken	
Barium	$9 \cdot 10^{10}$
Arsen	$1 \cdot 10^{10}$
radioaktive Abfälle 10 Jahre alt	$2 \cdot 10^{10}$
radioaktive Abfälle 500 Jahre alt	$3 \cdot 10^{6}$

Quelle: Grümm, Wien 1978

auf dem wir so gut leben, keine ernsthafte Bedrohung dar, denn es ist schlichtweg unmöglich, dieses Faß zu zünden. Es hat seltene, kleine und große Pannen gegeben. Ihr Beitrag zum Lebensrisiko der Menschheit ist aber noch verschwindend klein geblieben. Weit bedrohlicher ist es, wenn die aufgezeigten Daten dazu verleiten, Menschen, besonders jungen Menschen Angst vor Technik und Großindustrie einzuflößen, eine Angst, die in persönliche Lebensangst und in Lebensverachtung münden kann, was auch geschehen ist.

Ein bedenkliches Problem stellt die Verunreinigung der Luft in Industrie- und Ballungsgebieten dar. Die damit verbundene Gesundheitsgefährdung hat in den Jahren seit 1950 schon zu Mortalitätserhöhung und zu chronischen Erkrankungen geführt[1]). Die Gesetzgeber der Industriestaaten versuchen, durch Umweltschutzgesetze, Verordnungen und Richtlinien eine weitere Verschlechterung der Situation zu verhindern und eine Besserung zu erreichen. Hier wird noch sehr viel zu tun sein.

Diese Betrachtungen wurden der Behandlung der Probleme vorangestellt, die mit dem Gebrauch und der Umwandlung von Energie verknüpft sind, um zu zeigen, daß Nutzung von Energie und Industrieproduktion als Umwelt- und Existenzproblem gemeinsam und mit demselben Maßstab betrachtet werden sollen.

6.3.2 Schadstoffe aus Verbrennungsprozessen

Der Primärenergiebedarf der Welt wurde zum Beispiel im Jahre 1976 in Höhe von rund 0,25 Q zu 97 % aus fossilen Energieträgern bestritten. 92 % davon sind durch Verbrennungsprozesse für Haushalt (Verbrauch in der Bundesrepublik 29 %), Industrie (27 %) und Verkehr (12 %) nutzbar gemacht worden. Weltweit wurden hierbei riesige Mengen von Sauerstoff verbraucht und Verbrennungsprodukte freigesetzt. Diese Verbrennungsprodukte wirken auf Mensch und Natur generell als Schadstoffe, einmal gezielt auf Mensch, Tier und Pflanzen, zum anderen als Störung des natürlichen Gleichgewichtes des Erde-Atmosphäre Systems.

---

1) *H.-W. Schlipköter, R. Dolgner,* Gesundheitsgefährdung durch Verunreinigung der Luft. Sonderheft der atw, Verlag Handelsblatt GmbH, Düsseldorf 1971.

In der Bundesrepublik werden etwa 25 % der verbrauchten fossilen Energieträger im Jahr in Verbrennungskraftwerken in elektrischen Strom umgewandelt. Dieser große Anteil an der Umweltbelastung kann prinzipiell durch Verwendung umweltfreundlicher Energie erheblich vermindert werden.

a) *Umweltbelastung durch Verbrennungskraftwerke*

Verbrennungskraftwerke arbeiten nach dem thermodynamischen Prinzip mit einem Wasser-Dampf-Kreislauf. Der Brennstoff Steinkohle, Braunkohle, Erdöl oder Erdgas wird in einer Kesselanlage verbrannt, wodurch aus Wasser heißer Wasserdampf mit einer Temperatur um 550 °C und unter hohem Druck entsteht. Dieser Dampf treibt eine Turbine mit angeschlossenem Generator. Nach Austritt aus der Turbine wird der entspannte Dampf durch Kühlung in einem Kondensator wieder in Wasser verwandelt, das als Speisewasser in das Kesselsystem zurückfließt. Ein sehr vereinfachtes Schema eines solchen Kraftwerks und seiner Emission ist in Bild 6.3 dargestellt.

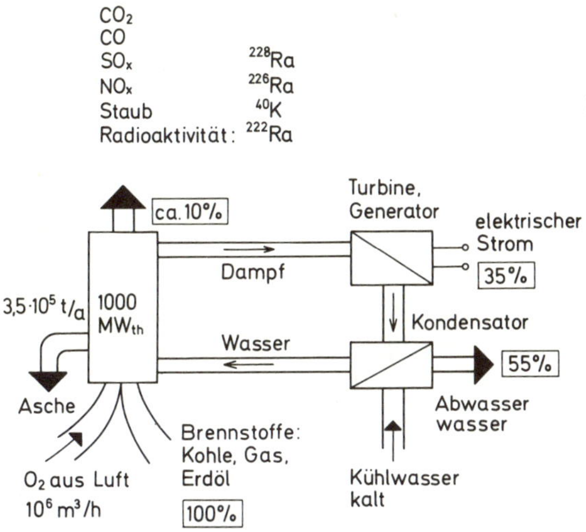

Bild 6.3
Schema eines Verbrennungskraftwerkes und der Emissionen

Nach den im Bild 6.3 vermerkten Daten über den Wirkungsgrad der Anlage werden rund 35 % (bis 40 %) der eingesetzten Primärenergie in das Produkt elektrische Energie umgewandelt. Die restlichen 65 % der Primärenergie sind unvermeidliche Verluste, die mit dem Kühlwasser (55 %) und über das Abgas (bis zu 10 %) abgegeben oder für den Betrieb der Anlage benötigt werden. Die Abfuhr der Abwärme großer Kraftwerke ist durch eine Kombination von Naßkühltürmen und Wasserkühlung durch Flußwasser ökologisch zufriedenstellend gelöst worden. Die Auswirkung der Kühltürme, auch auf ihre nahe Umgebung, ist unbedeutend[1]), sie enthält vor allen Dingen keinerlei schädliche Komponenten. Die Nutzung der großen Abwärmemengen ist das Ziel vieler Bemühungen. Die Möglichkeiten sind aber zur Zeit noch ziemlich begrenzt.

---

1) *W. Schikarski,* Konventionelle und nukleare Energieumwandlung – Auswirkungen auf die Umwelt, Atomwirtschaft, Now. 1978. Verlag Handelsblatt GmbH, Düsseldorf 1978.

Bei der Verbrennung der fossilen Energieträger wird Sauerstoff aus der Atmosphäre der Erde verbraucht. Durch eine Verstromung von global 0,05 Q pro Jahr (Prognose für 1990) steht eine elektrische Kraftwerksleistung von etwa $5 \cdot 10^5$ MW zur Verfügung. Um sie zu erzeugen, wird eine Sauerstoffmasse (O_2) von $4 \cdot 10^9$ t pro Jahr verbraucht. Werden alle Verbrennungsprozesse zusammen genommen, dann ist z. B. im Jahr 1976 weltweit die gigantische Masse von $20 \cdot 10^9$ t O_2 zu $28 \cdot 10^9$ t CO_2 mit einem Gehalt von etwa $7 \cdot 10^9$ t Kohlenstoff verbrannt worden.

Würde der prognostizierte gesamte Verbrauch an Primärenergie in Höhe von 400 Q (siehe Tabelle 6.2) bis zum Jahre 2176 durch Verbrennungsprozesse erfolgen und auch erfolgen können, dann wären hierzu etwa $3 \cdot 10^{13}$ t O_2 notwendig. Das sind bereits 3 % der heutigen Sauerstoffmasse von 10^{15} t in der Atmosphäre.

Der Sauerstoff stammt bekanntlich überwiegend aus der Produktion der Biosphäre. Schon heute verbrauchen die USA und die Schweiz mehr Sauerstoff als die Flora dieser Länder produziert. Es wird Aufgabe der kommenden Generationen sein, zu erforschen, wie sich eine Verringerung des Sauerstoffgehalts der Atmosphäre neben den vielen anderen Veränderungen auf die Erde auswirken wird und wo hier die Grenzen liegen.

Einen direkten Beitrag zum Problem der Luftverunreinigung leisten die Schadstoffe, die in der riesig großen Abgasmenge eines Verbrennungskraftwerkes enthalten sind. Die wichtigsten Schadstoffe sind

Schwefeloxide SO_x (insbesondere SO_2),
Stickoxide NO_x,
Kohlenmonoxid,
Kohlenwasserstoffe $C_x H_y$,
Staub.

Daneben werden radioaktive Stoffe, Kohlendioxid und Wasserdampf freigesetzt, die toxikologisch unbedeutend sind. Kohlendioxid und Wasserdampf beeinflussen jedoch den Wärmehaushalt der Atmosphäre. Die radioaktiven Emissionen werden aufgeführt, weil sie die einzigen luftgetragenen Schadstoffe sind, die auch aus Kernkraftwerken entwichen.

Typische Daten für die Umweltbelastung durch Verbrennungskraftwerke sind in der Tabelle 6.5 zusammengestellt. Sie gelten jeweils für eine elektrische Leistungseinheit von 1 MW und für eine Betriebszeit von einem Jahr. Die Werte sind natürlich nur Richtwerte, manche können von Anlage zu Anlage stark verschieden sein. Die Tabelle enthält auch die Vergleichsdaten für Kernkraftwerke, über die später berichtet wird.

Rauchgasentschwefelung und Entstaubung der Abgase von Verbrennungskraftwerken erfordern sehr große Investitionen und Betriebskosten, die bis zu 25 % des Strompreises ausmachen. Beide Verfahren arbeiten nicht vollständig. Beim Entstauben gelangen die Staubteilchen mit Durchmessern $< 3\ \mu m$ in die Umwelt. Gerade diese Teilchen bilden als Aerosole Schadstoffträger, die durch die Atmung vom Menschen aufgenommen werden können.

b) *Schadstoffbilanz der Bundesrepublik (1976)*

Verbrennungskraftwerke zur Stromerzeugung tragen zur gesamten Schadstoffemission bei der fossilen Primärenergieumwandlung in der Bundesrepublik nur rund 16 % bei. Wie aus der Tabelle 6.6 hervorgeht, wird fast die Hälfte der Umweltbelastung durch Kraftfahrzeuge, Eisenbahnen und Flugzeuge verursacht. Haushalte und Industrie (ohne

Kraftwerke) liefern jeweils etwa gleiche Anteile wie die Kraftwerke. Der Überblick über die Schadstoffproduktion zeigt deutlich, daß das Hauptproblem in der Bundesrepublik auf dem Verkehrssektor liegt. Die Schadstoffproduktion ist nur eine Seite dieses Problems. Zerstörung des Bodens, Beeinflussung des ökologischen Gleichgewichts und Lärmerzeugung

Tabelle 6.5: Umweltbelastung durch Kraftwerke pro Jahr und MW elektrische Leistung. Angenommener Wirkungsgrad: 33 %

Umweltbeeinflussung		Kohlekraftwerke	Ölkraftwerke	Kernkraftwerke
gasförmig:				
O_2-Verbrauch	10^3 t	8	8	–
CO_2-Abgabe	10^3 t	10	10	–
SO_x-Abgabe	t	140	55	–
NO_x-Abgabe	t	20	20	–
CO-Abgabe	t	0,5	0,01	–
Staubabgabe	t	5	0,7	–
C_xH_y-Abgabe	t	0,2	0,7	–
^{226}Ra-Abgabe	μ Ci	13	0,15	–
Edelgasabgabe	Ci	–	–	25
flüssig:				
Spaltprodukte	m Ci	–	–	2
^3H (Tritium)	Ci	–	–	1,2
Wärme	MWa	1,7	1,7	2,0
feste Abfälle				
Asche (10 %)	kg	350 000	–	–
Spaltprodukte	kg	–	–	1,1
Luftbedarf:				
Verbrennung	10^6 m^3	29	29	–
Abgase	10^6 m^3	180 000	73 000	0,08
Wasserbedarf:				
Kühlung	10^6 m^3	5,5	5,5	7,5
radioaktive Abwasser	10^6 m^3	–	–	0,09
Platzbedarf	m^2/MW	15	15	10

Tabelle 6.6: Schadstoffe bei der fossilen Primärenergieumwandlung in der Bundesrepublik im Jahr 1976 (in Mio. t/Jahr)

Verbraucher Verursacher	SO_2	CO	NO_x	C_nH_m	Staub	Summe der Schadstoffe	Anteil %
Kraftwerke	1,96	0,01	0,41	0,01	0,2	2,59	16,1
Haushalte Kleinverbreucher	0,86	0,56	0,16	0,12	1,01	2,71	16,9
Nichtenerg. Industrie Energieumsatz Industrie	1,85	0,15	0,50	0,20	0,30	3,0	18,7
Verkehr	0,12	5,4	1,32	0,8	0,09	7,73	48,3
Summe	4,79	6,12	2,39	1,13	1,6	16,03	100

durch ein immenses Straßensystem sind eine andere Seite. Wer diese ernsten Probleme nicht sehen will, darf keinesfalls den Anspruch erheben, für den Umweltschutz gerade dort kämpfen zu müssen, wo die Umweltbelastung so verschwindend gering ist wie bei der Nutzung der Kernenergie.

6.3.3 Umweltschäden durch Schwefel- und Stickoxide

Bei der Verbrennung von Öl und insbesondere von Kohle werden erhebliche Mengen von Schwefeloxiden erzeugt. Ein Großkraftwerk kann innerhalb eines Tages bis zu 500 t SO_2 abgeben. Durch eine weitere Steigerung der Kohleverbrennung werden letztlich weltweit SO_2-Mengen freigesetzt, die den SO_2-Ausstoß der Natur übertreffen können. In der Natur entweicht SO_2 aus Vulkanen, es entsteht bei der Zersetzung von Lebewesen und wird beim Zersprühen von Meereswasser freigesetzt. Bedenklich ist die stark erhöhte SO_2-Konzentration in industriellen Zentren und in Großstädten, wo Konzentrationen bis zum 1 000-fachen der natürlichen Konzentration gemessen wurden, die bei anfälligen Menschen zu einer akuten Lebensgefährdung führen können.

In einem Bericht über Energieerzeugung und Umwelt zeigt H. Grümm[1]) das in Bild 6.4 wiedergegebene Diagramm, das einen deutlichen Eindruck von der Schädlichkeit des SO_2 vermittelt. Neben den akuten Gesundheitsschädigungen durch SO_2 sind Hinweise auf mutagene Wirkungen gefunden worden.

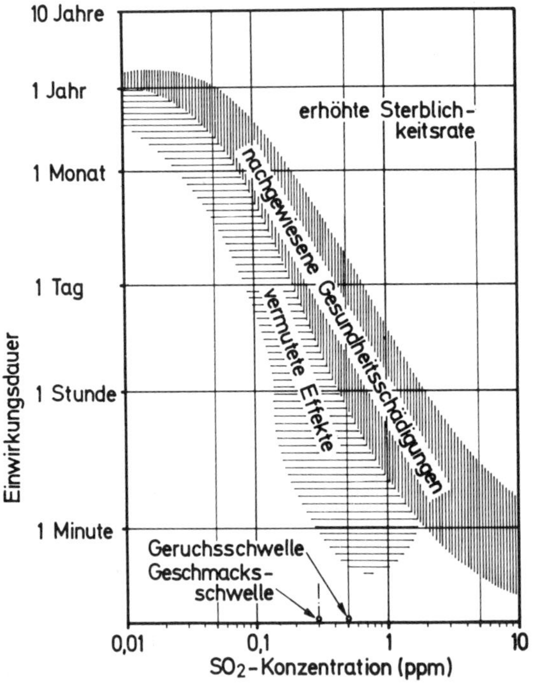

Bild 6.4
Auswirkungen von SO_2 in der Atemluft auf die Gesundheit[1])

[1]) *H. Grümm,* Energieerzeugung und Umwelt. Sonderheft der atw, Verlag Handelsblatt GmbH, Düsseldorf 1971.

SO_2-Gas und auch Stickoxide bilden mit Luftfeuchtigkeit an Aerosolen Säuremoleküle und führen so zu einem merklichen Säuregrad des Regenwassers. Eine Folge ist ein Eingriff in das Ökosystem der Gewässer, in denen verschiedene Wassertiere durch einen höheren Säuregehalt bedroht werden. Bekannt sind auch die technischen Schäden, insbesondere die Schäden an alten Bauwerken, die bis zur Vernichtung unwiderbringbarer Kunstwerke führen können.

Auch in der Atmosphäre zeigen sich Wirkungen der Verunreinigungen. Hier wirkt NO_2 als ein starker Absorber für die ultraviolette Strahlung. Außerdem trägt es durch photochemische Reaktionen zur Smogbildung bei.

6.3.4 Das CO_2-Klimaproblem

In diesem Kapitel ist mehrfach darauf aufmerksam gemacht worden, daß bei der Verbrennung fossiler Energieträger, also zur Zeit in 97 % der weltweiten Verwendung von Primärenergie, gigantische Mengen von Kohlenstoff aus den fossilen Lagerstätten in die Erdatmosphäre befördert werden. Seit dem Jahre 1870 sind auf diese Weise rund $200 \cdot 10^9$ t Kohlenstoff als CO_2 in die Atmosphäre gelangt. Würden die fossilen Energiereserven von etwa 100 Q vollständig verbrannt werden, dann kämen noch einmal rund $3000 \cdot 10^9$ t Kohlenstoff als CO_2 dazu. Das ist mehr als das Vierfache der augenblicklichen Kohlenstoffmenge von $700 \cdot 10^9$ t in der Atmosphäre. Gäbe es keinen Kohlenstoffzyklus auf der Erde, dann würde durch die Wärmeisolation der Atmosphäre infolge des stark erhöhten CO_2-Gehaltes die Temperatur soweit ansteigen, daß alles Leben zugrunde gehen müßte.

In der Entwicklung der Erde zum bewohnbaren Planeten hat sich ein System von Kreisläufen eingestellt, in denen Kohlenstoff als CO_2 in der Atmosphäre ständig mit Kohlenstoff ausgetauscht wird, der auf der Erde in Pflanzen, Gestein und im Wasser gebunden ist. Ein vereinfachtes Schema der Kohlenstoffkreisläufe zeigt Bild 6.5: Der Kohlenstoff aus der Atmosphäre ist entweder in der Biomasse des Pflanzenwuchses und der Tierwelt oder in den Ozeanen deponiert. Im wesentlichen durch die Aktivität der Biomasse auf dem Lande und in den Meeren wird der gebundene Kohlenstoff über verschiedene Wege mit Durchsatzzeiten bis zu 100 Jahren wieder als CO_2 an die Atmosphäre abgegeben. In einer erdgeschichtlich einmaligen Entwicklungsphase sind dabei die festen und flüssigen fossilen Ablagerungen zurückgeblieben.

Wegen des hohen Gehaltes des Meerwassers an Alkalielementen können beträchtliche Mengen an CO_2 im Meer gelöst werden, von denen ein Teil durch Bildung unlöslicher Karbonate bis hin zu Muschelschalen als Sediment in die Tiefsee absinkt. Diese ist mit

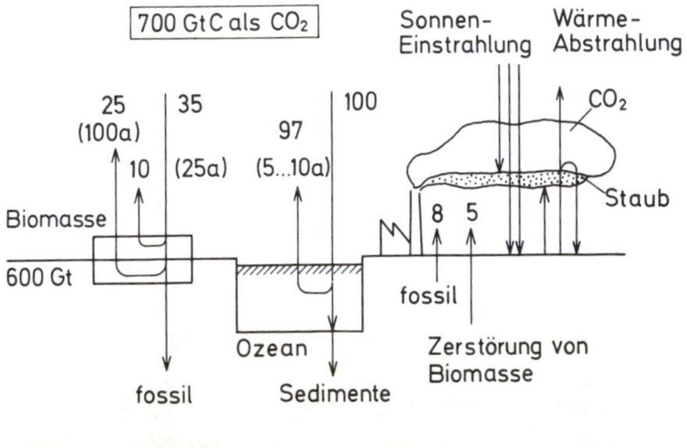

Bild 6.5
Kohlenstoffkreislauf der Erde (Mengenumsatz in Gt/a = 10^9 t/a) in Klammern: Zyklusdauer

Karbonaten sogar untersättigt, so daß sie noch riesige Mengen Kohlenstoff aufnehmen könnte. Das Eindringen des CO_2 in die Tiefe und das Wiederaufsteigen sind jedoch sehr langsame Prozesse. Die Umwälzdauer und damit die Speicherzeit für zusätzlich aufgenommenes CO_2 betragen etwa 1600 Jahre. Das ist lang im Vergleich zu der Zeit, in der das zusätzliche CO_2 durch Verbrennungsprozesse und durch Wald- und Bodenzerstörung auf der Erde freigesetzt wird.

Zur Zeit ist das Ökosystem der Erde in der Lage, jährlich etwa 7 G t Kohlenstoff zusätzlich aufzunehmen, ohne daß dadurch die CO_2-Konzentration der Atmosphäre vergrößert wird. Demgegenüber werden aber durch menschliche Aktivität im Jahr an die 13 G t Kohlenstoff der Atmosphäre zugeführt. Die Folge davon ist ein Anstieg der CO_2-Konzentration in der Luft, der korreliert ist mit dem Anstieg der Nutzung fossiler Energieträger.

Das CO_2 in der Atmosphäre wirkt wie ein Strahlungsfilter, das überwiegend in einer Richtung wirksam ist. Es läßt das von der Sonne kommende kurzwellige Licht durch die Lufthülle auf die Erde treffen, die durch die Absorption der Strahlung erwärmt wird. Die langwellige Wärmestrahlung der Erde, zurück in den Weltraum, wird jedoch von CO_2 in der Atmosphäre nicht durchgelassen und wieder teilweise zur Erde reflektiert. Durch diese Wärmeisolation ist die Erde erst für unser Leben bewohnbar geworden, denn bei unserer Entfernung von der Sonne müßte die Temperatur auf der Erde 30 °C niedriger sein.

Wie der Feinstaubgehalt der Luft, der auch ständig ansteigt, sich auswirkt, ist im einzelnen noch nicht vollständig geklärt. Es gilt jedoch als sicher, daß sich die Erde infolge des steigenden CO_2-Gehaltes der Luft erwärmen wird. Die Energieprognosen für die nächsten 200 Jahre lassen sich somit in Temperaturprognosen umrechnen, wenn die Nutzung fossiler Energieträger so weiter geht wie zu unserer Zeit, wenn also auf die alternative Kernenergie weitgehend verzichtet wird. Das Ergebnis solcher Rechnungen für verschiedene Wachstumsraten ist in Bild 6.6 gezeigt. Bis zum Jahr 2010 dürfte ein globaler Temperaturanstieg von etwa 1 °C erreicht sein, was gerade noch tolerabel ist. Doch danach ist der Weg in die Klimakatastrophe[1]) vermutlich unaufhaltsam. Wir, die jetzt arbeitende und die lernende Generation hinterließen dann den Menschen der Zukunft für viele Jahrhunderte eine veränderte und für ihr Leben erheblich verschlechterte Welt, die sie nicht wieder verbessern, vielleicht nicht einmal werden erhalten können.

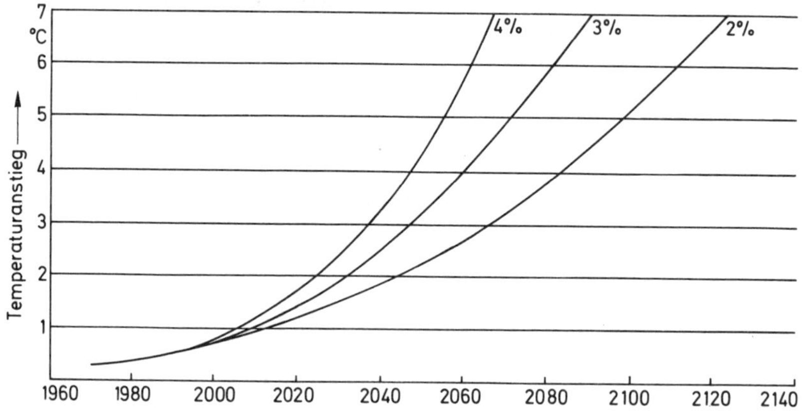

Bild 6.6 Der Weg in die Klimakatastrophe[1]). Die Prozentzahlen entsprechen dem voraussichtlichen jährlichen Anstieg der Energienutzung durch Verbrennungsprozesse

[1]) *E. Deglus, S. Kempe,* Heizen wir unsere Erde auf? Bild der Wissenschaft Nr. 8, 53–58 (1979)

6.4 Belastung durch Umweltstrahlung

6.4.1 Strahlungsmeßgrößen

Zusammen mit dem physikalischen Phänomen der Materie bildet die Strahlung die Grundlage der Existenz der Welt. Strahlung ist ganz allgemein ein Vorgang des Transports von Energie. Sie steht in mannigfaltiger Wechselwirkung mit der Materie, deren Ablauf wesentlich vom Verhältnis der Strahlungsenergie zu charakteristischen Energien der Materie bestimmt wird. Liegt der von der Strahlung betroffene Energiezustand der Materie oberhalb der atomaren Ionisationsenergie, dann führt Absorption von Strahlungsenergie zu möglicherweise tiefgreifenden Veränderungen der atomaren Struktur.

In diesem Sinne kann energiereiche Strahlung als ein Transport von N elementaren Energieträgern beschrieben werden, von denen jeder ein Energiequant transportiert. Die Größe der Energie dieses Quants wird zur Angabe der Strahlungsenergie verwendet. Für die (elektrische neutrale) Photonenstrahlung ist die Strahlungsenergie = h ν (h Plancksche Konstante, ν Frequenz der Strahlung). Für die elektrisch geladene und für die neutrale Teilchenstrahlung ist die kinetische Energie des Strahlungsteilchens das Maß für die Strahlungsenergie.

Energieübertrag von energiereicher Strahlung auf Materie erfolgt ganz überwiegend durch die Coulomb-Wechselwirkung zwischen geladenen Strahlungsteilchen einerseits und den Atomelektronen der Materie andererseits, wobei die betroffenen Atome in den meisten Fällen ionisiert und in seltenen Prozessen nur angeregt werden. Elektrisch ungeladene Strahlungsträger wie Neutronen oder wie die Photonen der harten elektromagnetischen Strahlung übertragen Energie mittels elektrisch geladener Sekundärteilchen, die in Primärprozessen kinetische Energie von der Strahlung übernommen haben. Die Sekundärteilchen der Photonenstrahlung sind stets Elektronen aus dem Photo-, dem Compton- oder dem Paarbildungseffekt. Neutronenstrahlung erzeugt durch Neutron-Atomkern-Stöße geladene Rückstoßkerne oder durch Kernreaktionen geladene Sekundärteilchen, wie z. B. Protonen oder α-Teilchen mit höherer Energie.

Die pro Masseneinheit dm der Materie aufgenommene Strahlungsenergie dE wird als absorbierte Energiedosis, oder kurz als *Energiedosis* D = dE/dm bezeichnet. Die Maßeinheit ist 1 J/kg = 1 Gy (Gray) = 100 rad und 1 rad = 1 cGy (Centigray). Wird in einer Zeit dt die Dosis dD absorbiert, dann ist die

Dosisleistung $\dot{D} = dD/dt$ in Gy/s.

Die biologische Wirkung von Strahlungsabsorption hängt nicht nur von D und $\dot{D}$ (Zeitfaktor!) sondern auch von der Art der Strahlung ab, genauer gesagt von der Art der tatsächlich ionisierenden Teilchenstrahlung. Hier liegt der wesentliche Unterschied in der Masse der Teilchen.

Schwere Strahlungsteilchen wie Protonen, α-Teilchen oder Rückstoßkerne erreichen längs ihrer Bahn (Längenelement dx) in jeweils bestimmten Bereichen niederer Energie sehr hohe Werte für den linearen Energietransfer dE/dx = *LET*. Die Strahlung wirkt dicht ionisierend. Die leichteren Elektronen (Elektron-/Protonenmasse $\approx$ 1/2000) weisen auch im Maximum nur einen viel geringeren linearen Energietransfer auf, sie wirken locker ionisierend.

Radiobiologische Experimente haben gezeigt, daß die biologische Wirkung mit den physikalischen Strahlungsdaten Energiedosis und LET-Wert korreliert ist. Gestützt auf den riesengroßen Erfahrungsschatz der Radiobiologie und der Radiologie konnte jedem LET-Wert ein Qualitätsfaktor Q zugeordnet werden, der eine Verhältniszahl für die biologische Wirkungsfähigkeit der Strahlung hinsichtlich des Strahlenschutzes darstellt.

Strahlung mit LET-Werten bis hinauf zu 3,5 keV/μm (Röntgen- und γ-Strahlung) erhielt den Wert Q = 1. Der größte Qualitätsfaktor Q = 20 wurde den LET-Werten von 200 ... 1 000 keV/μm zugeordnet, die von schwerer Ionenstrahlung oder von schweren Rückstoßkernen hervorgerufen werden. Für die α-Strahlung der natürlich radioaktiven Elemente (und auch von kurzlebigeren radioaktiven Isotopen) wird der Wert Q = 10 angegeben, der dem LET-Intervall von 60 ... 62,5 keV/μm zugeordnet ist.

Mit Hilfe der Qualitätsfaktoren läßt sich nun eine physikalische Dosis angeben, die einer biologischen Wirkung aequivalent ist. Dies ist (für Ganzkörperbestrahlung) die *Aquivalentdosis* $H = D \cdot Q$ in Gy. Die frühere und heute noch gebräuchliche Einheit ist das rem (röntgen equivalent man) mit dem Wert 1 rem = 0,01 Gy = 10 mGy (Milligray).

Im Bereich der für die Umwelt relevanten, sehr niedrigen Dosisleistungen und langen Expositionszeiten existiert eine lineare Beziehung zwischen dem Risiko R_T eines Strahlenschadens am Körperorgan T gemäß:

$$R_T = a_T \cdot \bar{H}_T .$$

Darin ist $R_T = \frac{\text{Anzahl der Schadensfälle}}{\text{Anzahl der bestrahlten Personen}} \cdot H_T$ der räumliche Mittelwert von H über das Organ T und a_T der Risikofaktor R_T/H_T.

Die Risikofaktoren reichen von 5 Schäden pro 10000 bestrahlten Personen und pro Gy für den Schilddrüsenkrebs über $20 \cdot 10^{-4}$/Gy für die Leukämie (Rotes Knochenmark) bis zu $40 \cdot 10^{-4}$/Gy für die Gonadenschädigung. Für das Strahlenrisiko ist es ohne Bedeutung, ob die Strahlung von außen in das Organ oder in den Körper eindringt, oder ob sie von radioaktiven Isotopen stammt, die im Körper oder im Organ vorhanden sind oder aufgenommen wurden.

Etwa 2/3 der Umweltstrahlung, die auf der Erde herrscht, stammt vom Zerfall der natürlich radioaktiven Elemente in der Erdkruste, der Rest wird von der kosmischen Höhenstrahlung geliefert, die an der Erdoberfläche als locker ionisierende Müonen-, Elektronen- und γ-Strahlung einfällt.

Radioaktive Strahlenquellen erzeugen ein Strahlenfeld, dessen Intensität mit Hilfe von Aktivität, Material, Ausdehnung und Konzentration der Quelle bei Kenntnis der Energie der emittierten Strahlung berechnet werden kann. Die Grundgröße der Quellstärke ist die Aktivität, die durch die Anzahl n der radioaktiven Zerfälle pro Zeiteinheit angegeben wird:

$$\text{Aktivität} = \text{Zerfallsrate} = dn/dt$$

$$\text{Maßeinheit } 1 \text{ s}^{-1} = 1 \text{ Bq (Becquerel)}$$

und wie bisher:

$$1 \text{ Ci (Curie)} = 3{,}7 \cdot 10^{10} \text{ s}^{-1} = 37 \text{ GBq}$$

Die Zerfallsrate ist mit der Anzahl n der radioaktiven Kerne durch das Zerfallsgesetz über der Zerfallskonstante λ verknüpft:

$$\frac{dn}{dt} = -\lambda \cdot n(t).$$

Meßtechnisch kann nahezu jeder Zerfallsakt registriert werden, bei dem ein Elektron (β-Zerfall) oder α-Teilchen emittiert wird. Da auch die Messung von Zerfallsraten um 0,1 s^{-1} mit guter Genauigkeit möglich ist, können je nach der Größe von λ, noch einige 100 radioaktive Atome unter etwa 10^{18} nicht radioaktiven Atomen nachgewiesen werden. Dieses Beispiel soll die extrem große Empfindlichkeit zeigen, mit der radioaktive Stoffe verhältnismäßig schnell und zuverlässig ermittelt werden können. Im Gegensatz zu anderen Schadstoffen und Giften sind also radioaktive Stoffe selbst in verschwindend kleiner Konzentration stets und sicher kontrollierbar.

6.4.2 Mittlere Strahlenbelastung der Bevölkerung

Wie schon angedeutet, setzt sich die Strahlenbelastung der Menschen auf der Erde aus der Wirkung der kosmischen Höhenstrahlung und der terrestrischen Strahlung zusammen. Die kosmische Strahlung nimmt mit der Höhe über dem Meeresspiegel zu, die terrestrische Strahlung ist je nach der Zusammensetzung des Erdbodens von Ort zu Ort verschieden. Einen Eindruck von der Größe dieser Unterschiede vermittelt die Darstellung in Bild 6.7 der terrestrischen Dosisbelastung in den Ländern der Bundesrepublik.

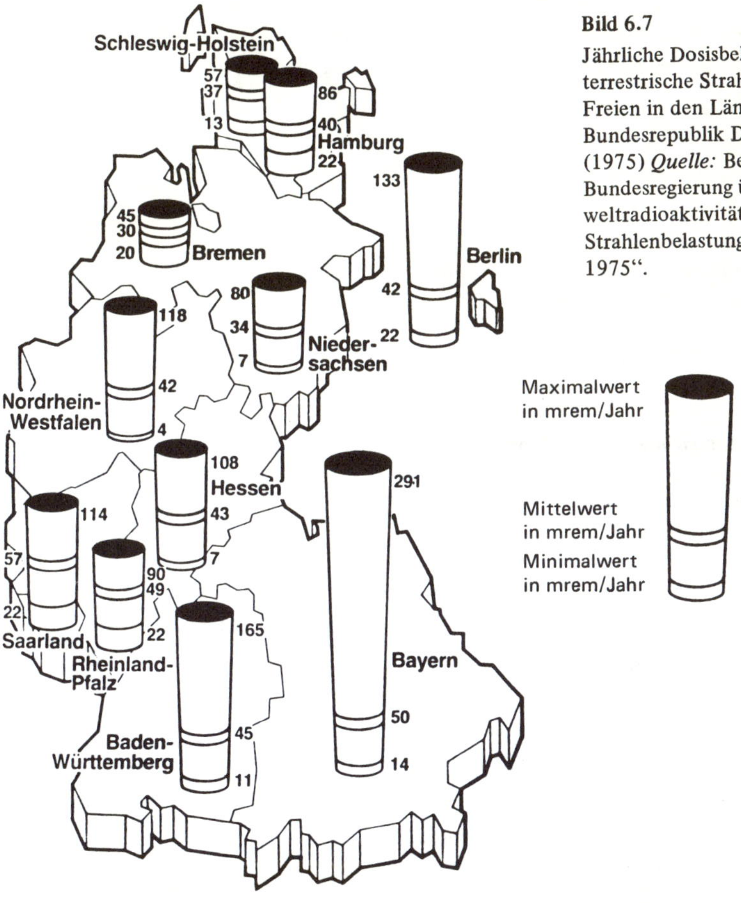

Bild 6.7
Jährliche Dosisbelastung durch terrestrische Strahlung im Freien in den Ländern der Bundesrepublik Deutschland (1975) *Quelle:* Bericht der Bundesregierung über „Umweltradioaktivität und Strahlenbelastung im Jahre 1975“.

Besonders auffallend ist der große Unterschied von 277 mrem/a zwischen dem größten und dem kleinsten Wert in Bayern (bei einem Mittelwert von 50 mrem/a) und der Unterschied von 246 mrem/a zwischen den Maximalwerten von Bayern und Bremen. Über den ganzen Bereich der Differenz zwischen dem Maximalwert von 291 mrem/a in Bayern und dem Minimalwert von 4 mrem/a in Nordrhein/Westfalen läßt die medizinische Statistik der Krebsfälle keine Korrelation zwischen Krebshäufigkeit und terrestrische Strahlenbelastung erkennen. Das gilt auch noch, wenn nicht nur die terrestrische, sondern die gesamte Strahlenbelastung zugrunde gelegt wird.

Neben dem Einwirken der kosmischen und der terrestrischen Strahlung führen eine Reihe natürlicher und zivilisatorischer Strahlenquellen zur Erhöhung der jährlichen Strahlenbelastung. So bringen die radioaktiven Stoffe natürlichen Ursprungs, ^{14}C, ^{40}K und ^{226}Ra, die im menschlichen Körper enthalten sind, einen Beitrag, der mit dem der Höhenstrahlung vergleichbar ist. Dies geht aus der Tabelle 6.7 hervor, in der auch Angaben zur zivilisatorisch bedingten Strahlenbelastung gemacht sind. Hierzu liefert den überhaupt größten gemittelten Beitrag die Röntgendiagnose. Nennenswert ist noch die Belastung im Einzelfall durch die Höhenstrahlung beim Fliegen.

Eine besondere Rolle bei der natürlichen Strahlenbelastung spielt die Inhalation von Radon und seinen Folgeprodukten in der Luft, die vom Uran in der Erdkruste freigesetzt werden. Radon und viele seiner Folgeprodukte sind α-Strahler mit großer biologischer Wirksamkeit (siehe Abschnitt 6.4.1). Sie lagern sich in Luft an Aerosole (Durchmesser

Tabelle 6.7: Mittlere Strahlenexposition des Menschen (ohne Extremwerte)

Strahlung aus natürlichen Quellen	in mrem/a
Kosmische Höhenstrahlung (0-1000 m Höhe)	30–45
Terrestrische Strahlung im Freien (4 Stunden pro Tag)	5–10
Strahlung in Gebäuden (20 Stunden pro Tag)	50–60
Strahlung durch inkorporierte Radionuklide	20–30
	105–145
Strahlung von zivilisatorischen Einrichtungen	
Medizinische Radiologie	10–50
Technische Strahlenquellen	< 1
Industrieprodukte	< 1– 2
Kosmische Strahlung im Flugzeug (Flughöhe 10000 m, 0-10 Flüge pro Jahr)	0–40
	10–92
Fall-out von Kernwaffenversuchen	
Bestrahlung von außen	< 1
Bestrahlung durch inkorporierte Radionuklide	< 1
Strahlenbelastung durch Kerntechnik	< 1
Mittlere Strahlenexposition eines Menschen in der BRD:	120 bis 240 mrem pro Jahr
Mittelwert nach dem 3. Bericht der Bundesregierung über „Umweltradioaktivität und Strahlenbelastung" im Jahre 1976:	170 mrem pro Jahr

0,08 ... 0,2 μm) an und gelangen mit diesen bei der Atmung in die Bronchien, in denen sie teilweise abgeschieden werden und eine Strahlenbelastung des Organs von 120 mrem/a hervorrufen.

6.4.3 Kurzzeitbestrahlung und hohe Dosen

Die Strahlenanwendung in der Medizin erfolgt in der Regel bei hohen Dosisleistungen und kurzen Expositionszeiten. Die Dosisleistungen bei der Röntgendiagnostik liegen beispielsweise um $\dot{D} \approx 1$ Gy/s (= 100 rad/s) mit Expositionszeiten von rund 0,1 s. Dabei erfordert eine Lungenaufnahme eine Strahldosis von etwa 2 ... 5 mGy (0,1 ... 0,5 rad), eine Magenaufnahme von 15 ... 30 mGy (1,5 ... 3,0 rad) und eine Zahnaufnahme von 35 ... 50 mGy (3,5 ... 5,0 rad). Bei Röntgendurchleuchtungen werden je Minute etwa 150 ... 200 mGy (15 ... 20 rad) appliziert, wobei Gesamtdurchleuchtungszeiten bis 10 Minuten nicht außergewöhnlich waren. In der Strahlentherapie werden krankhafte Organe mit Äquivalentdosen bis 200 Gy (20 000 rem) bestrahlt.

Bei den genannten Applikationen hoher Dosen handelt es sich um Teilkörper- oder Organ-Bestrahlungen. Die für den Menschen hierbei erträglichen Dosen sind um ein Vielfaches größer als bei einer Ganzkörperbestrahlung. Hier liegt die untere Grenze für den Nachweis einer Strahlenwirkung (vorübergehende Veränderung im Blutbild) bei einer Kurzzeitbestrahlung mit etwa 0,3 Gy (30 rem). Ausheilende Krankheitserscheinungen mit Halsschmerzen, Durchfall und Haarausfall treten nach Einwirkungen im Dosisbereich von 1 ... 4 Gy (100 ... 400 rem) auf. Nach einer Kurzzeitdosis von rund 6 Gy (600 rem) stirbt die Hälfte der bestrahlten Menschen nach einigen Wochen an der Strahlenkrankheit. Mit 50 Gy (5 000 rem) ist schließlich eine Dosis erreicht, nach der alle Exponierten innerhalb einer Woche sterben.

Die Darstellung in Bild 6.8 vermittelt einen vereinfachten Überblick über die somatische Strahlenwirkung und über den Dosisbereich der Strahlenanwendung am Menschen. Es ist zu erkennen, daß nur bei der Röntgendiagnostik in Sonderfällen Organdosen erreicht

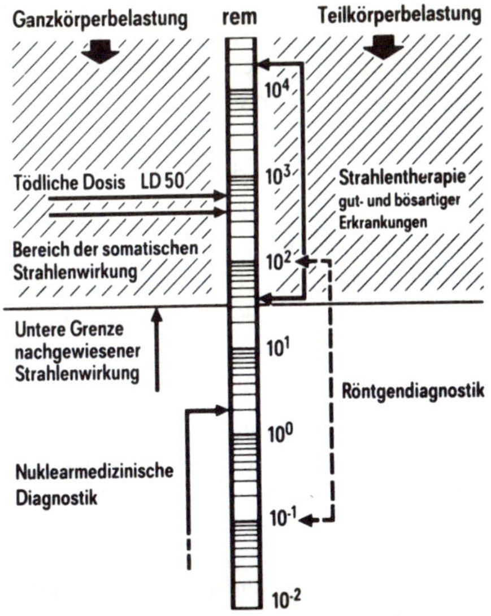

Bild 6.8
Somatische Strahlenwirkung und Sosisbereich der Strahlenanwendung am Menschen.
Quelle: Bundesgesundheitsamt BGA 73.3

werden, die als Ganzkörperdosen gegeben, zu somatischen Wirkungen geführt hätten. Die enorm umfangreiche Erfahrung auf diesem Gebiet zeigt, daß die seit Jahrzehnten vernünftige Anwendung der Röntgendiagnostik zu keinen groben somatischen und genetischen Schäden geführt hat. Auch das berechenbare Risiko für Spätschäden nach einer Röntgendiagnostik liegt weit unterhalb aller Gesundheitsrisiken.

6.4.4 Langzeitexposition und Strahlenschutzverordnung

Die Wirkung einer Strahlenbelastung hängt neben der Höhe der Dosis auch von der Zeit ab, in der die Dosis appliziert wurde. Im allgemeinen ist die Wirkung einer bestimmten Dosis geringer, wenn sie über einen größeren Zeitraum verteilt zur Einwirkung kommt. Entsprechend ist die somatische Wirkung einer einmaligen kurzzeitigen Applikation größer als bei Verabreichung derselben Dosis mit kleinen Einzeldosen verteilt auf eine längere Zeit (Tage). Das gilt auch, wenn die Dosis statt in Einzeldosen (Fraktionierung) kontinuierlich bei niedriger Dosisleistung verabreicht wird. Diese Wirkung des Zeitfaktors wird vornehmlich bei der Einwirkung locker ionisierender Strahlung beobachtet, deren somatische Schäden bis zu bestimmten Dosishöchstwerten heilbar sind.

Im Bereich der Umwelteinflüsse und der beruflichen Strahlenexposition herrschen niedrige Dosisleistungen und Langzeitexposition vor. An einem großen Personenkreis in verschiedenen Erdteilen durchgeführte Untersuchungen haben gezeigt, daß mit einer jährlichen Strahlendosis bis zu 0,02 Gy (2 rem, Kerala, Indien), in 60 Lebensjahren, also mit einer Dosis von 0,12 Gy (120 rem), kein erhöhtes Risiko verbunden ist.

Zu einem beachtenswerten Ergebnis kam eine neuere Studie über Strahlenwirkung auf beruflich exponiertes Personal. Diese Untersuchung erstreckte sich auf das Schicksal von vielen tausend Personen, die zum Teil seit Mitte der 40er Jahre in der Waffenplutonium-Produktion in Hanford, USA, beschäftigt waren. Es wurde ermittelt, wie viele Hanford-Arbeiter je 1000 Personen pro Jahr an Krebs und anderen Todesursachen gestorben sind. Um die Auswirkungen der Strahlendosis erkennen zu können, wurde die Sterberate nach der beruflichen Strahlenbelastung gegliedert. Zum Vergleich wurde dieselbe Statistik für eine vergleichbare Bevölkerungsgruppe mit gleicher Altersstruktur aber ohne berufliche Strahlenexposition erstellt. Dieser Vergleich[1]) zeigt, daß die exponierten Hanford-Arbeiter eine deutlich höhere Lebenserwartung haben nicht nur als der Durchschnitt der Bevölkerung, sondern auch als ihre Verwandten, die als nicht exponierte Arbeiter am Ort tätig waren. Die Vergleichsdaten in Tabelle 6.8 zeigen, daß die Krebsfälle der strahlenexponierten Personen unabhängig von der Dosis im Mittel etwas seltener sind als bei der nicht exponierten Bevölkerungsgruppe. Ganz deutlich geringer ist die Anzahl der sonstigen Todesfälle der exponierten Arbeiter im Vergleich zu den nicht exponierten, was sich auch in der höheren Lebenserwartung ausdrückt. Dieser „Gesunde-Arbeiter-Effekt" ist ein bekanntes Phänomen, das bei Berufsgruppen mit besonderer Gesundheitsüberwachung oder mit hohem Sozialstatus zu beobachten ist. Bemerkenswert ist, daß auch in der Gruppe von ca. 2800 Personen, die eine persönliche Strahlendosis von über 0,05 Gy (5 rem) erhalten haben, keine höhere Sterberate (eher eine niedrigere) festgestellt wurde. In der Bundesrepublik Deutschland unterliegen der Umgang mit radioaktiven Stoffen und der Betrieb von Anlagen, in denen Strahlenfelder auftreten können, der Strahlenschutzverordnung. Sie schreibt Ein-

[1]) *E. Gilbert,* Anhörung des Committee on Interstate and Foreign Commerce, Subcommittee on Health and Environment, Washington, D. C., Februar 1978

Tabelle 6.8: Sterberate beruflich exponierter Arbeiter (Hanford, USA) im Vergleich mit dem nicht exponierten Bevölkerungsteil

Todesfälle je 1000 Personen und Jahr:			
Gruppe	berufliche Dosis	Krebs	alle anderen Ursachen
Hanford-Arbeiter	0 … 2 rem 2 … 5 rem 5 rem	1,7 2,1 1,4	6,1 5,4 5,3
US-Bevölkerung mit gleicher Altersstruktur	0	2,1	8,9

Quelle: KWU, argumente 9. Juli 1979 Nr. 28

zelheiten zum innerbetrieblichen Strahlenschutz vor, in ihr sind die Grenzwerte für die zulässige berufliche Strahlenbelastung, für die Emissionen und auch für die Einwirkung auf die Umgebung, für die Immission, festgelegt. Die seit dem 1.4.1977 gültige Strahlenschutzverordnung enthält gegenüber ihrer Vorgängerin u. a. drei wichtige Änderungen bzw. Ergänzungen:

1. Der Dosisgrenzwert für Einzelpersonen der allgemeinen Bevölkerung beträgt unter Einbeziehung aller Ableitungen aus kerntechnischen Anlagen und sämtlicher Belastungspfade für Bereiche, die nicht Strahlenschutzbereiche sind,

   30 mrem/a bzw. 0,3 mGy

   jeweils für Abluft und Abwasser (Schilddrüse: 90 mrem/a). In der seit 1960 geltenden 1. SSVO lag der Grenzwert bei 500 mrem/a.
2. Die Ganzkörperdosis für beruflich strahlenexponierte Personen beträgt

   maximal 5 rem/a bzw. 50 mGy

3. 5 rem beträgt auch die zulässige Störfalldosis (Auslegungsunfall) für Einzelpersonen in der Umgebung von Kernkraftwerken. Sie ist lediglich für die schwersten der Auslegung zugrunde liegenden denkbaren Störfälle in Betracht zu ziehen, während bei leichteren Störfällen nur die Inanspruchnahme erheblich geringerer Dosen zugelassen ist.

Der Vergleich dieser niedrigen Grenzwerte für die zulässige Strahlendosis mit den vorstehend aufgeführten Beispielen für die Strahlenwirkung zeigt eindrucksvoll, daß das Strahlenrisiko durch die Befolgung der Verordnung so niedrig gehalten wird, daß es im Rahmen aller Lebensrisiken als tatsächlich gegenstandslos vergessen werden kann.

6.5 Kernkraftwerke und Umwelt

6.5.1 Abwärme und Abluft

Kernkraftwerke arbeiten wie die Verbrennungskraftwerke nach dem thermodynamischen Prinzip mit der unvermeidlichen Abwärme, die mit niedriger Temperatur anfällt. Die Abwärmemenge ist durch den thermodynamischen Wirkungsgrad bestimmt, der für die modernen Kernkraftwerke zwischen 33 % und 35 % liegt und der damit unter dem der Verbrennungskraftwerke, ≈ 40 %, bleibt. Die entsprechend höhere Abwärmerate bereitet nach der ökologisch und technisch befriedigenden Lösung des Abwärmeproblems keine ernsthaften Schwierigkeiten für die Umwelt. Im Prinzip ist die Abwärme die einzige Emission, da das Kernkraftwerk im Gegensatz zum Verbrennungsverfahren in einem vollständig geschlossenen System arbeitet. Die sehr geringen Emissionen von radioaktiven Stoffen in Abluft und Abwasser sind verfahrenstechnisch bedingt, da aus Gründen der Überwachung und Absicherung in allen Räumen ein Unterdruck aufrecht zu erhalten ist, in denen Radioaktivität enthaltene Anlagen installiert sind. Das Schema des Unterdruck- und Abluftsystems ist in Bild 6.9 vereinfacht dargestellt. Bei etwaigen Leckagen aus dem Sicherheitsbehälter werden die radioaktiven Stoffe in das Innere abgesaugt und von dort über eine umfangreiche Meßstation und über ein Filtersystem der Abluft zugeführt. Durch die zahlreichen Barrieren gegen den Austritt von Spaltprodukten können normalerweise nur geringste Spuren der Edelgasisotope aus dem Spaltproduktgemisch durch Diffusion hindurchtreten. Durch Kohlefilter und Rückhalteanlagen gelangen dann nur noch geringe Aktivitäten der Edelgasisotope ^{133}Xe und ^{85}Kr sowie ^{3}Tritium und Spuren von ^{131}J über den Abluftkamin in die Umwelt. Die daraus resultierende Dosisbelastung in der Umgebung kann wegen ihrer Geringfügigkeit nicht mit ausreichender Genauigkeit gemessen werden. Umfangreiche Ausbreitungsrechnungen sind also erforderlich, um den Einfluß auf die Umgebung zu bestimmen. Ein Beispiel für das Ergebnis solcher Rechnungen für den ungünstigsten Ort in der Umgebung ist in Tabelle 6.9 wiedergegeben. Selbst an diesem Ort bleibt die

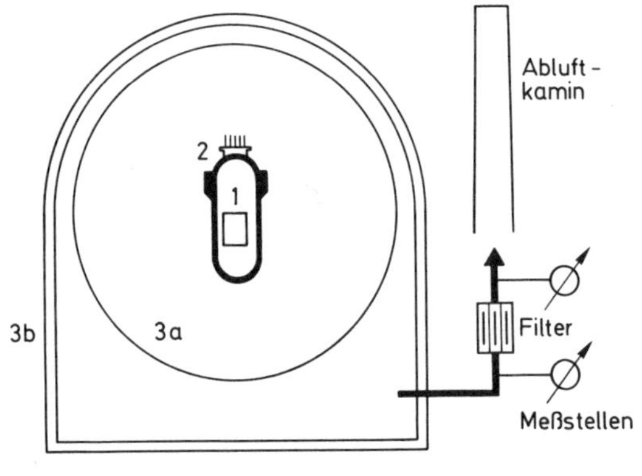

Bild 6.9
Abluftsystem und schematische Darstellung der Aktivitätsbarrieren bei einem Druckwasser-Kernkraftwerk.
1 Hüllen der Brennelemente
2 Druckbehälter
3 a Stahlcontainment } Sicherheitsbehälter
3 b Betoncontainment }

Tabelle 6.9: Quellstärke und Umgebungsbelastung durch Kernkraftwerke (Siedewasser-Reaktor SWR und Druckwasser-Reaktor DWR) im Hauptwindsektor am ungünstigsten Ort. Kraftwerksleistung 1000 MW elektrisch

Nuklid	Quellstärke (Ci/a)	Dosis (mrem/a)	kritischer Belastungspfad	kritisches Organ	kritische Personengruppe
^{3}H	30	0,001	Atemluft	Gesamtkörper	Standardmensch
^{85}Kr	700	0,02	β-Strahlung der Abluftfahne	Haut	Standardmensch
^{133}Xe	2500	0,04			
^{131}J	SWR : 0,1	18	Milchkonsum	Schilddrüse	Kind
	DWR: 0,05	9			

Quelle: auszugsweise KFA, Jülich. Kernfragen 1978.

Strahlenbelastung deutlich unter dem zugelassenen Wert von 30 mrem/a. Das Ergebnis von Ausbreitungsrechnungen für die weitere Umgebung ist in Bild 6.10 zusammen mit den tatsächlich vom KKW Stade (662 MW_{el}) erreichten Belastungen dargestellt. Zum Vergleich

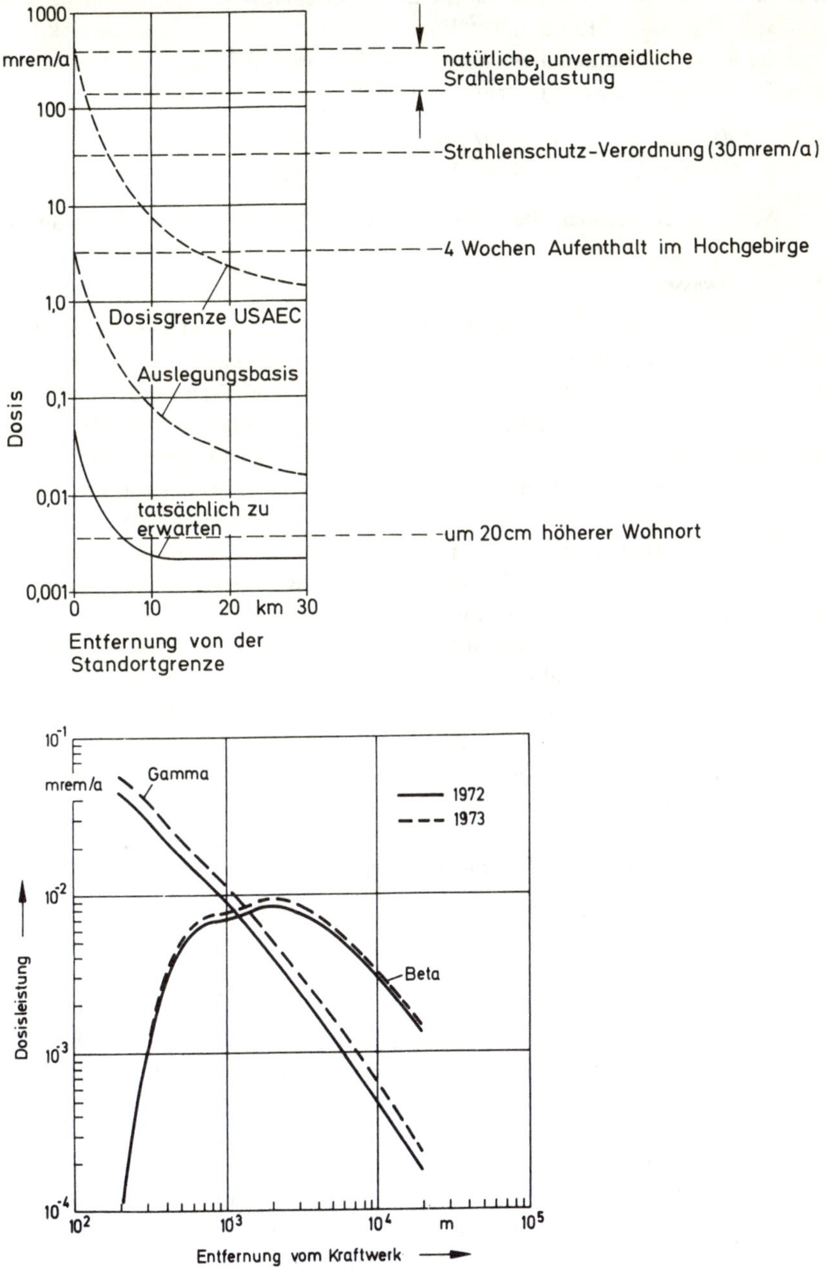

Bild 6.10 Strahlenbelastung durch Kernkraftwerke und Beispiele natürlicher Belastungen.

sind u. a. die jährlichen Dosisbelastungen angegeben, die durch Erhöhung der Lage des Wohnorts um 20 cm oder durch einen 4-Wochen-Urlaub im Hochgebirge erworben werden können. Die radioaktive Emission von Kohlekraftwerken erreicht wegen des mengenmäßig sehr großen Kohledurchsatz vergleichsweise hohe Abgaberaten natürlicher Radioaktivität (siehe auch Tabelle 6.5). Das sind für Steinkohle beispielsweise folgende Mengen in mCi/a: ^{40}K: 23; ^{222}Rn: 500; ^{226}Ra: 5 und ^{228}Ra: 3. Wegen des sehr verschiedenen Aktivitätsgehaltes der Kohle schwanken diese Werte stark. Entsprechend unterschiedlich sind die postulierten Strahlenbelastungen durch ein 1000 MW_{el} Kohlekraftwerk:

100 mrem/a	von einer russischen Arbeit,
60 mrem/a	von deutschen Untersuchungen.

Diese Werte liegen erheblich über denen der Kernkraftwerke (siehe Fußnote auf S. 127).

6.5.2 Abwasser

Die Kernkraftwerke in der Bundesrepublik Deutschland werden ausschließlich mit Leichtwasser-Reaktoren betrieben, bei denen das Kühlwasser für den Reaktorkern durch stetige Reinigung auf einem hohen Reinheitsgrad gehalten werden muß. Dieses Kühlwasser enthält Spaltprodukte, die aus den Brennelementen heraus diffundieren sowie eine größere Aktivität von ^{3}H (Tritium), das im Reaktorkern überwiegend durch Neutroneneinfang am schweren Wasserstoff des Wassers gebildet wird. Bei der Wasserreinigung fällt ein Teil dieser Aktivitäten als flüssiger Abfall an. Durch besondere Maßnahmen ist es den Kernkraftwerksbetreibern gelungen, die mit dem Abwasser abzuleitenden flüssigen radioaktiven Stoffe in ihrer Aktivität deutlich unter den zugelassenen Werten zu halten. So betrugen die im Jahr 1977 mit dem Abwasser abgeleiteten Aktivitäten aus den größten deutschen Kernkraftwerken (1300 MW_{el}) in Form von Spalt- und Aktivierungsprodukten für Biblis A: 0,13 Ci/a, für Biblis B: 0,034 Ci/a und als Tritium für Biblis A: 180 Ci/a. Diese Abgaben führten zu einer mittleren Strahlenbelastung der Bevölkerung von weniger als 0,01 mrem/a. Ein Vergleich mit den Angaben in Tabelle 6.5 zeigt, daß die tatsächlichen Aktivitätsableitungen mit dem Abwasser noch ganz erheblich unter den angegebenen „Normwerten" liegen.

6.5.3 Abfallprodukte und Zwischenlagerung

Ein modernes Kernkraftwerk mit einer elektrischen Leistung von etwa 1000 MW liefert bei einer Betriebszeit von 6000 Stunden im Jahr elektrische Energie für rund $6 \cdot 10^6$ Verbraucher. Zur Brennstoffversorgung sind 200 000 t Uranerz erforderlich, aus denen 210 t Natururan gewonnen werden. Nach Anreicherung auf 3 % ^{235}U-Gehalt ergibt sich eine Brennstoffmenge von 30 t Uran mit einem Gehalt von 960 kg ^{235}U. Diese Menge durchläuft in einem Jahr den Reaktor und fällt dann als Abfall von 30 t Masse zusammen mit 12,5 t Hüllen- und Strukturmaterial der Brennelemente an. Eine Massen- und Volumenbilanz des gesamten Abfalls ist in Bild 6.11 schematisch dargestellt. Sie zeigt, daß der sogenannte Brennstoffabfall von 30 t noch etwa 28,9 t brauchbaren Brennstoffs und nur 1,13 t Spaltprodukte enthält. Selbst diese Spaltprodukte sind teilweise schon unentbehrliche Spezialstoffe, die auf den verschiedensten Gebieten der Technik und Medizin eingesetzt werden: in Herzschrittmachern, als Radiopharmaka in der Nuklearmedizin, als Strahlenquellen für die technische Radiografie oder als Energiequelle in Raumfahrzeugen.

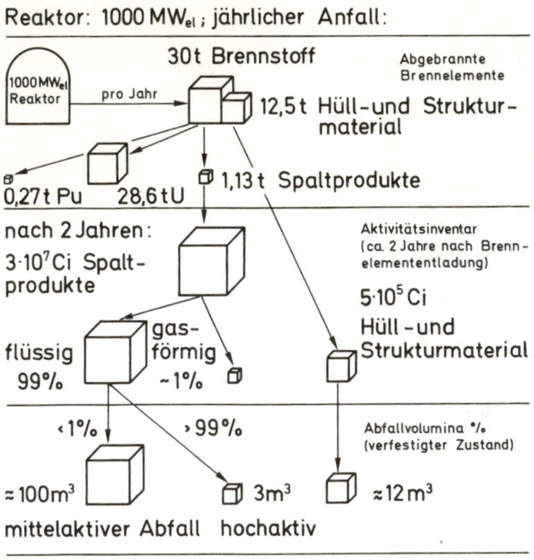

Bild 6.11 Produktion und Verbleib von Radioaktivität im Reaktor.

Der sogenannte Abfall des Kernkraftwerks besteht aus etwa 65 benützten Brennelementen, die im Jahr aus dem Reaktorkern entfernt werden. Sie sind anfangs sehr stark radioaktiv und entwickeln Wärme, die durch aktive oder passive Kühleinrichtungen bei der Lagerung abgeführt werden muß. Die Lagerung ist technisch problemlos auf verschiedene Weise möglich.

Bei der Naß-Lagerung werden die Brennelemente in einem Wasserbecken aufbewahrt und durch einen Wasserstrom gekühlt. Durch hinreichenden Abstand zwischen den Elementen wird sichergestellt, daß eine kritische Größe der Neutronenvermehrung im System niemals erreicht werden kann. Bei der inzwischen aus politischen Gründen notwendig gewordenen Naß-Kompaktlagerung werden die Brennelemente in Borstahlkästen verpackt und in Wasserbecken gelagert. Hierbei sind geringe Abstände und damit eine größere Kapazität des Lagers erreichbar, da durch die Neutronenabsorption im Bor eine Neutronenvermehrung verhindert wird.

Besonders einfach und unanfällig ist die neue Technik der Trockenlagerung. Etwa 20 Brennelemente werden zusammen in einem gasdichten und äußerst widerstandsfähigen Stahlzylinder gelagert. Die Kühlung erfolgt durch Wärmeableitung an die Außenluft über Kühlrippen auf der Außenwand.

Zur Abschirmung der Strahlung werden die Behälter in einem Betonbunker gelagert. Die Lagerzeit für die gebrauchten Brennelemente soll mindestens 2 Jahre betragen, danach sind Radioaktivität und Wärmeleistung weitgehend abgeklungen. Die Möglichkeiten der weiteren Nutzung und Entsorgung der gebrauchten Brennelemente sind wissenschaftlich und technologisch bis zu letzten Konsequenzen durchleuchtet worden.

6.5.4 Wiederaufarbeitung

Wiederaufarbeitung bedeutet die Zerlegung der abgelagerten Brennelemente in die vier Komponenten:

Uran (28,6 t pro 1000 MW_{el} und Jahr)
Plutonium (0,27 t/1000 MW_{el}/a)
Spaltprodukte (1,13 t/1000 $MW_{el}/a \mathrel{\hat{=}} 3 \cdot 10^7$ Ci/a) und
Strukturmaterial (12,5 t/1300 $MW_{el}/a \mathrel{\hat{=}} 5 \cdot 10^5$ Ci/a).

Das neugewonnene „Gleichgewichts"-Plutonium und das wiedergewonnene Uran werden in absehbarer Zukunft als Energieträger zur Verfügung stehen müssen, wohl auch dann, wenn sich bis dahin Fusionsreaktoren als prinzipiell realisierbar erwiesen haben sollten. Die mengenmäßig geringen Spaltprodukte und das Strukturmaterial sind in eine sichere Endlagerung zu geben. Das sind Konsequenzen, die aus allen hier vorgetragenen Tatsachen und Entwicklungstendenzen gezogen werden müßten.

Hauptsächlich zwei Argumente werden gegen die Wiederaufarbeitung von Brennstoff aus Kernkraftwerken vorgebracht: Proliferation von Bombenmaterial und die Umweltbedrohung durch die Aufarbeitungsfabrik. Proliferation ist ein trügerisches politisches Argument, vorgebracht und hartnäckig verfolgt von der amerikanischen Administration. Das „Gleichgewichts"-Plutonium, das bei der friedlichen Nutzung der Kernenergie anfällt, ist als Bombenmaterial jedoch nur sehr bedingt tauglich. Es ist auch für die wenigen hochindustrialisierten Länder des Westens, die keine Kernwaffenindustrie besitzen, technisch schwerer, aus diesem Plutonium eine Waffe zu produzieren, als die herkömmliche Methode zu nutzen, mit der selbst Entwicklungsländer aus eigenen Mitteln und mit eigener Kraft die Plutoniumbombe gebaut haben. Natururanmetall und Graphit in einem Magnox-Reaktor, Salpetersäure, Eisensalze und Tributylphosphat in Kerosin und eine „gute", alte Technik sind die Voraussetzungen hierfür. Dieser bedauerlicherweise von den alten und den jüngsten Kernwaffenstaaten beschrittene Weg wird von der amerikanischen Proliferationskampagne nicht getroffen, wohl aber der Aufbau eines Energieversorgungssystems mit Kernkraftwerken in verbündeten Ländern. Hier sind außerdem die nationalen, multinationalen und internationalen permanenten Kontrollen so scharf, daß nicht ein Gramm spaltbaren Materials zweckentfremdet verwendet werden kann.

Über die Probleme des Strahlenschutzes und der Umweltbelastung durch den Betrieb von Aufarbeitungsfabriken liegen seit mehr als zwei Jahrzehnten umfangreiche Untersuchungen und Erfahrungen vor. Die Erfahrungen stützen sich auf den Betrieb von mehr als 20 Großanlagen, die zum Teil von 1945 an tätig sind. Die 13 Anlagen in den USA haben inzwischen eine Betriebszeit von zusammen 265 Jahren erreicht.

Alle Untersuchungen, Überwachungen, Messungen, Erfahrungen zusammengenommen, münden in der lapidaren Feststellung, daß die Wiederaufarbeitung von Brennelementen nach einer völlig beherrschten und sicheren Technik erfolgt, deren Risiko zu den kleinsten Risiken der zivilisierten Gesellschaft zählt. Auch die Niedersächsische Landesregierung kam nach einem großen Symposion mit Kritikern und Gegenkritikern in der Zeit vom 28.3. bis 3.4.1979[1]) zu der offiziellen Erklärung: „(Es) … läßt sich ein Nukleares Entsorgungszentrum so bauen, daß die Bevölkerung und die Belegschaft nicht höheren Lebensrisiken ausgesetzt werden als durch andere industrielle und technische Einrichtungen, an die sich die Bevölkerung gewöhnt hat." (Siehe[1]), Seite 345).

Eine Aufarbeitungsfabrik arbeitet automatisch und ferngesteuert nach einem flüssig – flüssig Extraktionsverfahren im Gegenstrombetrieb. Die ankommenden Brennelemente werden zerschnitten und in Salpetersäure gelöst, wobei die Brennstoffhülsen zurückbleiben. Bei der Auflösung werden die gasförmigen Spaltprodukte, praktisch nur noch ^{85}Kr, ^{129}J und Tritium freigesetzt. In der Abgasanlage wird das Tritium zu Wasser verbrannt und chemisch gebunden, das Jod an Filtern absorbiert und das Edelgas in Druckflaschen gefüllt. Lediglich der technisch unvermeidliche Schlupf gelangt kontrolliert über die Abluft in die Umgebung. Dieser kann aber so klein gehalten werden, daß die Belastung der Umgebung unter den ungünstigsten Umständen auf 10 mrem/a begrenzt bleibt.[1])

Aus der salpetersauren Brennstofflösung werden nun Uran und Plutonium durch Schütteln mit TBP (Tributylphosphat in Kerosin) extrahiert, während in der Lösung die Spaltprodukte zurückbleiben. Diese Lösung wird konzentriert und dann unter Zerstäubung mit Glaskörnern zusammen als Glas (mit 20 ... 30 Gewichtsanteilen von Spaltprodukten) in Behälter aus rostfreiem Stahl eingeschmolzen (siehe z. B.[2])). In Frankreich läuft dieses Verfahren in großindustriellem Umfang.

Aus der Lösung von Uran und Plutonium im TBP läßt sich das Plutonium mit Hilfe einer wäßrigen Fe-II-Salzlösung extrahieren (siehe auch[3])), womit die Trennung abgeschlossen ist.

6.5.5 Endlagerung

Der radioaktive Abfall von der Wiederaufarbeitung enthält mehr als 99 % der Spaltproduktradioaktivität (Bild 6.11) in hochkonzentrierter Form als Glas und weniger als 1 % gebunden in Bitumen oder Beton. Die hochaktive Masse von etwa 3 m^3 Glas pro 1000 MW_{el} und pro Jahr bedeutet, daß für die „Atom-Stromversorgung" eines 4-Personen-Haushaltes im Jahr nur wenige cm^3 Aktivglas anfallen. Um zu einer, allerdings sehr hypothetischen, Vorstellung von der Radiotoxizität des Abfalls zu kommen, wird die Möglichkeit betrachtet, die Abfälle nicht zu verfestigen, sondern ihre Lösungen mit Wasser auf die zulässige Konzentration für Trinkwasser zu verdünnen. Dieses hätte dann eine Konzentration von weniger als 10^{-10} Ci/l und wäre damit noch rund 100 mal schwächer radioaktiv als viele der Mineralwasser, die wir als „Gesundheitswasser" trinken. Die für eine Verdünnung der Spaltprodukte von 1 t Uran-235 notwendige Menge Wasser ist in Bild 6.12 in Abhängigkeit von der Zeit nach der Wiederaufarbeitung dargestellt und zwar für die langlebigen Spaltprodukte, für natürlich radioaktive Rückstände der Aufbereitung der Uranerze, für die Radioaktivität der Brennelementhüllen sowie für die Transurane. Aus dem Diagramm folgt, daß die Radiotoxizität der Spaltprodukte nach etwa 400 Jahren auf Werte abgesunken ist, wie sie in der Natur vorkommen. Länger erhalten bleiben die Transurane mit relativ niedriger Radiotoxizität dieser speziellen Definition. Die Endlagerung der Transurane läßt sich vollständig vermeiden, wenn diese Stoffe bei der Wiederaufarbeitung abgetrennt und zusammen mit dem Brennstoff wieder in die Reaktoren zurückgeführt werden. Letztlich durch induzierte und auch spontane Spaltung werden sie dort in Spaltprodukte

---

1) Rede-Gegenrede: Vollständiges Protokoll des Gorleben-Symposions, 28.3. bis 3.4.1979, Deutsches Atomforum eV. Heussallee 10, 5300 Bonn 1 (1979)

2) *H. Gerlinger* und *J. Fricke:* Der Abfall aus Kernreaktoren. Physik in unserer Zeit, 8, 183 (1977)

3) Aspekte der Entsorgung, atomwirtschaft 7/8 (1978)

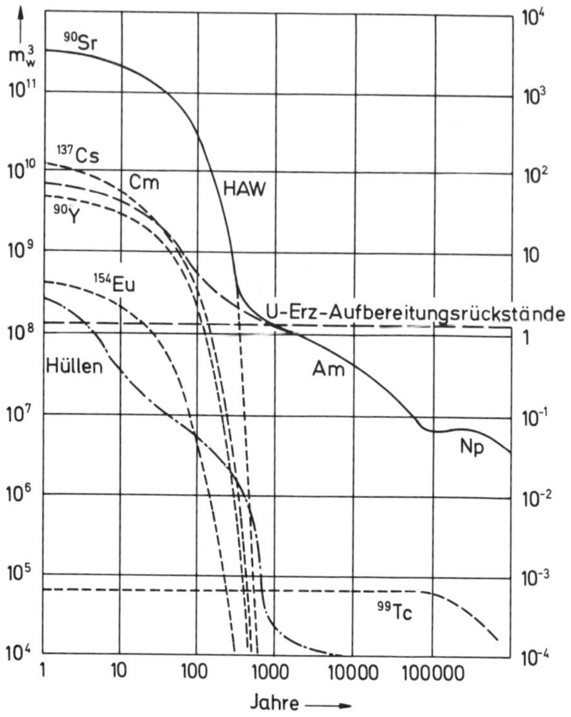

Bild 6.12
Relative Radiotoxizität des hochaktiven Aufarbeitungsabfalls aus 1 t Uran, PU-KBSt, zugehörigen Hüllen und der Uranerz-Aufbereitungsrückstände (Der relativen Radiotoxizität entspricht das Wasser- bzw. Luftvolumen, das zur Verdünnung auf maximal zulässige Konzentrationen im Trinkwasser bzw. in der Atemluft erforderlich wäre.)

überführt. Würde diese Möglichkeit genutzt, dann führte das zu dem überraschenden Ergebnis, daß etwa 1000 Jahre nach der Wiederaufarbeitung die Radioaktivität des Abfalls von 1 t Uran-235 deutlich geringer ist als die natürliche Radioaktivität des eingesetzten Urans. Per Saldo wäre also Radioaktivität durch Kernkraftwerke vernichtet worden.

Auch die Endlagerung ist eine Technik, die von den Nuklearstaaten seit 30 Jahren gehandhabt und weiterentwickelt wird. Dabei sind im wesentlichen drei Verfahren genutzt worden:

1. Lagerung der hochaktiven Abfälle als Flüssigkeit in oberirdischen Tankanlagen in Wüstengebieten der USA.
2. Versenkung von schwach aktivem Abfall in sicheren Behältern nach internationalen Vorschriften und unter internationaler Kontrolle im Meer. Da es in der Tiefsee nahezu keinen vertikalen Stoffaustausch nach oben gibt, kann der radioaktive Abfall auch nach Auflösung von Fässern kaum in obere Meeresschichten gelangen. Hochaktive Abfälle werden in Bohrlöcher von 800 m Tiefe unter dem Meeresgrund gelagert. Der Verschlußstöpsel ist mindestens 200 m lang.
3. Unterirdische Lagerung des Abfalls in geologisch und hydrologisch günstigen Formationen, wie in Tonschichten (Italien, Belgien), in Granit (Schweden), in Anhydriten (Schweiz) oder in Salzformationen (Bundesrepublik Deutschland).
   Die vorgesehene Endlagerung in norddeutschen Salzstöcken gilt weltweit als eine optimale Lösung. Die Salzstöcke sind rund $200 \cdot 10^6$ Jahre alt und seit $100 \cdot 10^6$ Jahren stabil. Sie sind dicht abgeschlossen von der Umgebung und absolut trocken. Steinsalz ist plastisch, hat gute Wärmeleitfähigkeit und so hohe Standfestigkeit, daß es riesige Hohlräume

aufnehmen kann. Die Lagerung des verglasten, hochaktiven Abfalls wäre hier für unabsehbar lange Zeit so gut wie risikofrei möglich. Nach dem Gorleben-Symposium erklärte die Niedersächsische Landesregierung hierzu (siehe Fußnote [1]) auf S. 145),,... Die Landdesregierung hat sich davon überzeugt, daß die Endlagerung radioaktiver Abfälle in einem geeigneten Salzstock kein Risiko für die jetzt lebenden und die unmittelbar darauf folgenden Generationen mit sich bringt. Auch für spätere Generationen ist das Risiko gering, wenn man es mit anderen Risiken vergleicht ... Ein Risiko für kommende Generationen wäre allenfalls dann gegeben, wenn im Laufe der Jahrhunderte das Wissen um die Einlagerung radioaktiver Stoffe verloren ginge und spätere Generationen in Unkenntnis des Endlagers den Versuch machten, den Salzstock bergmännisch aufzuschließen ..." Selbst dann würden sie nach 500 ... 1000 Jahren keinem radiologischen Risiko mehr ausgesetzt!

6.6 Vergleiche

6.6.1 Emissionswirkungen

In den vorausgegangenen Betrachtungen sind die Schadstoffe behandelt worden, die in großen Mengen in die Umwelt emittiert werden, dazu die Emissionen radioaktiver Stoffe natürlichen wie künstlichen Ursprungs. Zur vergleichenden Bewertung der Schadstoffe sind im Bild 6.13 die biologisch-medizinischen Wirkungen an der Skala der Konzentration in der Atemluft oder der Dosisleistung der Strahlung nebeneinander gestellt, wobei das natürliche Vorkommen als Einheit (≙ 1) angenommen wurde. Vermerkt sind die zulässigen und auch die tatsächlich beobachteten Konzentrationen.

Das Diagramm gibt eindringlichen Aufschluß über die wirklichen Probleme des Umweltschutzes, die nahezu ausschließlich auf die Ballungsgebiete der Menschheit konzentriert sind. Die maximal zulässigen Werte für die nicht strahlenden Schadstoffe liegen beim 5- bis 100-fachen der natürlichen Konzentrationen. Der Grenzwert für die zulässige

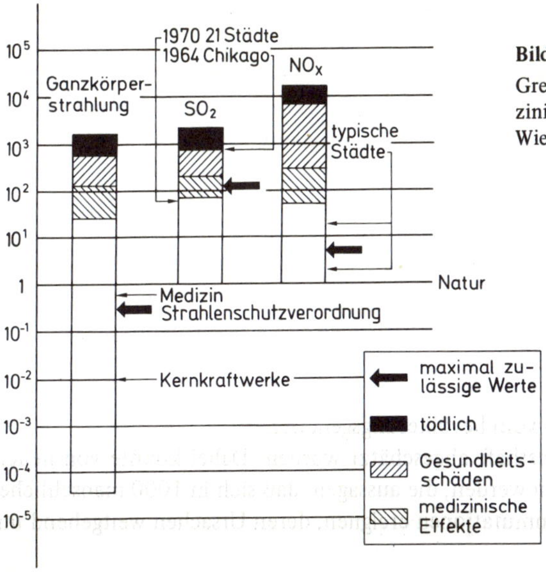

Bild 6.13
Grenzwerte und biologisch-medizinische Wirkungen *Quelle:* Grümm, Wien 1978

SO_2-Konzentration (100) entspricht bereits einem Schadstoffgehalt, der zu medizinischen Effekten führt. In 21 Großstädten wurde im Jahr 1970 diese Schwelle erreicht. In Chikago sind 1964 Konzentrationen gemessen worden, die lebensgefährlich waren.

Die akuten Wirkungen der Schadstoffe SO_2 mit NO_x sind sehr lange bekannt und wurden bereits frühzeitig beschrieben: Mortalitäts- und morbiditätszunahme in Maastal 1930, in Donora 1948 und während der Smogperiode im Dezember 1949 in London, wo in dieser Zeit 4000 Menschen mehr gestorben sind als es statistisch zu erwarten war (siehe Fußnote[1]) auf S. 145).

Der zulässige Wert für die Ganzkörperstrahlenbelastung beträgt in der Bundesrepublik Deutschland nur 1/3 der natürlichen Strahlenbelastung und ist um mehr als das 100-fache von der Dosis entfernt, die durch eine somatische Wirkung gerade noch medizinisch erkannt werden kann. Die Strahlenbelastung durch medizinische Anwendung übersteigt den zulässigen Wert für alle nicht medizinischen Tätigkeiten, die Belastung durch Kernkraftwerke bleibt bei wenigen Prozenten des zulässigen Maximalwertes. Würde der gesamte Strombedarf der Bundesrepublik von Kernkraftwerken gedeckt, 1979 waren es nur 3,4 %, dann könnte durch die radioaktive Belastung das Leben eines Menschen um 1 Stunde verkürzt werden. Dasselbe wird bewirkt durch

1 Zigarette in 10 Jahren,
16 Stunden Aufenthalt in einer Großstadt
5 km Autofahrt in einem Lebensjahr
100 g Übergewicht.

Diese aus umfangreichen Statistiken gewonnenen Daten sind keine lustige Spielerei. An ihnen soll gesehen werden, über welche Gefahr gestritten wird, wenn Kernenergie aus Angst bekämpft wird. Sie verdeutlichen, daß die Emissionen von Kernkraftwerken nur ein (bewußt) hochgespieltes fiktives Umweltproblem darstellen.

6.6.2 Spätfolgen

In der Geschichte der Menschheit hat es ständig Spätfolgen menschlicher Aktivitäten gegeben, auch solche, die von begrenztem Nachteil sind und längere Zeit und über Jahrhunderte anhalten. Ein Beispiel ist die Zerstörung von Wäldern in den Mittelmeerländern vor 1000 und mehr Jahren, die zur Verkarstung bis zum heutigen Tag geführt haben. Wir können wissen, was wir heute tun und welche Folgen das über Jahrhunderte haben kann. In unserer Zeit werden Rohstoffe verschwendet, die in Zukunft dringend benötigt werden. In unserer Zeit wird weiterhin langlebige Biomasse vernichtet, es werden gigantische Mengen an Kohlendioxid in die Atmosphäre geleitet, und das trotz des erkannten Risikos.

Die Spätfolgen der Kernenergie-Nutzung, die von den radioaktiven Abfällen ausgehen könnten, sind sorgfältig erforscht worden. Zu unserer Zeit wird hier technische Vorsorge getroffen, daß kein zukünftiger Mensch auch nur am Rande seines Daseins beeinträchtigt wird. Zu derselben Zeit wird in unserem Land erbittert gegen diese Technik gestritten.

Die Spätfolgen, die vom bevölkerungsgenetischen Strahlenrisiko ausgehen können, sind ebenso intensiv wie ernsthaft abgeschätzt worden. Dabei konnte von neueren Untersuchungen ausgegangen werden, die aussagen, daß sich in 1000 menschlichen Keimzellen spontan etwa 140 Genmutationen ereignen, deren Ursachen weitgehend unbekannt sind. Durch locker ionisierende Strahlung mit geringer Dosisleistung, was beides für die Kerntechnik typisch ist, wird mit einer Dosis von 50 ... 70 rem eine Verdopplung der mittleren spontanen Mutationsrate erzielt. Die von kerntechnischen Anlagen erzeugte Dosisleistung von $\approx 10^{-4}$ rem/a ist genetisch also bedeutungslos. Einen Eindruck hiervon vermittelt die nachfolgende Zusammenstellung der genetischen Risiken in den USA im Jahre 1973 und vorausberechnet für das Jahr 2000:

1. Strahlenbelastung 1973 durch Reaktoremission: 0,001 mrem
   Genetische Schäden bei $3{,}5 \cdot 10^6$ Geburten:
   allgemein: 500 000, durch Strahlenbelastung: 0,08.
2. Strahlenbelastung im Jahr 2000: ca. 0,2 m rem
   Genetische Schäden bei $13{,}5 \cdot 10^6$ Geburten:
   allgemein: ca. 750 000, durch Strahlenbelastung: 16

6.6.3 Aktuelle Menschheitsrisiken

Im Rahmen der imponierend umfangreichen und sorgfältigen Sicherheitsstudien über das Kernenergie-Risiko (z. B. Rasmussen-Report 1975 –USA- und Die Deutsche Sicherheitsstudie –GRS– 1979) ist zum Zwecke des notwendigen Vergleichens eine Übersicht über viele Risiken geschaffen worden, die den Menschen betreffen. Eine Auswahl andauernder Risiken und eine solche von nur vorübergehend bestehenden Risiken vermittelt die Tabelle 6.10. Es ist recht beeindruckend, aus den gegebenen Daten zu erkennen, wie durch gemeinschaftliche Bemühungen von Fachleuten aller Disziplinen und aller Länder dieser Erde das Risiko einer Großindustrie bis zum Verschwinden verringert werden kann. Im Diagramm in Bild 6.14 werden Häufigkeit und Ausmaß von Katastrophenfällen für jeweils 100 Kernkraftwerke mit Naturkatastrophen verglichen. Das Ergebnis dieses Vergleichs und die vorstehend vorgetragenen Ergebnisse von Risiko-Studien machen deutlich, daß der Betrieb von Kernkraftwerken zu den bereits vorhandenen Risiken keinen signifikanten Beitrag liefert.

Tabelle 6.10: Andauernde und vorübergehende Risiken. Jährliche Todesfälle auf 10^6 Menschen

Andauernde Risiken:	
Natürliche Krankheiten	10 000
Raucherkrankheiten	2 000
Unfälle aller Art	500
Verkehrsunfälle	300
Selbstmord	200
Elektrizität (Unfälle im Betrieb und Haushalt)	20
Fossile Kraftwerke (SO_2-Emission)	3
Naturkatastrophen	1
Kernkraftwerke (Leukämie und Krebs, theoretisch, noch kein Todesfall)	0,1
Vorübergehend bestehende Risiken	
10 Std. Linienflug	25
10 Std. Autofahrt	6
10 Std. Eisenbahnfahrt	0,5
1 Pockenschutzimpfung	17
1 Anästhesie-Spritze (Zahn)	5,7
1 Tag neben KKW (theoretisch)	0,0003

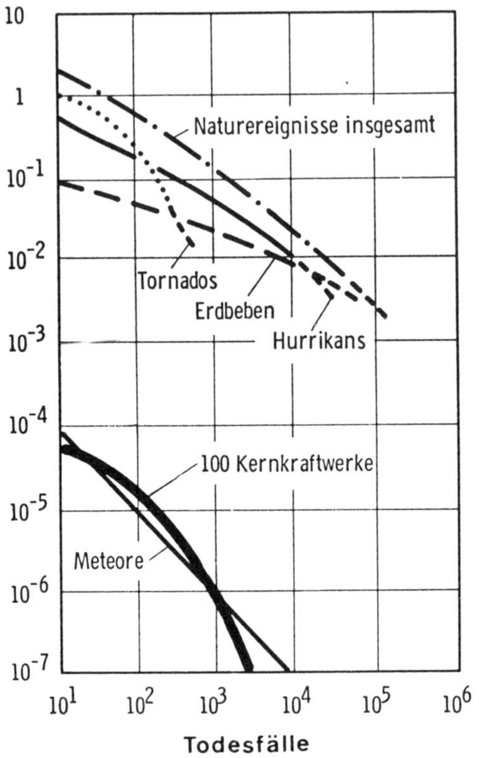

Bild 6.14
Häufigkeiten von Naturkatastrophen im Jahr in Abhängigkeit von den Todesfällen und Vergleich zum berechneten Risiko durch 100 Kernkraftwerke.

6.6.4 Nachwort

Mir erscheint es als eine Aufgabe nüchterner Vernunft, gebunden in der ernsten Verantwortung, zu der Wissen verpflichtet, Folgerungen aus den vorliegenden Tatsachen und Berechnungen herzuleiten. Das geschehe unter der einen Gewißheit, daß die Entwicklung der Menschheit den letzten Tag noch nicht erreicht hat, das geschehe ohne Ideologie, nüchtern oder im Zorn, aber besorgt und sachlich.

Umweltprobleme stellen Aufgaben, die in der Gegenwart bearbeitet werden müssen, damit sie in der Zukunft wirksam werden. In einer Zukunft, in der das Wachstum weitergehen wird. Auch wenn die Erdbevölkerung einmal nicht mehr zunimmt, dann wird auf lange Zeit noch Lebensqualität in den großen Gebieten nachwachsen, die heute in ihrer Entwicklung bis zu 1000 Jahre hinter den großen Industrienationen zurückgeblieben sind. Auch für diese 1000 Jahre wird eine gewaltige Menge an Energie benötigt, deren größter Teil nur aus der für die Umwelt unschädlichen Kernenergie bezogen werden kann und muß.

Die angesprochene Problematik ist keine Zukunftsträumerei. Sie ist bereits seit einem Jahrzehnt von brennender Aktualität und durchdrungen von einer tiefen aber allgemein unterdrückten Furcht. Es ist nicht die grundlos heraufbeschworene Angst vor dem „Atomstaat", sondern die Furcht davor, daß im erbitterten Kampf der Wirtschaftssysteme und der verschiedenen Lebensauffassungen, diejenige Gesellschaft zusammen mit ihren Lebenswerten unterliegen wird, die sich heute Verzögerungen und Fehlentscheidungen im Energieprogramm glaubt leisten zu können.

7 Kernfusion in magnetisch eingeschlossenen Plasmen

D. Pfirsch

7.1 Auswahl der Fusionsreaktionen

Die Bindungsenergie pro Nukleon erweist sich als von Kern zu Kern verschieden. Sie ist bei kleinen Kernen niedrig wegen deren kleiner Oberfläche verglichen mit ihrem Volumen, an der die Nukleonen sozusagen nur halbseitig wechselwirken. Sie ist auch bei großen Kernen niedrig, da bei diesen die elektrostatische Coulombabstoßung der Protonen die Bindung der Nukleonen insgesamt mindert, wobei wichtig ist, daß die Anzahl der Neutronen wegen des Pauliprinzips nicht viel größer als die Anzahl der Protonen sein kann. Für die verschiedenen Kerne ist die Bindungsenergie pro Nukleon in Bild 7.1 dargestellt. Sie besitzt ein Maximum in der Nähe des Eisens, wo Oberflächen- und Coulombeffekte eine relativ kleine Rolle spielen. Man kann also einerseits durch Spaltung schwerer Kerne oder durch Verschmelzen leichter Kerne Energie freisetzen und versuchen, diese nutzbar zu machen.

Da die maximale Bindungsenergie pro Nukleon etwa bei Eisen mit einer Nukleonenzahl von 56 liegt, gibt es im Prinzip eine große Anzahl von energieliefernden Verschmelzungsprozessen, beginnend mit der Vereinigung von 4 leichten Wasserstoffkernen zu einem Heliumkern, wie dies z. B. in der Sonne geschieht. Die sich in den Sternen abspielenden Prozesse kommen allerdings für irdische Anwendungen nicht in Frage, da sie – glücklicherweise – nur außerordentlich langsam ablaufen. Eine Reihe von möglicherweise interessierenden Reaktionen sind in Tabelle 7.1 aufgeführt.

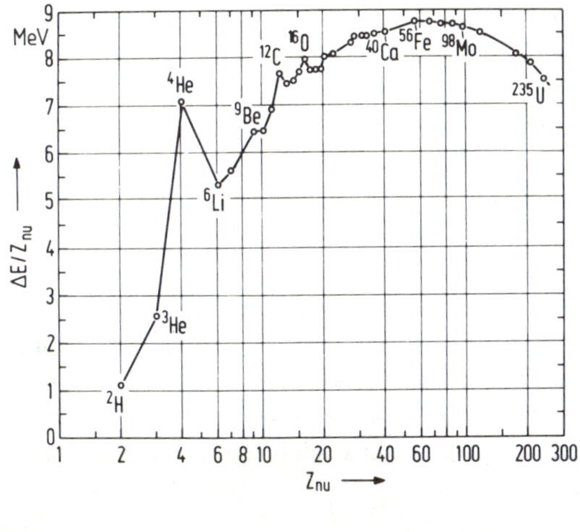

Bild 7.1

Bindungsenergien pro Nukleon als Funktion Z_{nu}

Tabelle 7.1: Einige Fusionsreaktionen mit leichten Kernen

Reaktion	Reaktionsenergie (MeV)	≈ Zündtemperatur (MeV)
$D + T \rightarrow {}^4He + n$	17.6	10
$D + D \rightarrow {}^3He + n$	3.2	50
$D + D \rightarrow T + p$	4.0	50
$D + {}^3He \rightarrow {}^4He + p$	18.3	100
${}^6Li + p - {}^3He + {}^4He$	4.0	900
${}^6Li + D - {}^7Li + p$	5.0	> 900
${}^6Li + D - T + {}^4He + p$	17.5	> 900
${}^6Li + D - 2({}^4He)$	8.7	300
${}^7Li + p - 2({}^4He)$	8.7	300
${}^{11}B + p - 3({}^4He)$	8.7	300

Wegen der großen Coulombabstoßung der Reaktionspartner kommen nennenswerte Reaktionsausbeuten nur bei sehr hohen kinetischen Relativenergien dieser Partner zustande, z. B. bei ca. 20 keV im Fall der Deuterium-Tritium-Reaktion. Schon sehr früh erkannte man, daß man nur dann einen Nutzenergiegewinn aus der Kernfusion erzielen kann, wenn die Teilchen in Form eines Gases mit einer Temperatur ähnlich der erwähnten Teilchenenergie vorliegen.

Damit ein solches vollionisiertes Plasma seine Energie nicht zu schnell verliert, muß es von materiellen Wänden thermisch hinreichend isoliert werden, was z. B. dadurch geschehen kann, daß man es möglichst gut mit einem Magnetfeld einschließt. Da Magnetfelder nur eine Kraft senkrecht zu ihrer Richtung auf geladene Teilchen ausüben, ist ein solcher Einschluß vor allem in toroidal, also ringförmig verlaufenden Feldern denkbar. Davon soll in diesem Beitrag vor allem die Rede sein, insbesondere von den mittlerweile berühmt gewordenen Tokamaks. Einiges soll aber auch über Stellaratoren und Spiegelmaschinen gesagt werden. Begonnen wird mit einigen allgemeineren Fragen.

Zunächst soll dargelegt werden, daß mit hoher Wahrscheinlichkeit von allen denkbaren Ausgangsstoffen allein das Deuterium-Tritium-Plasma für eine wirtschaftliche und konkurrenzfähige Anwendung der Kernfusion in Frage kommt, wobei mögliche Konkurrenten in der Zukunft aus heutiger Sicht der Schnelle Brüter, der Spallationsbrüter und die Sonnenenergie sind. Unter Anwendung der Kernfusion wird dabei im folgenden nicht nur die eigentliche Fusion zur direkten Energieerzeugung verstanden, sondern auch die sogenannte hybride Fusion, bei der die entstehenden Fusionsneutronen in einem „Fusionsbrüter" oder „Hybridreaktor" vorwiegend der Erbrütung spaltbaren Materials zur Verwendung in gewöhnlichen Spaltreaktoren dient. Solche Reaktoren könnten also den Schnellen Brüter ersetzen. Es wird im folgenden dargelegt werden, daß es derzeit sogar nur Sinn hat, dieses Ziel anzustreben.

Eine erste Auszeichnung von DT ist schon aus Tabelle 7.1 ersichtlich, in der neben den Reaktionsenergien auch die Mindestplasmatemperaturen angegeben sind, unterhalb denen das Plasma schon wegen der prinzipiell unvermeidbaren Bremsstrahlungsverluste nicht selbständig brennen könnte. Insgesamt erscheinen aber zunächst auch noch die DD-, D^3He- und ${}^{11}Bp$-Reaktionen betrachtenswert. Davon ist die ${}^{11}Bp$-Reaktion die einzige, die insgesamt keine Neutronen liefert (mit einer Wahrscheinlichkeit von 10^{-3} gibt es auch hier eine Neutronen liefernde Reaktion). Sie fällt damit natürlich für die hybride Fusion aus, hätte aber im Hinblick auf die eigentliche Fusion den Vorteil, praktisch keine Materialschäden und induzierte Radioaktivität durch Neutronen zur Folge zu haben. Es wäre also der einzige Prozeß, der einen „sauberen" Fusionsreaktor erlaubte.

Eine weitergehende Aussage erhalten wir aus der in einem Fusionsplasma erzielbaren Leistungsdichte λ. Da wir es jeweils mit binären Prozessen zu tun haben, gilt dafür generell

$$\lambda = \frac{1}{2} \sum_i \sum_k n_i n_k \langle \sigma v \rangle_{ik} E_{ik} .$$

n_i sind die Teilchendichten der am jeweiligen Prozeß beteiligten Teilchensorten i, σ_{ik} ist der von der Relativgeschwindigkeit v_{ik} abhängige Reaktionsquerschnitt, die E_{ik} sind die bei den Reaktionen freigesetzten Energien. Die Klammersymbole bedeuten Mittelungen über die Geschwindigkeitsverteilungen, für die im allgemeinen Maxwellverteilungen angenommen werden. In diesem Fall sind die Ausdrücke $\langle \sigma v \rangle_{ik}$ Funktionen der Temperatur allein. Vor allem bei der hybriden Fusion betrachtet man aber auch Verteilungen, die durch eine laufende Zusatzheizung relativ mehr hochenergetische Teilchen ausweisen als eine Maxwellverteilung mit gleicher mittlerer Energie, was zu wesentlich höheren Werten von $\langle \sigma v \rangle_{ik}$ führen kann.

Bei der DT-Reaktion ist die Leistungsdichte einfach durch

$$\lambda_{DT} = n_D \, n_T \langle \sigma v \rangle_{DT} E_{DT}$$

gegeben. Für E_{DT} hätte man zunächst die angegebenen 17,6 MeV zu wählen. Da jedoch das benötigte Tritium in der Natur nicht vorkommt, muß es in einem Lithiummantel um das Plasma herum mittels Reaktionen der Art

$$^7\mathrm{Li} + n \rightarrow {}^4\mathrm{He} + T + n - 2{,}47 \ \mathrm{MeV}$$

$$^6\mathrm{Li} + n \rightarrow {}^4\mathrm{He} + T \qquad + 4{,}6 \ \mathrm{MeV}$$

erbrütet werden. Dadurch erhält man ein effektives E_{DT} von ca. 20 MeV.

Bei der DD-Reaktion muß man auch die Reaktionen der Reaktionsprodukte berücksichtigen. Deren Dichten folgen im Gleichgewicht aus den Reaktionsratenbeziehungen

$$\frac{1}{2} n_D^2 \langle \sigma v \rangle_{DD}^{T} = n_D \, n_T \langle \sigma v \rangle_{DT}$$

$$\frac{1}{2} n_D^2 \langle \sigma v \rangle_{DD}^{^3He} = n_D \, n_{^3He} \langle \sigma v \rangle_{D\,^3He} ,$$

wobei der obere Index das charakteristische Reaktionsprodukt der jeweiligen DD-Reaktion angibt. Damit wird

$$\lambda_{DD} = \frac{1}{2} n_D^2 \left[\langle \sigma v \rangle_{DD}^{T} (E_{DD}^{T} + E_{DT}) + \langle \sigma v \rangle_{DD}^{^3He} (E_{DD}^{^3He} + E_{D\,^3He}) \right] .$$

Bei der ^{11}Bp-Reaktion gilt wieder einfach

$$\lambda_{Bp} = n_B \, n_p \langle \sigma v \rangle_{Bp} E_{Bp} .$$

Für einen Vergleich interessiert gleicher Plasmadruck. Beim DT-Plasma haben wir, wenn für alle Teilchensorten dieselbe Temperatur angenommen wird

$$p = (n_e + n_D + n_T)T = 2(n_D + n_T)T = 4\, n_D\, T,$$

letzteres für $n_D = n_T$, wofür λ_{DT} bei gegebenem p maximal wird. Beim DD Plasma ist

$$p = (n_e + n_D + n_T + n_{^3He})T = (2n_D + 2n_T + 3n_{^3He})T$$

$$= n_D T\left(2 + \frac{<\sigma v>^{T}_{DD}}{<\sigma v>_{DT}} + \frac{3}{2}\,\frac{<\sigma v>^{^3He}_{DD}}{<\sigma v>_{D^3He}}\right).$$

Für die ^{11}Bp Reaktion gilt zunächst

$$p = (n_e + n_B + n_p)T = (6n_B + 2n_p)T.$$

Zum Vergleich könnte man wie beim DT Plasma wieder eine Zusammensetzung des Plasmas wählen, wo λ bei gegebenem p maximal werden könnte. Das führte auf $n_p = 3n_B$, würde aber nicht auf die für ein selbständiges Brennen benötigte Temperatur Rücksicht nehmen. In Wirklichkeit liegt das Maximum von λ bei $n_p = 10n_B$, wobei die Fusionsleistung die Bremsstrahlungsverluste gerade kompensiert, und zwar bei einer Ionentemperatur von 300 keV und einer Elektronentemperatur von 160 keV.

Damit wird

$$p \approx \left(\frac{1}{2} n_e + n_B + n_p\right)T_i = \left(\frac{7}{2} n_B + \frac{3}{2} n_p\right)T_i = 18{,}5\; n_B\; T_i.$$

Die Leistungsdichten ergeben sich damit zu

$$\lambda_{DT} = p^2 \frac{1}{16\,T^2} <\sigma v>_{DT}\, E_{DT}$$

$$\lambda_{DD} = p^2 \frac{1}{2\,T^2}\,\frac{<\sigma v>^{T}_{DD}\,(E^{T}_{DD} + E_{DT}) + <\sigma v>^{^3He}_{DD}\,(E^{^3He}_{DD} + E_{D^3He})}{\left(2 + \frac{<\sigma v>^{T}_{DD}}{<\sigma v>_{DT}} + \frac{3}{2}\,\frac{<\sigma v>^{^3He}_{DD}}{<\sigma v>_{D^3He}}\right)^2}$$

$$\lambda_{Bp} = p^2 \frac{1}{34{,}2\,T_i^2} <\sigma v>_{Bp}\, E_{Bp}.$$

λ/p^2 ist für alle 3 Reaktionen in Bild 7.2 gegen die Temperatur aufgetragen. Bei gleichem p, also bei gleichem Aufwand für das den Druck haltende Magnetfeld ist die DT-Reaktion um fast 2 Größenordnungen besser als die DD-Reaktion und um mehr als 3 Größenordnungen besser als die ^{11}Bp Reaktion. Von Bedeutung ist diese Aussage allerdings erst, wenn schon die DT-Reaktion nur mit Mühe ökonomisch realisiert werden kann. Dazu müssen wir einige Absolutzahlen diskutieren.

Als Maß für die Wirtschaftlichkeit kann man – wie dies in jüngerer Zeit geschehen ist – grob die Leistungsdichte bezogen auf das ganze Material des Fusionsreaktors verglichen mit derjenigen in einem Leichtwasserreaktor benutzen. Da die Struktur eines Fusionsreaktors sicher sehr viel komplexer sein dürfte als die eines Leichtwasserreaktors, macht man auf diese Weise eher optimistische Aussagen für die Fusion. Die Dicke der Materialschicht von etwa 2 m um das Plasma herum ist wesentlich durch die Neutronenquerschnitte und die

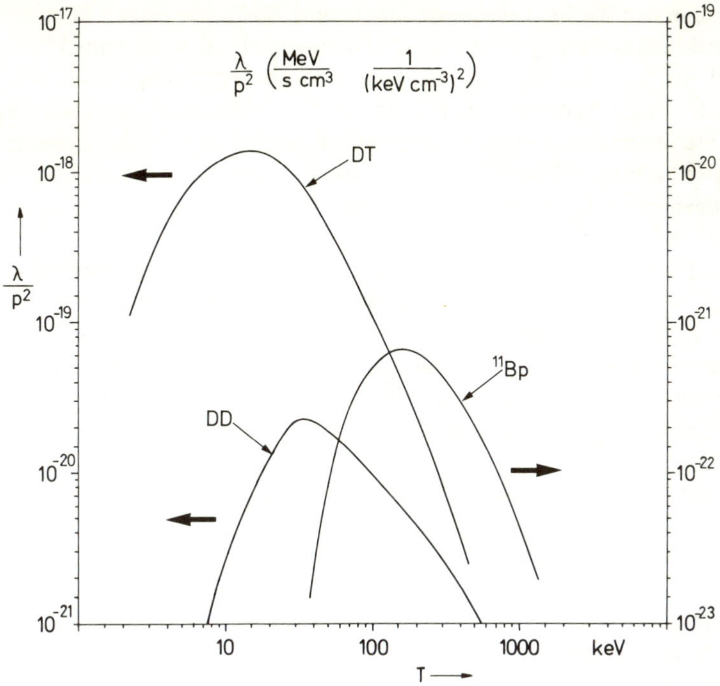

Bild 7.2 Leistungsdichte λ/p^2 für die Reaktionen DT, DD (mit Folgereaktionen) und $^{11}B_p$

Magnete bestimmt; nur für die ^{11}Bp-Reaktion spielen Neutronenquerschnitte eine relativ kleine Rolle. Daher kann man allgemeine Aussagen machen. Das Ergebnis ist, daß man unter sehr optimistischen Annahmen hinsichtlich der erzielbaren Kompaktheit eines Fusionsreaktors wenigstens 50 MW pro Quadratmeter Fläche der innersten Wand an Fusionsleistung benötigte, um mit dem Leichtwasserreaktor gleichzuziehen. (Realistischer wären wahrscheinlich 80 MW/m^2, gerechnet wird heute aber meist noch mit 1 ... 4 MW/m^2. Das sind Werte, die nur für die schon kurz erwähnten und noch zu besprechenden Fusions-Fissions-Hybridreaktoren angemessen sein dürften). Damit würde sich auch ungefähr dessen Energierückgewinnungszeit von etwa 1,5 Jahren ergeben, über die hinweg der Reaktor erst einmal die Energie erzeugt, die zu seinem Bau aufgewendet wurde. Es leuchtet ein, daß diese Zeit im wesentlichen umgekehrt proportional zur Leistungsdichte sein muß. Ist sie größer als die Lebensdauer des Reaktors, dann stellt dieser effektiv kein Energieerzeugungssystem, sondern eine Energieverbrauchsanlage dar. Ökonomisch wären vielleicht 2 Jahre gerade noch tragbar. Von den in diesem Sinn also notwendigen 50 MW/m^2 müßten etwa 10 MW/m^2 – was der Energie in den α-Teilchen entspricht – in Form von Wärme durch diese Wand gehen. (Durch einen Divertor (s. u.) kann man diesen Wert möglicherweise bis auf ein Drittel reduzieren). Das ist aber schon etwa das 5-fache dessen, was die derzeit günstigsten Materialien – nämlich ferritische Stähle – bei einer Wanddicke von 3 mm und einer Temperatur von 500 °C aufgrund der Begrenzung durch thermische Spannungen zulassen. Dazu kommen noch Lebensdauerverkürzungen durch Ermüdungserscheinungen infolge von thermischen Wechselbelastungen. Da beim ^{11}Bp-Prozeß jedenfalls nahe der Zündtemperatur praktisch alle Energie in Form von Wärme durch die Wand muß, liegt man hier zunächst noch um einen Faktor 5 ungünstiger, doch könnte man wegen der fehlenden Neutronen mit weniger Wandmaterial auskommen. Es bleiben aber immer das Spulenmaterial samt Abschirmung der supraleitenden Spulen und Struktur- und Stützmaterial usw. Die mögliche Reduktion ist daher sicher kleiner als der Faktor 5, so daß die ^{11}Bp-Reaktion noch ungünstiger als die DT Reaktion sein dürfte. Bleiben wir dennoch zunächst einmal bei den 50 MW/m^2 für die DT Reaktion und fragen, ob dies einen sinnvollen Reaktor ergeben könnte. Für einen Reaktor errechnet sich damit bei einem toroidalen Plasma mit einem kleinen Radius von 2 m und einem großen Radius von 8 m eine gesamte thermische Leistung von ca. 30 GW oder eine elektrische Leistung von ca. 10 GW, was mehr als 1/10 der derzeit in der Bundesrepublik installierten elektrischen Leistung wäre. Um zu vernünftigen Größenordnungen zu kommen, müßte man also, da kleinere Dimensionen nicht möglich sind, die Leistungsdichte etwa auf 1/5 reduzieren, was aber natürlich keinen ökonomischen Reaktor ergäbe.

Ein weiterer Punkt ist folender: Für die Leistungsdichte im Plasma gilt nach oben

$$\lambda \sim p^2 = \left(\frac{p}{B^2/2\mu_0}\right)^2 \left(\frac{B^2}{2\mu_0}\right)^2 \equiv \beta^2 \frac{B^4}{(2\mu_0)^2} \quad .$$

Die eingeführte dimensionslose Größe β ist das Verhältnis von Plasmadruck p zu Magnetfelddruck $B^2/2\mu_0$. Nimmt man als mittlere Magnetfeldstärke im Plasma 4 T an, was etwa 8 T an den Spulen bedeutet, wiederum einen kleinen Plasmaradius von 2 m und eine Plasmatemperatur von 20 keV, dann folgt für ein DT-Plasma aus der Wandbelastung von 50 MW/cm^2

$$\beta \approx 56\,\% .$$

Das ist etwa 10mal so hoch, wie die für Tokamaks vermuteten Höchstwerte. Erreicht hat man bisher etwa 2,5 %. Am ehesten sind Werte der geforderten Größe heute in Spiegelmaschinen (s. u.) denkbar. Reduzierte man die Wandbelastung wieder auf 10 MW/m^2, dann müßte β „nur noch" 25 % sein. Damit man auf etwa 5 % herunterkäme, müßte bei 50 MW/m^2 ein Magnetfeld von 12 T (= 24 T an den Spulen) oder bei 10 MW/m^2 ein Magnetfeld von 9 T (= 18 T an den Spulen) möglich sein. Selbst der letzte Wert ist derzeit mit Supraleitern nicht denkbar. Bei der ^{11}Bp-Reaktion müßte wegen deren um mehr als 3 Größenordnungen kleinerem Wert von λ/p^2 die Größen $\beta^2 B^4$ um mehr als 3 Größenordnungen größer sein als bei der DT-Reaktion. Es ist also mit dieser Reaktion Wirtschaftlichkeit noch unwahrscheinlicher als mit der DT Reaktion. Das gilt auch für die DD Reaktion, bei der $\beta^2 B^4$ um fast zwei Größenordnungen größer sein müßte.

Wir sehen also insgesamt, daß selbst mit der DT-Reaktion ein ökonomischer Reaktor außerordentlich unwahrscheinlich ist und somit die anderen Reaktionen auf jeden Fall nicht in Frage kommen. Es gibt nun noch einen weiteren sehr kritischen Punkt hinsichtlich der möglichen Wirtschaftlichkeit des DT-Reaktors, der die durch die Fusionsneutronen entstehenden Materialschäden beinhaltet: Mit ihren 14 MeV sind die Fusionsneutronen der DT-Reaktion etwa 7mal so energiereich wie die Spaltungsneutronen in einem schnellen Brüter. Außerdem werden pro erzeugter Energiemenge bei dieser Reaktion etwa 3 ... 4mal so viele Neutronen wie bei der Spaltung erzeugt, so daß die Neutronen in einem DT-Fusionsreaktor grob gesprochen ein etwa 25mal so großes Zerstörungspotential wie die Neutronen bei der Spaltung besitzen. Ein DD-Reaktor wäre in dieser Hinsicht nur geringfügig besser als ein DT-Reaktor. Wegen der z. B. für (n, α) Prozesse bestehenden Schwellenergien von etwa 3,5 MeV, also oberhalb der mittleren Spaltungsneutronenenergie von 2 MeV, aber unterhalb der 14 MeV der DT-Neutronen, ist das wirkliche Zerstörungspotential bei der Fusion nochmals größer anzusetzen. Das führt dazu, daß man der durch Neutronen bedingten Materialschäden wegen bei einem Fusionsreaktor wiederum nur etwa 1/30 der Leistungsdichte eines Leichtwasserreaktors erlauben könnte, was noch dazu ein Auswechseln der innersten Wand nach etwa je 3 Jahren erforderlich machte. Da nach Materialien schon im Hinblick auf Schnelle Brüter intensiv gesucht wurde, dürfte es zumindest sehr lange dauern, für die Fusion geeignete Materialen zu finden, wenn dies überhaupt gelingen sollte.

Den derzeit einzig sichtbaren Ausweg aus diesem ganzen Dilemma bildet der schon erwähnte Fusionsbrüter, die hybride Fusion, eine als Alternative zum Schnellen Brüter attraktive potentielle Anwendung der Fusion. Hierbei werden, wie wir sehen werden, all die voranstehend diskutierten Probleme, also das Material-, β-, Leistungseinheits- und Temperaturspannungsproblem, praktisch bedeutungslos. Einen groben Überblick gibt Bild 7.3, in der Schneller Brüter, eigentliche Fusion und Fusionsbrüter miteinander verglichen sind. In der Praxis dürften ein Schneller Brüter mit einer Konversionsrate von 1,2 und Kosten von 1,5 Leichtwasserreaktoren gleicher Leistung äquivalent einem Fusions-

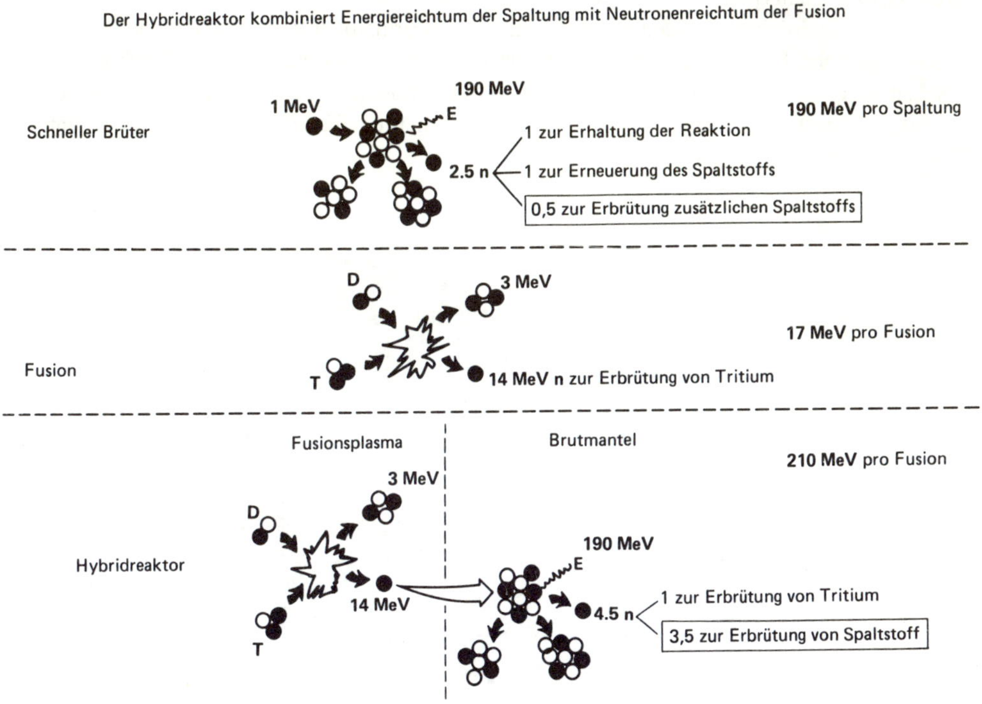

Bild 7.3 Energie- und Brutbilanzen beim Schnellen Brüter, der eigentlichen Fusion und dem Fusionsbrüter

brüter sein mit einer Fusionsleistung, die gleich der thermischen Leistung des Schnellen Brüters ist, und Kosten, die etwa das 10fache dieses Schnellen Brüters betragen. Verglichen mit der eigentlichen Fusion wird in einem Fusionsbrüter in direkter oder über den erbrüteten Spaltstoff in indirekter Weise etwa 80mal so viel Energie erzeugt (bei einer Konversionstate der versorgten Spaltreaktoren von etwa 0,9). Das bedeutet aber, daß beim Fusionsbrüter die aufgeführten, für die eigentliche Fusion kaum lösbaren Probleme relativ harmlos sind. Ein Land, das auf Kernenergie setzt, sollte also zur Redundanz neben dem Schnellen Brüter auch den Fusionsbrüter entwickeln, wogegen die eigentliche Fusion zurückgestellt werden könnte (vielleicht werden später einmal die Erfahrungen mit Fusionsbrütern auch einen ökonomisch interessanten eigentlichen Fusionsreaktor zu bauen erlauben).

Im folgenden sollen nun einige Systeme mit magnetischem Einschluß beschrieben und der derzeitige Stand der Untersuchungen dargestellt werden.

7.2 Tokamaks - Stellaratoren - Spiegelmaschinen

Das am meisten untersuchte und am weitesten entwickelte Einschlußsystem ist das des Tokamaks. Beim Tokamak erzeugt man in äußeren Spulen ein kreisförmig verlaufendes toroidales Magnetfeld (Bild 7.4). In diesem Feld befindet sich das Plasma, in dem ein toroidaler Strom fließt, durch den ein poloidales, also den kleinen Umfang herumlaufendes Magnetfeld entsteht. Dazu kommen noch schwächere vertikale Magnetfelder, die in toroidalen Spulen erzeugt werden.

Ohne den toroidalen Plasmastrom gibt es prinzipiell kein axialsymmetrisches Gleichgewicht. Das Plasma würde durch das toroidale Magnetfeld sozusagen hindurchrutschen. Dagegen wäre im Prinzip ein Gleichgewicht ohne das äußere toroidale Magnetfeld denkbar. Die Theorie zeigt jedoch, und die Experimente haben dies massiv bestätigt, daß

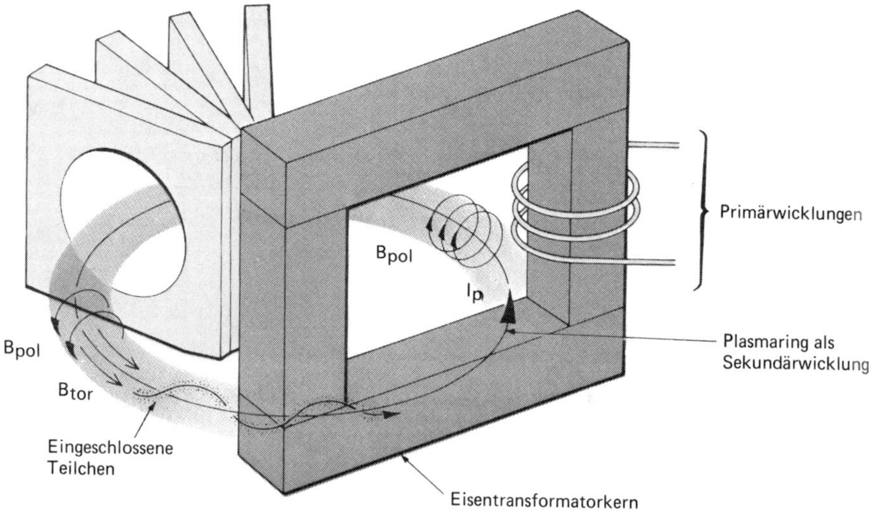

Bild 7.4 Das Tokamak-Prinzip

man ein äußeres toroidales Magnetfeld braucht, um wenigstens die stärkste Instabilität, die den Plasmaschlauch schon nach sehr kurzer Zeit vollkommen zerstören würde, zu vermeiden. Dieses Feld ist dadurch gekennzeichnet, daß das durch die Überlagerung von poloidalem und toroidalem Feld entstehende schraubenförmige Feld sich höchstens 1 mal um den kleinen Umfang windet, wenn es einmal den großen Umfang herumläuft.
Bezeichnet man mit

$$\frac{1}{q} = \frac{\text{Anzahl der kleinen Umläufe}}{\text{Anzahl der großen Umläufe}},$$

dann muß also

$$\frac{1}{q} < 1 \quad \text{oder} \quad q > 1$$

sein; das ist die sogenannte Kruskal-Shafranov-Bedingung.
Je größer q ist, um so sicherer kann man mit Stabilität rechnen. Man nennt q daher auch den Sicherheitsfaktor (Bild 7.5).

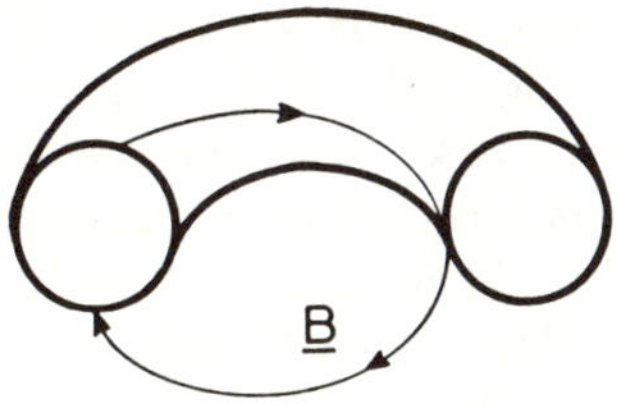

Bild 7.5
Zur Definition des Sicherheitsfaktors q: Beispiel mit q = 2: Auf einen großen Umlauf kommt ein halber kleiner Umlauf

Mit dieser Größe schreibt sich, wie eine einfache geometrische Betrachtung zeigt,

$$\frac{B_{tor}}{B_{pol}} = \frac{R_0 q}{a},$$

wobei R_0 der große und a der kleine Plasmaradius sind. Man erkennt also, daß man leider mit viel größeren äußeren als vom Plasmastrom erzeugten Feldern arbeiten muß, und das führt uns wieder zum β-Problem. Wir können jetzt die Größe β darstellen durch

$$\beta = \beta_{pol} \frac{a^2}{R_0^2 q^2} \qquad \text{mit} \qquad \beta_{pol} = \frac{p}{B_{pol}^2/2\mu_0} .$$

Solange $\beta_{pol} \leqslant 1$ ist, wird das Gleichgewicht durch das poloidale Magnetfeld, also durch den toroidalen Plasmastrom bewirkt. In diesem Bereich liegen üblicherweise Tokamaks, deren Plasmen nur mit dem Plasmastrom geheizt werden.

Bei einem Reaktor in diesem Bereich hätte man vielleicht

$$\frac{a}{R_0} = \frac{1}{3}, \quad q = 2{,}5,$$

dann ergibt $\beta_{pol} = 1$ den Wert

$$\beta = 1{,}8\,\%.$$

In Experimenten mit genügender Zusatzheizung wird $\beta_{pol} > 1$ erreicht. In diesem Fall trägt gerade das toroidale äußere Magnetfeld wesentlich zum Gleichgewicht bei; doch stellen β_{pol}-Werte von $1/2\ R_0/a$ ungefähr die Grenze dar, oberhalb der Gleichgewichte höchstens noch mit großem Aufwand, wenn überhaupt, realisierbar sind.

Die Physik des Gleichgewichts ist in diesem Fall folgende: Da B_{tor} nach außen wie $1/R$ abfällt, wobei R den Abstand von der Symmetrieachse bedeutet, muß der das Gleichgewicht liefernde poloidale Strom gemäß der Beziehung

$$\vec{j}_{pol} \times \vec{B}_{tor} = \nabla \vec{p}$$

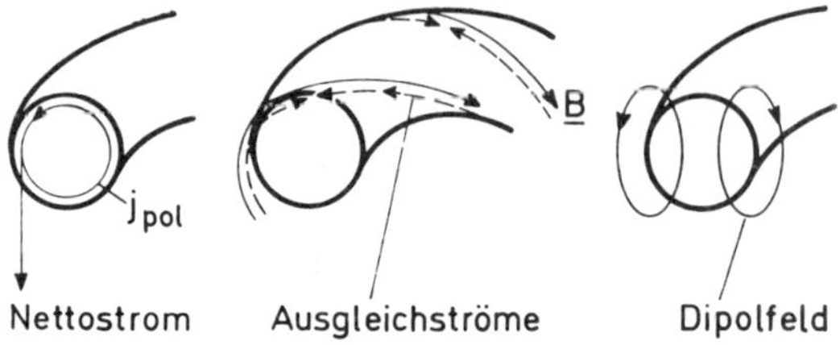

Bild 7.6
Ausgleichströme in einem Tokamak mit $\beta_{pol} > 1$

bei kleinem R kleiner als bei großem R, sein was in Bild 7.6 einen Nettostrom nach unten zur Folge hat. Dieser Strom muß kraftfrei, also parallel zum Magnetfeld wieder nach oben fließen, was wegen der Verschraubung des Magnetfeldes auch möglich ist. Der ursprüngliche toroidale Strom im Plasma ist also jetzt im wesentlichen nur noch dafür da, diese Verschraubung zu bewirken. Man kann diese Verschraubung auch durch zusätzliche äußere Felder, die z. B. mit sogenannten helikalen, also schraubenförmigen Spulen erzeugt werden können, erhalten. Nach diesem Prinzip arbeitet der sogenannte Nieder-β-Stellarator (Bild 7.7). Der technische Aufwand ist hier allerdings erheblich.

Doch zurück zum Tokamak! Die entlang dem Magnetfeld nach oben fließenden sogenannten Ausgleichsströme haben, da das toroidale Feld viel stärker als das poloidale ist, ihre Hauptkomponente in toroidaler Richtung. Dabei ist diese Komponente bei großem $R\,(R > R_0)$ umgekehrt orientiert zu der bei kleinem $R\,(R < R_0)$, so daß der über den Querschnitt integrierte toroidale Gesamtausgleichsstrom verschwindet. Die Ausgleichsströme erzeugen also ein poloidales Dipolfeld. Wenn $\beta_p \approx R_0/a$, werden die Ausgleichsströme so groß wie der ursprüngliche toroidale Plasmastrom und das Dipolfeld so groß wie der poloidale Anteil des Schraubenfeldes, was entweder zu einer Zerstörung oder wenigstens zu einer starken Deformation des Gleichgewichts führt. Mit der also sehr wahrscheinlichen Grenze $\beta_{pol} \approx 1/2\ R_0/a$ ergibt sich für das maximale β der Ausdruck

$$\beta_{max} \approx \frac{1}{2}\,\frac{a}{R_0\,q}\ .$$

(Andere Gründe würden β_{pol} auf $\sqrt{R_0/a}$ beschränken, was bei den interessierenden (R_0/a)-Werten keine wesentliche Änderung der Resultate brächte.) Setzt man wieder $a/R_0 = 1/3$ und $q = 2{,}5$ ein, so ergibt sich ein Wert

$$\beta = 2{,}7\ \%.$$

Solche β-Werte sollten auch ungefähr die Stabilitätsgrenze darstellen. Sie wurden im Experiment ISX-B in Oak-Ridge in den USA möglicherweise sogar überschritten. Mit nicht kreisförmigen Querschnitten, die eine vertikale Ausdehnung doppelt so groß wie ihre hori-

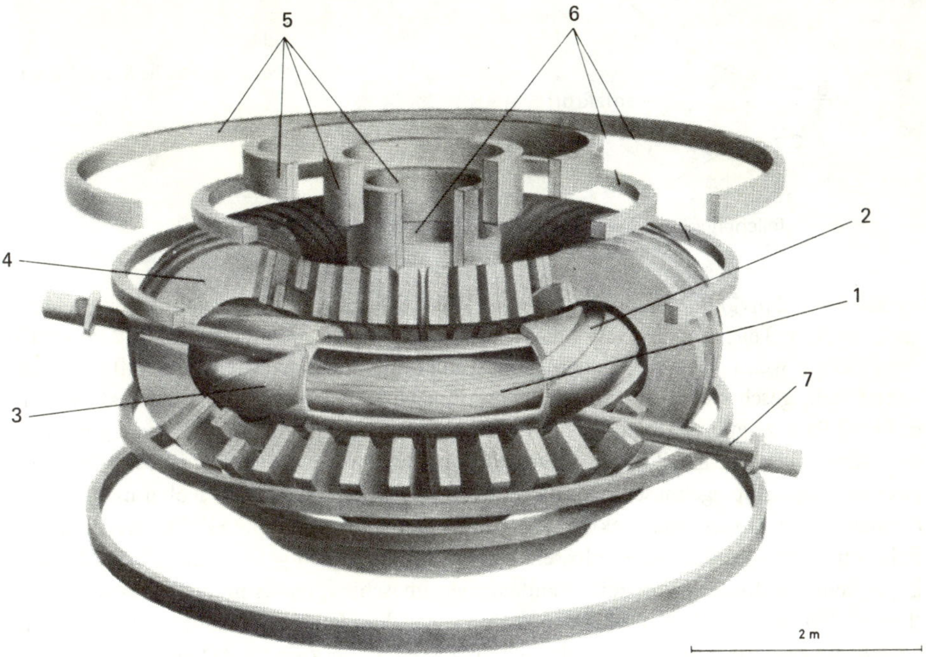

Bild 7.7 Der Nieder-β-Stellarator
1 Plasma, 2 Vakuumgefäß, 3 Helikale Spulen, 4 Toroidalfeldspulen, 5 Transformatorspulen, 6 Vertikalfeldspulen, 7 Neutralteilcheninjektionsheizung

zontale besitzen, könnten etwa 5 % möglich sein. Das dürfte für einen Hybridreaktor genügen. Die für einen eigentlichen Fusionsreaktor notwendigen β-Werte zu verwirklichen, erscheint aber höchst zweifelhaft. Dies gilt insbesondere auch wegen des Auftretens einer immer noch nicht vollständig verstandenen Instabilität, der disruptive instability, die derzeit eine obere zulässige Teilchendichte zu bewirken scheint. Diese Instabilität tritt ganz plötzlich auf, nachdem sich das Plasma vorher nur mäßig unruhig verhielt, und führt häufig zu einer Zerstörung des Plasmaschlauchs. Wegen der dabei freigesetzten hohen Plasma- und Magnetfeldenergien bringt dies bei großen Maschinen erhebliche technische Probleme mit sich.

Diese recht unangenehmen Instabilitäten können in Spiegelmaschinen und höchstwahrscheinlich auch in Stellaratoren mit verschwindendem toroidalem Nettostrom nicht auftreten, was einen von mehreren Gründen darstellt, diese Konfiguration neben dem Tokamak zu untersuchen. Wichtigster Grund bei der Spiegelmaschine ist ihre technische Einfachheit verglichen mit dem Tokamak. Das macht sie vor allem im Hinblick auf einen Fusionsbrüter interessant.

Bei der Spiegelmaschine wird der magnetische Spiegeleffekt zum Einschluß parallel zu den Feldlinien ausgenutzt. Der Vorgang dabei ist in Bild 7.8 erläutert. Quantitativ wird er am einfachsten durch die sehr gut erfüllte Konstanz des magnetischen Bahnmo-

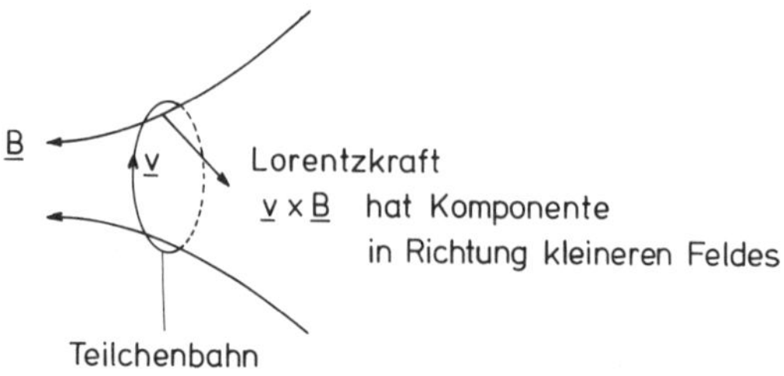

Bild 7.8
Der magnetische Spiegeleffekt

ments $\mu = 1/2\, mv_\perp^2/B$ ($v_\perp$ Komponente der Teilchengeschwindigkeit senkrecht zum Magnetfeld B, m Teilchenmasse) und die Konstanz der Energie $1/2 m(v_\parallel^2 + v_\perp^2) = 1/2\, mv_\parallel^2 + \mu B$ beschrieben. Wenn also ein Teilchen in ein Gebiet höheren Magnetfelds hineinfliegt, muß seine Parallelgeschwindigkeit $v_\parallel$ abnehmen. Eine einfache Spiegelmaschine besäße einen in Bild 7.9a gezeigten Aufbau. Aus Stabilitätsgründen sind jedoch kompliziertere Feldstrukturen, wie z.B. in Bild 7.9b dargestellt, notwendig. Noch günstiger ist es, zwischen zwei derartigen Spiegelmaschinen ein einfaches Solenoid zu packen, wobei dann die Plasmateilchen (Ionen und Elektronen) dieser sogenannten zentralen Zelle parallel zum Feld rein elekrostatisch eingeschlossen werden, wie hier nicht genauer ausgeführt werden kann. Man spricht dann von einer Tandemspiegelmaschine, insbesondere mit sogenannter thermischer Barriere (Bild 7.10). Der Vorteil gegenüber den einfachen Spiegelmaschinen besteht in wesentlich verlängerten Einschlußzeiten parallel zum Feld (bei einem Stoß mit einem anderen Teilchen ändert sich μ, so daß im allgemeinen ein Teilchen nach wenigen Stößen den einfachen magnetischen Spiegel passieren kann) und in einer Anordnung, in der die komplizierten Spiegel einen relativ kleineren Teil der Gesamtanlage ausmachen, so daß die Anlagekosten pro Leistungseinheit geringer sind. Neuerdings werden auch Tandemspiegelmaschinen diskutiert, die die Verwendung von kreisförmigen Spulen in den Endspiegeln erlauben könnten (Bild 7.11), was eine wesentliche technische Vereinfachung bedeutete.

Zu den Stellaratoren ist noch zu sagen, daß man durch raffiniertere Feldkonfigurationen mit einem Verhältnis R/a von etwa 20 mittlere β-Werte ($\approx 10\,\%$) stabil bekommen sollte, was dann günstige Daten für einen Fusionsbrüter erlaubte. Die benötigten Spulensysteme sind nach bisherigen Rechnungen allerdings sehr kompliziert. Überlegungen zur technischen Realisierung derartiger Stellarator-Reaktoren sind noch in einem rudimentären Status und lassen noch keine Schlüsse zu.

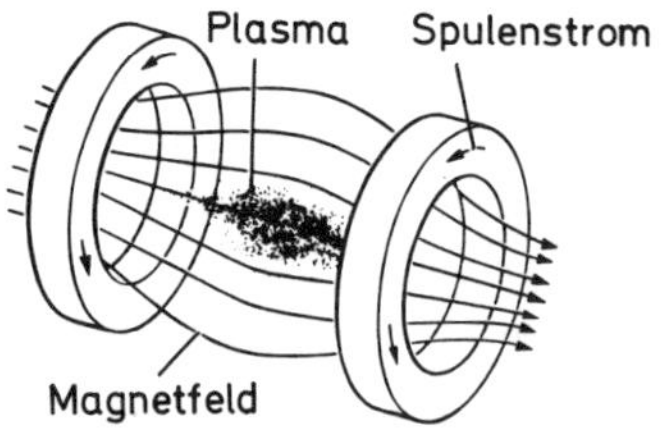

a)

b)

Bild 7.9 Spiegelmaschine
a) Einfache Spiegelmaschine
b) Minimum-B-Spiegelmaschine mit Yin-Yang-Spulen

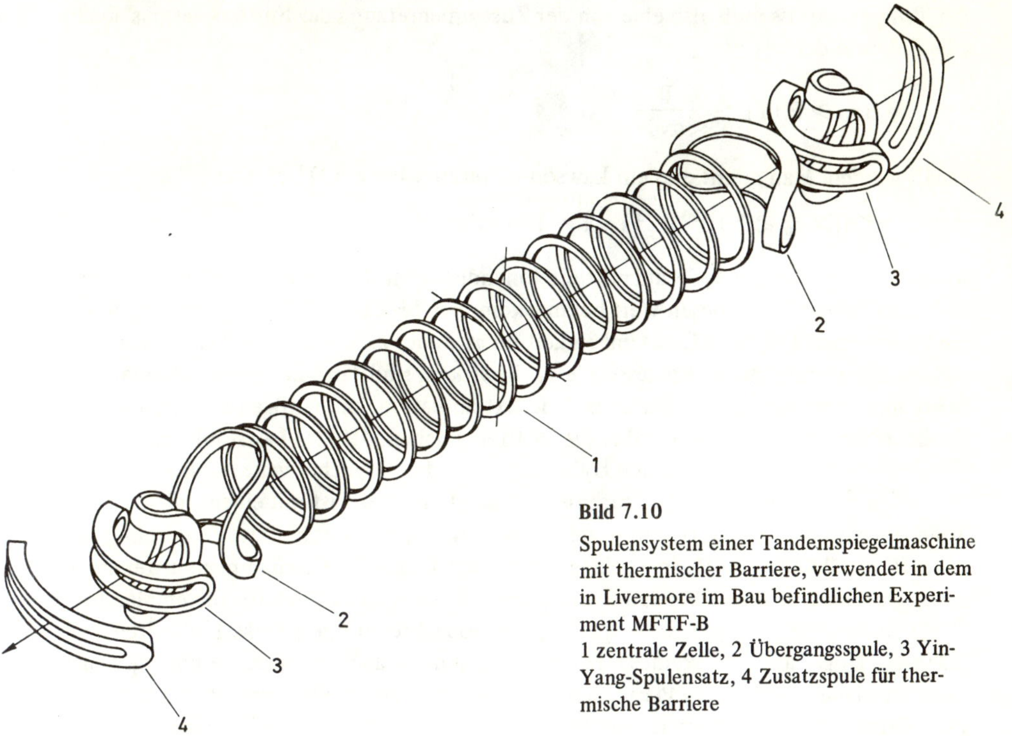

Bild 7.10

Spulensystem einer Tandemspiegelmaschine mit thermischer Barriere, verwendet in dem in Livermore im Bau befindlichen Experiment MFTF-B
1 zentrale Zelle, 2 Übergangsspule, 3 Yin-Yang-Spulensatz, 4 Zusatzspule für thermische Barriere

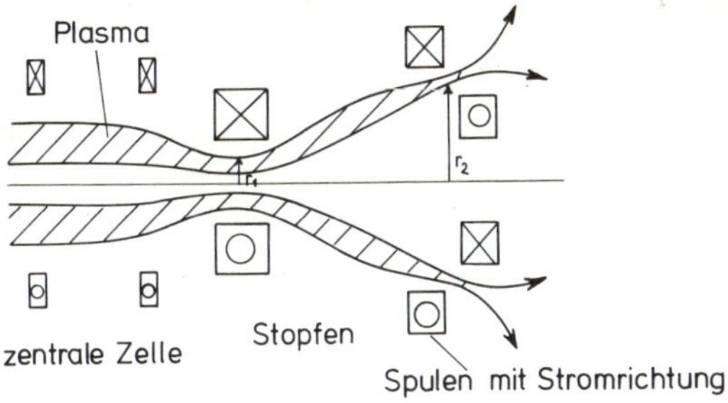

Bild 7.11

Mögliches Magnetfeldsystem einer axialsymmetrischen Tandem-Spiegelmaschine mit thermischer Barriere

Nach dem angesprochenen β-Problem ist der Energie- und Teilcheneinschluß im Plasma von grundlegender Bedeutung für die Fusion. Auf irgend einem Weg muß mit einem gewissen Prozentsatz der Fusionsenergie die Temperatur im Plasma aufrecht erhalten werden. Die Energiedichte im Plasma, die proportional zu nT ist, möge während einer Zeit τ_E durch irgendwelche Verluste abgebaut werden; diese müßten also durch einen Teil der Fusionsleistungsdichte, die proportional zu $n^2 <\sigma v>$ ist, ausgeglichen werden, wobei gegebenenfalls gewisse Wirkungsgrade eine Rolle spielen können. $<\sigma v>$ ist eine Funktion der Temperatur. Es muß also eine von der Zusammensetzung des Fusionsplasmas abhängige Relation der Art

$$n\tau_E > F(T) \sim \frac{T}{<\sigma v>}$$

erfüllt werden. Man nennt dies ein Lawson-Kriterium. Für ein DT-Plasma gilt ungefähr

$$<n_i> \tau_E \gtrsim 2\ 10^{20}\ m^{-3}\ s, \quad T \approx 10\ keV,$$

wobei $<n_i> = <n_D + n_T>$ die mittlere Ionendichte ist. In Tokamaks ist man bis etwa auf einen Faktor 10 an diesen Wert herangekommen. Man kennt für diese Maschinen empirisch auch einen Teil einer Gesetzmäßigkeit für τ_E, aber z. B. nicht ihre Temperaturabhängigkeit. Die physikalischen Prozesse, die τ_E bewirken, sind Turbulenzen im Plasma, die bis heute nicht verstanden sind. Daher ist jede Extrapolation von heutigen Experimenten auf Reaktoren unsicher. Man kann aber die Hoffnung haben, daß das Lawson-Kriterium mit Tokamaks erfüllbar ist. (Für einen Hybridreaktor wäre möglicherweise sogar $<n_i>\tau_E \approx 3 \cdot 10^{19}\ m^{-3}\ s$ ausreichend.) Der turbulente Energietransport ist mit einem turbulenten Teilchentransport verknüpft, der derzeit die günstige Eigenschaft besitzt, Verunreinigungen, die z. B. von Wänden ins Plasma gelangt sind, wieder aus dem Plasma hinauszutreiben. Das ist möglicherweise anders bei den Stellaratoren. Es sieht so aus, daß bei diesen Maschinen Turbulenzen eine geringere Rolle spielen; die beobachteten Energieeinschlußzeiten sind jedenfalls länger als bei Tokamaks. Doch scheinen dafür auch die Verunreinigungen nicht hinausgetrieben, sondern ins Plasma hineingezogen zu werden, ein Vorgang, der theoretisch für nichtturbulente Plasmen auch vorhergesagt wurde. Diese Verunreingungen und insbesondere die bei der DT-Reaktion entstehenden α-Teilchen könnten schon nach kurzer Zeit zu außerordentlich großen Energieverlusten durch Strahlung, vor allem Linienstrahlung, führen, die einen ökonomischen Reaktor unmöglich machten. Bei Spiegelmaschinen sind die Verluste entlang dem Magnetfeld die wichtigsten; sie lassen sich derzeit theoretisch wohl gut verstehen, doch ist die Extrapolation zum Reaktor noch größer als bei den Tokamaks, so daß auch hier noch große Unsicherheit besteht. Die von außen kommenden Verunreinigungen werden bei den Spiegelmaschinen sehr wahrscheinlich vor Erreichen des Plasmas entlang dem Magnetfeld wieder an Wände oder in Pumpen geführt. Das hofft man in toroidalen Anordnungen – falls nötig – durch sogenannte Divertoren (Bild 7.12) zu erreichen, bei denen man versucht, die aus dem Plasma diffundierenden oder von außen kommenden Teilchen entlang den Feldlinien durch enge Schlitze in eine Kammer auf Prallplatten zu führen und gegebenenfalls von dort abzupumpen. Divertoren sind allerdings technisch sehr aufwendig.

Die Tabelle 7.2 führt typische Daten von derzeit laufenden Maschinen auf. Welche Experimente auf dem Tokamak- und Spiegelmaschinengebiet sich im Bau befinden und in wenigen Jahren in Betrieb gehen sollen, zeigt Tabelle 7.3. Diese Experimente sollten die für Hybridreaktoren erforderlichen Plasmabedingungen schon nahezu erreichen. Die Bilder 7.13 und 7.14 zeigen die derzeitige Vorstellung von einem Tokamak- und Tandem-Spiegelmaschinen-Hybridreaktor. Dafür, daß solche Anlagen ökonomisch sind und in nicht zu ferner Zukunft realisiert werden können, besteht eine vernünftige Chance. Von Sicherheit kann man allerdings nicht reden.

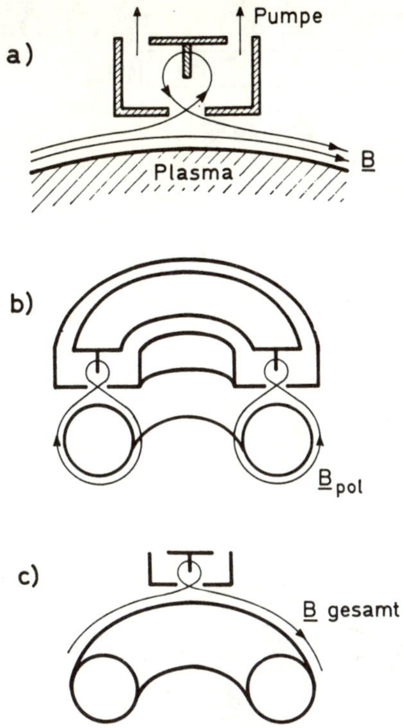

Bild 7.12

Divertoren a) Divertor-Prinzip, b) axialsymmetrischer Divertor, c) Bündeldivertor

Tabelle 7.2: Typische Daten laufender Experimente

	R oder L	a	B	$\langle n_e \rangle$	T	$\langle n_e \rangle \tau_E$
Tokamaks						
PLT(USA)	1,34	0,4	3,5	0,5	1,25	0,03
PLT(USA) mit 2,5 MW, 40 keV Neutralteilcheninjektionsheizung				0,25	6,5	–
Alcator (USA)	0,54	0,095	7,85	4,5	0,7	0,07
Asdex (Bundesrepublik) (mit Divertor)	1,65	0,4	2,2	0,22	0,5	0,008
Stellaratoren						
W 7a (Bundesrepublik)	2	0,1	3,5	0,5	0,8 (Ionen)	0.017
Heliotron E (Japan)	2,2	0,2	1	0,04	0,5 (Elektronen)	0,0016
Tandemspiegelmaschinen						
TMX (USA)	5,5	0,3	0,05	0,12	0,2	0,0003

R großer Torusradius in Meter, L = Länge des Solenoids in Meter
a kleiner Torusradius in Meter
B Magnetfeld in Tesla
$\langle n_e \rangle$ mittlere Elektronendichte in 10^{14} cm^{-3}
T Zentrale Temperatur in keV
Z_E Energieeinschlußzeit in sec

Tabelle 7.3: Große im Bau befindliche Experimente

	R oder L	a	B	I	t
Tokamaks					
JET (Europa)	3	1,6	3,4	4,8	15
TFTR (USA)	2,65	0,85	6	3	2
JT 60 (Japan) (mit Divertor)	3	0,95	4,5	2,7	5
Tandemspiegelmaschinen					
MFTF-B (USA)	32	2	1	–	30

R großer Plasmaradius in Meter
L Länge der zentralen Zelle in Meter
a kleiner Plasmaradius in Meter
B Magnetfeld in Tesla
I Plasmastrom in MA
t Brenndauer in s.

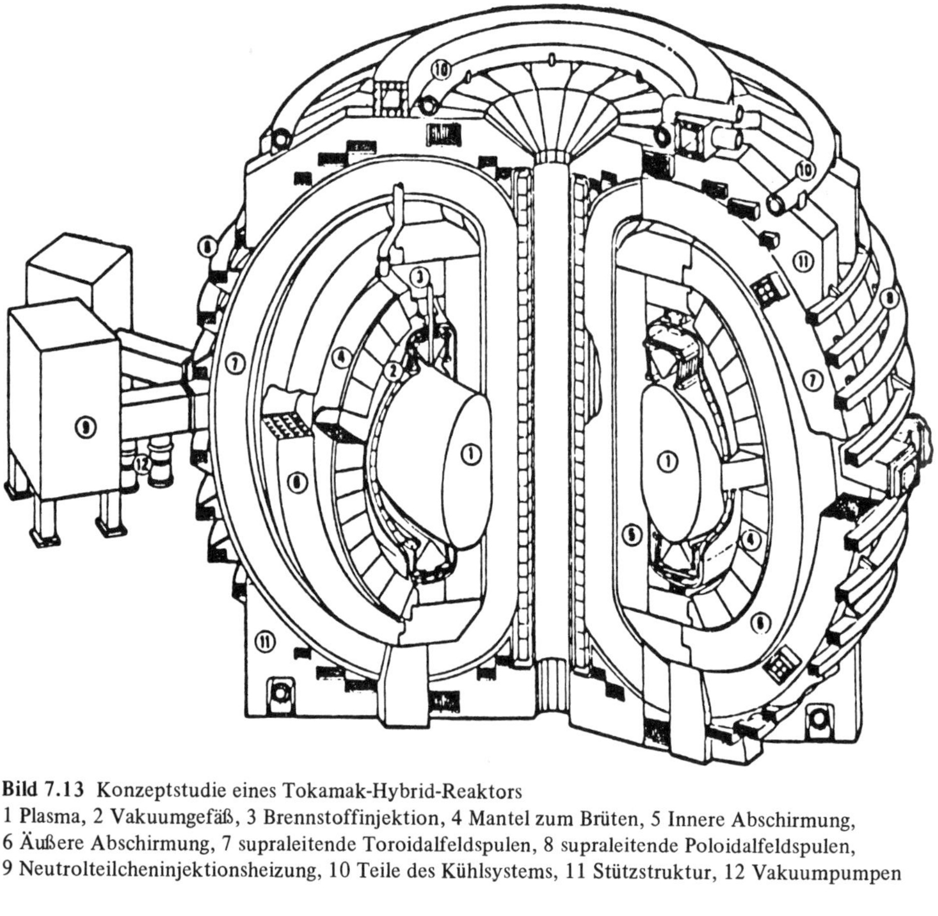

Bild 7.13 Konzeptstudie eines Tokamak-Hybrid-Reaktors
1 Plasma, 2 Vakuumgefäß, 3 Brennstoffinjektion, 4 Mantel zum Brüten, 5 Innere Abschirmung, 6 Äußere Abschirmung, 7 supraleitende Toroidalfeldspulen, 8 supraleitende Poloidalfeldspulen, 9 Neutrolteilcheninjektionsheizung, 10 Teile des Kühlsystems, 11 Stützstruktur, 12 Vakuumpumpen

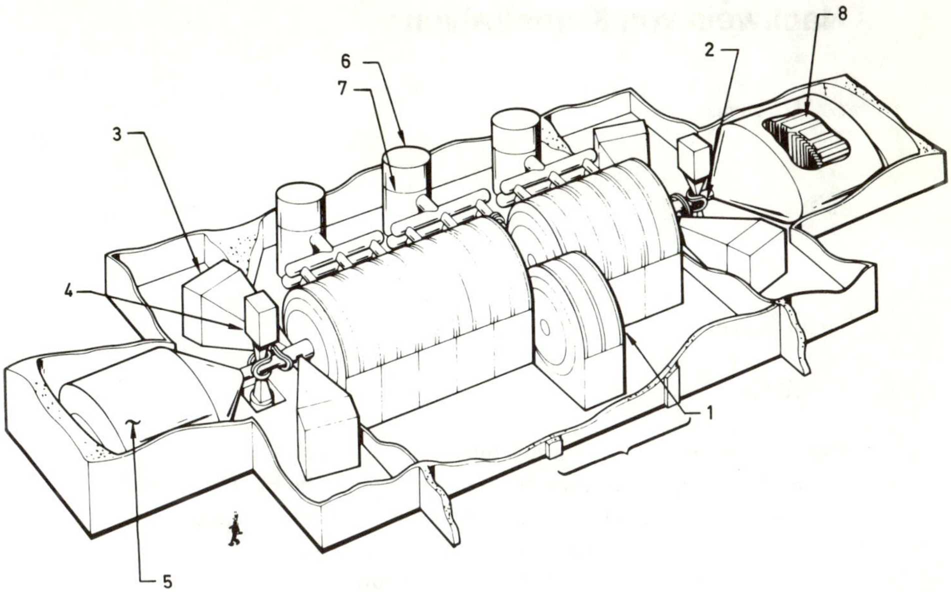

Bild 7.14 Konzeptstudie eines Tandem-Spiegelmaschinen-Hybrid-Reaktors
1 Modul der zentralen Zelle mit Brutmantel, Abschirmung und supraleitender Kreisspule, 2 Einfache Spiegelmaschine als Endstopfen, 3 Neutralteilcheninjektion in die zentrale Zelle, 4 Neutralteilcheninjektion in den Endstopfen, 5 Energierückgewinnung von den zu den Enden ausströmenden Teilchen, 6 Umwälzanlage für flüssiges Helium zur Kühlung der Spulen, 7 Dampferzeuger, 8 Kryopumpen

Es sei noch erwähnt, daß heute noch eine ganze Reihe weiterer Konzepte des magnetischen Einschlusses betrachtet werden, vor allem sogenannte kompakte Toren, die vielleicht technische Vorteile gegenüber den aufgeführten Verfahren bieten könnten. Es ist aber schwer, diese weniger untersuchten Konfigurationen heute schon in ihren Aussichten zu beurteilen.

8 Nachweis von Kernstrahlung

G. M. Kalvius

8.1 Grundlagen

8.1.1 Einleitung

Der Nachweis von Kernstrahlung und Elementarteilchen ist ein zentrales Gebiet der experimentalen Kernphysik. Auch heute noch schreitet die Entwicklung hier rasch voran, wenngleich sie sich auch naturgemäß mehr auf den Bereich sehr hochenergetischer Teilchen konzentriert. Dieses Gebiet interessiert im Rahmen dieses Buches weniger, dennoch werden wir, um das Bild etwas abzurunden, auf einige diesbezügliche Gesichtspunkte eingehen. Im Mittelpunkt unserer Interessen hier steht einerseits der Nachweis von Strahlung wie sie beim radioaktiven Zerfall der Kerne auftritt, andererseits der Nachweis der Folgeprodukte der Kernspaltung, also der Bruchstücke des Spaltkernes und der Neutronen.

Im Rahmen dieses kurzen Beitrages können wir natürlich nicht auf die Einzelheiten der verschiedenen Nachweisverfahren und auf den technischen Aufbau der Kernstrahlungsdetektoren eingehen. Es gibt hierzu ausführliche Literatur und einige Beispiele sind am Schluß dieses Kapitels für den interessierten Leser aufgeführt. Es ist auch leider nicht möglich auf die (an sich ganz wesentlichen) Gesichtspunkte der Weiterverarbeitung des Detektorsignals, d.h. auf die elektronischen Geräte der Kernphysik, einzugehen.

Eine kleine Auswahl von Teilchen, die es nachzuweisen gilt, ist in Tabelle 8.1 zusammengefaßt. Wir finden dort elektrisch geladene Teilchen mit unterschiedlicher Ruhemasse. (Es ist zu beachten, daß die Teilchen meist sehr hohe Geschwindigkeiten besitzen, so daß ihre Kinematik mit den Gesetzen der Relativitätsmechanik beschrieben werden muß). Beim radioaktiven Zerfall treten nun Elektronen (β^--Zerfall), Positronen (β^+-Zerfall) und ^{4}He-Kerne (α-Zerfall) auf. Das Sigmateilchen und das π-Meson sind typische Elementarteilchen die beim Zusammenstoß von hochenergetischen Protonen (wie sie etwa ein Kernbeschleuniger liefert) mit Kernbausteinen (Protonen, Neutronen) entstehen. Weiterhin haben wir ungeladene Teilchen, wie das Σ^0 und das π^0 als Beispiele aus der Hochenergiephysik, sowie das Neutron als Kernbaustein und zentrales Teilchen der Kernspaltung. Sie alle haben eine große Ruhemasse. Anders ist dies beim Neutrino, das z. B. beim β-Zerfall auftritt. Seine Ruhemasse ist im Rahmen unserer gegenwärtigen Meßgenauigkeit Null, allerdings gibt es keinen zwingenden theoretischen Grund, daß sie exakt Null sein muß. Weder Ruhemasse noch elektrische Ladung besitzen die Quantenteilchen wie das Photon. Energiereiche Photonen bilden die γ-Strahlung die beim radioaktiven Zerfall auftritt.

Der Nachweis geladener Teilchen ist vergleichsweise einfach, da sie beim Durchlaufen von Materie diese stark ionisieren. Das bedeutet, daß freie elektrische Ladungen

Tabelle 8.1 Beispiele für Kern- und Elementarteilchen

Klasse	Name	Symbol	Wechsel-wirkung	Ladung e	Ruhe-masse m_e	Lebens-dauer ns	Anti-Teil-chen
1. Geladene Teilchen							
Kern	Alpha-T.	α	---	+ 2	7298	∞	---
Baryonen	Sigma	Σ^+	stark	+ 1	2343	0,15	$\overline{\Sigma}^-$
		Σ^-	stark	– 1	2328	0,08	$\overline{\Sigma}^+$
	Proton	p^+	stark	+ 1	1836	? (∞)	p^-
Mesonen	Pi	π^+	stark	+ 1	273	26	π^-
Leptonen	Elektron	e^-	schwach	– 1	1	∞	e^+
	Muon	μ^-	schwach	– 1	206	2200	μ^+
2. Ungeladene Teilchen							
Baryonen	Sigma	Σ^0	stark	0	2333	10^{-5}	$\overline{\Sigma}^0$
	Neutron	n	stark	0	1838	10^{-12}	n
Meson	Pi	π^0	stark	0	264	10^{-7}	π^0
Leptonen	El.-Neutrino	ν_e	schwach	0	0	? (∞)	$\overline{\nu}_e$
Quanten	Photon	γ	e-magnetische	0	0	∞	γ

entstehen, die wir sammeln und als Signal verarbeiten können. Bei den ungeladenen Teilchen ist dieser Effekt primär nicht vorhanden und der Nachweis wird schwieriger. Bei Neutronen (und anderen ungeladenen Baryonen) führt die große Ruhemasse und die starke Wechselwirkung zu Reaktionen mit den Materiebausteinen, die dann indirekt eine merkliche Ionisierung der durchlaufenen Schicht bewirken. Bei den Photonen ist es die elektromagnetische Wechselwirkung mit den Bausteinen der Materie, die in einer kräftigen Ionisation resultiert. Die Situation wird extrem im Falle der Neutrinos, die ungeladen und ohne Ruhemasse nur der schwachen Wechselwirkung unterliegen. Sie können deshalb ungestört extrem dicke Materieschichten (wie etwa den gesamten Erdball) durchlaufen. Ihr Nachweis erfordert ziemlich raffinierte Meßverfahren. Wir werden am Schluß dieses Beitrages darauf kurz eingehen, um dem Leser ein Beispiel eines komplexen modernen Teilchennachweissystemes vorzuführen.

8.1.2 Die Aufgaben eines Teilchendetektors

Die Ionisation, die ein Kernteilchen beim Durchlaufen von Materie erzeugt, setzen wir mit einem Kernstrahlungsdetektor, wie wir ihn weiter unten besprechen, in einen elektrischen Impuls um. Das Auftreten dieses Impulses ist der Nachweis, daß ein Teilchen in das sensitive Volumen des Detektors eingetreten ist. Es ist wichtig, daß dieses Teilchensignal sich deutlich von allen möglichen elektrischen Störimpulsen abhebt. Im Falle sehr schwacher Ionisation kann diese Diskriminierung zwischen Meß- und Untergrundsignalen problematisch sein.

Die Teilchensignale werden anschließend in einer elektronischen Zählschaltung verarbeitet, die die Anzahl der nachgewiesenen Teilchen N während einer vorgegebenen Meßzeit t registriert. Den Quotienten $R = N/t$ bezeichnen wir als die Zählrate (Impulse/s). Sie ist ein Maß für die Strahlungsintensität.

In der Regel ist es wünschenswert, zwischen verschiedenen Teilchenarten zu unterscheiden. Wie wir sehen werden, ist dies bei geeigneter Wahl des Detektors möglich, da die Stärke der Ionisation pro Wegstrecke (unter anderem) von der Teilchenart abhängt.

Neben der Zählrate interessiert meist auch die Energie des nachgewiesenen Teilchens. So ist etwa die Schädigung lebenden Gewebes sowohl von der Teilchenart wie von der Teilchenenergie abhängig, und es genügt zur Strahlenprotektion nicht, nur die Strahlungsintensität zu kennen. Die allgemein gebräuchlichen Kernstrahlungsdetektoren sind deshalb als sogenannte Proportionalzähler ausgeführt. Dies bedeutet, daß die Spannungshöhe U des elektrischen Zählimpulses der Teilchenenergie (für eine bestimmte Teilchenart) proportional ist. Die elektronische Schaltung an die der Proportionalzähler angeschlossen ist, sortiert dann die Teilchenimpulse gemäß ihrer Spannungshöhe und gibt dadurch, wie wir weiter unten noch besprechen werden, ein Bild der Energieverteilung der einfallenden Strahlung wieder. Man spricht vom Energiespektrum der nachgewiesenen Strahlung.

In der kernphysikalischen Forschung ist sehr oft auch die Kenntnis von Zeitkorrelationen zwischen verschiedenen einlaufenden Teilchen von Bedeutung. Man möchte daher erreichen, daß der Detektor einen zeitlich möglichst scharf definierten Zählimpuls abgibt, damit die nachfolgende elektronische Schaltung den Zeitpunkt des Eintreffens des Teilchens im Detektor mit hoher Genauigkeit bestimmen kann.

Es gibt keinen Detektor der alle diese Aufgaben zugleich mit hoher Genauigkeit erfüllt. Insbesondere sind die Forderungen nach guter Energie- und Zeitauflösung widersprüchlich. Es gilt oft einen brauchbaren Kompromiß zu schließen oder mit einer Kombination von Zählersystemen zu arbeiten.

8.1.3 Die Verarbeitung der Kernstrahlungsimpulse

Bevor wir den Aufbau und die Wirkungsweise der verschiedenen Kernstrahlungsdetektoren besprechen, wollen wir noch kurz die Verarbeitung der von ihnen gelieferten Impulse schildern. Auf elektronische Einzelheiten gehen wir nicht ein.

Das Blockschaltbild für Kernstrahlungsintensitätsmessungen zeigt Bild 8.1. Die meisten Kernstrahlungsdetektoren benötigen eine Hochspannungsversorgung, um die vom Kernteilchen erzeugte Ionisationsladung schnell zu sammeln. Dies diskutieren wir weiter unten. Die Verstärkung des Detektorimpulses erfolgt meist in zwei Stufen. Der Vorverstärker bewirkt hauptsächlich eine Leistungsverstärkung, so daß das Detektorsignal zur Weiterverarbeitung auf geschirmte Kabel (Koaxialkabel) gegeben werden kann. In der Regel ist die Impulsverarbeitungselektronik nicht dort aufgebaut wo die Detektoren stehen, da dort der Physiker wegen der hohen Strahlungsbelastung die Geräte nicht laufend bedienen und überwachen kann. Der Hauptverstärker besorgt dann den Löwenanteil der Spannungsverstärkung und die Impulsformung.

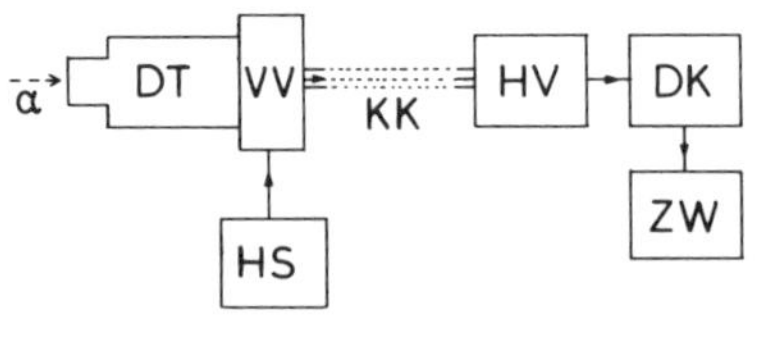

Bild 8.1

Prinzipschaltung für den Nachweis von Kernstrahlung
DT Kernstrahlungsdetektor, HS Hochspannungsversorgung, VV Vorverstärker, KK Koaxialkabel, HV Hauptverstärker, DK Diskrimininator, ZW elektronisches Zählwerk

Die elektrischen Impulse, wie sie von einem typischen Proportionalzähler mit nachfolgender Verstärker- und Impulsformerschaltung geliefert werden, zeigt Bild 8.2a. Gezeichnet sind dort die Impulse von drei Teilchen unterschiedlicher Energie, die nacheinander in den Detektor eingelaufen sind. Jeder Teilchenimpuls ist bipolar symmetrisch (d. h., die positiven und die negativen Flächen sind gleich), um die Nullinie eindeutig definieren zu können. Die positive Spannungshöhe U trägt die Information über die Teilchenenergie E:

$$U = \text{const} \cdot E. \qquad (8.1)$$

Die Impulsdauer ist von der Detektorart abhängig. Für viele gebräuchliche Proportionaldetektoren liegt sie um 1 μs. Die unmittelbare elektronische Verstärkung ist nötig, da die Detektorimpulse meist nur einige mV groß und daher sehr störanfällig sind. Der Verstärker muß natürlich ebenfalls proportional arbeiten um die Relation (8.1) zu erhalten. Eingezeichnet in Bild 8.2b sind zusätzliche kleine Impulse, die das Rauschen des Detektors und der nachfolgenden Elektronik darstellen (etwas übertrieben für ein modernes System).

a) Messung der Strahlungsintensität

Falls wir nur einfach die integrale Zählrate, d. h. auf zusätzliche Energie- oder Zeitinformation, verzichten, genügt es, die Zählimpulse (Bild 8.2b) auf einen einfachen Diskriminator zu geben. Dieser spricht erst beim Überschreiten einer bestimmten, einstellbaren Spannungshöhe der Zählimpulse an. Dies ist die Diskriminatorschwelle, die im Bild durch eine gestrichelte Linie dargestellt ist. Der Diskriminator liefert dann an seinem Ausgang einen kurzen Rechteckimpuls, dessen Höhe unabhängig von der Impulshöhe des Zähl-

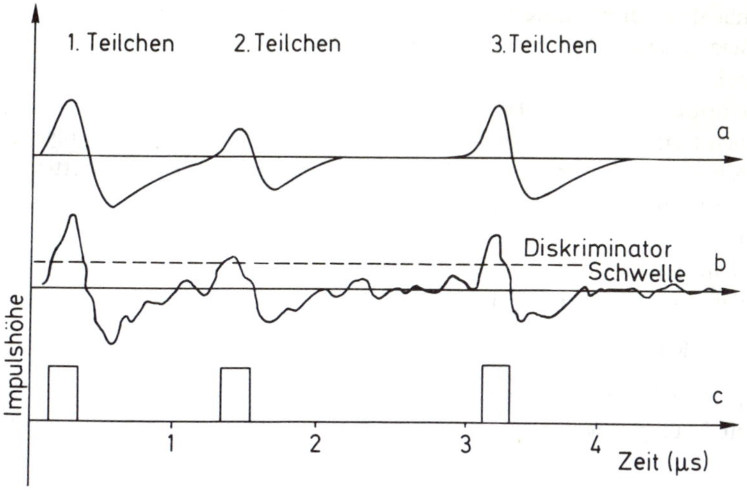

Bild 8.2 Elektrische Impulse
a) Nachweisimpuls für Kernteilchen am Ausgang des Hauptverstärkers (Idealform),
b) die selben Impulse wie a) mit Rauschen,
c) Diskriminatorimpulse

impulses am Eingang ist (Bild 8.2c). Die vom Diskriminator gelieferten Einheitsimpulse werden dann auf eine elektronische Zählschaltung gegeben, die üblicherweise vollautomatisch für eine vorwählbare Zeitspanne die Anzahl der Impulse registriert. Wir erhalten so die Information über die Zählrate = Strahlungsintensität. Falls wir nur eine rohe Information hinsichtlich der Strahlungsintensität benötigen (etwa in einem Strahlenschutzüberwachungsgerät), so genügt eine Analoganzeige der Zählrate. Dazu geben wir die Diskriminatorimpulse auf eine Integratorschaltung. Im einfachsten Fall ist dies ein R-C-Glied mit entsprechender Zeitkonstante (ca. 10 s). Die Spannung, die sich nach der Einlaufzeit längs des Kondensators einstellt, wird mit einem Zeigerinstrument angezeigt und ist ein Maß für die mittlere Zählrate die vom Detektor gelicfert wird (Ratemeter).

Bei der Ausmessung von Strahlungsintensitäten müssen zwei Fehlerquellen besonders beachtet werden:

α) *Die Nachweiswahrscheinlichkeit:* Nicht jedes auf die Detektoroberfläche eintreffende Teilchen erzeugt genügend Ionisationsladung im Detektorvolumen, um einen registrierbaren Zählimpuls zu erzeugen. Das Teilchen kann z. B. streifend so auf den Detektor einfallen, daß nur eine kurze Strecke im aktiven Volumen zurückgelegt wird und die erzeugte Ladungsmenge zu klein ist, um einen Impuls auszulösen. Weiterhin ist das aktive Zählmedium fast immer gegen die Atmosphäre abgekapselt. Energiearme Teilchen können in der Detektorwand stecken bleiben, obwohl diese im allgemeinen so dünn wie möglich ausgeführt wird. Für schnelle geladene Teilchen ist die Nachweiswahrscheinlichkeit dicht bei eins. Bei ungeladenen Teilchen muß noch die Reaktionswahrscheinlichkeit für den Prozeß, der letztlich zur Ionisation führt, berücksichtigt werden. Sie ist meist stark von der Teilchenenergie abhängig. Weiter ist die Nachweiswahrscheinlichkeit dann auch eine Funktion der Dicke der aktiven Schicht, die der Strahl durchsetzt. Gammastrahlungsdetektoren haben z. B. oft nur eine Nachweiswahrscheinlichkeit von wenigen Prozent.

β) *Die Totzeitverluste:* Nachdem ein Teilchen einen Zählimpuls ausgelöst hat, ist der Detektor einschließlich der nachfolgenden Elektronik für eine gewisse Zeitspanne, die Totzeit, inaktiv. Man versucht, Totzeit und Dauer des Zählimpulses aufeinander abzugleichen. Es ist klar, daß der mittlere Zeitabstand zwischen zwei einlaufenden Teilchen größer als die Detektortotzeit sein muß. Der Detektor arbeitet also nur bis zu einer maximalen Zählrate. Jedoch treffen die Teilchen stets in willkürlicher Zeitsequenz als Folge der statistischen Natur radioaktiver Prozesse auf den Detektor. Selbst wenn die mittlere Spanne zwischen zwei Zählereignissen (= inverse Zählrate) groß gegen die Totzeit ist, besteht noch immer eine endliche Wahrscheinlichkeit dafür, daß zwei Teilchen innerhalb der Totzeit eintreffen. In diesem Fall wird nur ein Teilchen registriert, was den Totzeitverlust darstellt. Man korrigiert gemäß der Formel:

$$R_t = R/(1 - R\tau) \tag{8.2}$$

wobei R_t die wahre Rate der einfallenden Teilchen und R die gemessene Rate ist; τ ist die Totzeit. Ein typischer Wert ist $\tau = 10^{-6}$ s. Für $R = 10^4\ s^{-1}$ ergibt sich ein Totzeitverlust von 1 %.

b) *Messung der Strahlungsenergie*

Falls wir zusätzlich die Verteilung der Energie der einfallenden Kernstrahlung wissen wollen, müssen wir den Diskriminator in Bild 8.1 durch einen Impulshöhenanalysator ersetzen. Diese sind im Prinzip festverdrahtete Kleinrechnersysteme mit einem vorgeschaltetem Analog-zu-Digital-Wandler. Der Wandler funktioniert roh gesehen etwa so (Bild 8.3): Ein Kondensator wird durch den Impuls auf die maximale Spannungshöhe U des Kernimpulses aufgeladen. Dann wird ein schneller Oszillator (≈ 100 MHz) gestartet. Bei jedem Oszillatorimpuls wird der Kondensator um einen kleinen, konstanten Spannungsbetrag entladen. Ist der Kondensator vollständig entladen, wird der Oszillator gestoppt. Ein Zähler hat die Anzahl der Oszillatorimpulse registriert. Sein Inhalt ist also eine Digitalzahl, die der Spannungshöhe des Kernstrahlungsimpulses und damit der Kernteilchenenergie proportional ist. Diese Digitalzahl wird nun dazu verwendet, die entsprechende Adresse im Rechnergedächtnis anzusteuern. Im allgemeinen liefert der Verstärkerausgang Impulshöhen zwischen 0 ... 10 V. Diese werden meist in 1024 Stufen verarbeitet. Nehmen wir an, der einlaufende Impuls hatte 5,80 V Höhe, dann hätte der Zähler 594 Oszillatorimpulse gezählt. Im Rechnergedächtnis wird jetzt die Adresse 594 (üblicherweise Kanal 594 genannt) angesteuert und dort mittels der Addier-„1“-Logik die Zahl 1 eingeschrieben. Tritt die Impulshöhe 5.80 V erneut auf, so wird wiederum Kanal 594 aufgerufen, und die Addierlogik schreibt ein weiteres Ereignis dort ein. Im Kanal 594 steht jetzt die Zahl 2. Auf diese Weise wird eine Tabelle konstruiert, die für jeden Energiebereich (Kanalzahl) die Anzahl der nachgewiesenen Teilchen registriert. Nachdem eine genügende Anzahl von

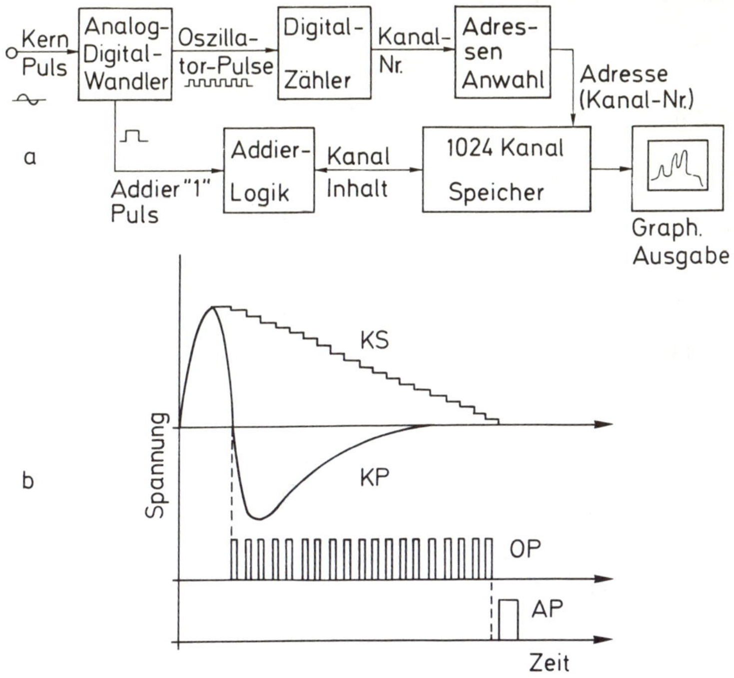

Bild 8.3 Prinzip des Impulshöhenanalysators
a) Blockschaltung
b) Puls- und Spannungsverläufe, KP Kernimpuls (s. Bild 8.2 a), KS Spannungsverlauf am Kondensator, OP Oszillatorpulse, AP Addier-„1“-Puls

Impulsen so analysiert wurde kann durch graphische Peripheriegeräte direkt das der gespeicherten Tabelle entsprechende Histogram bildlich ausgegeben werden. Ein Beispiel zeigt Bild 8.4. Es ist das auf diese Weise gemessene Energiespektrum der α-Teilchen die beim Zerfall von ^{241}Am ausgesendet werden. Das Zerfallschema ist auf der linken Seite angegeben. Hauptsächlich entstehen α-Teilchen mit 5,486 MeV, die die intensive Linie im Spektrum verursachen. Daneben kommen noch zwei niedrigere (5,443 MeV und 5,389 MeV) sowie höhere (5,513 MeV und 5,545 MeV) Alpha-Energien vor, die zu den schwächeren Satellitenlinien führen.

Obwohl die nachgewiesenen α-Teilchen jeweils eine scharfdefinierte Energie besitzen (z. B. 5,486 MeV) werden ihre Zählimpulse nicht alle in einem einzigen Kanal gespeichert. Sie sind über eine Anzahl von Kanälen um den der Energie 5,486 MeV entsprechenden Kanal verteilt. Diese Erscheinung repräsentiert das endliche Energieauflösungsvermögen des Detektors und der nachgeschalteten Elektronik. Im Detektor produzieren Teilchen mit exakt ein und derselben Energie etwas unterschiedliche Ionisationsladungsmengen. Die Höhe der Kernstrahlungsimpulse schwankt dann um den der exakten Teilchenenergie entsprechenden Mittelwert. Das Rauschen der Elektronik kann diesen Effekt noch verstärken. Im Idealfall sind die so resultierenden Impulshöhen gemäß einer Gaußschen Glockenkurve mit der Halbwertsbreite (volle Breite bei halbem Maximum) ΔE um den Maximalwert E verteilt. Teilchen deren Energien um weniger als ΔE unterschiedlich sind, können in diesem Energieanalysator nicht mehr getrennt werden. Im Beispiel von Bild 8.4 ist die Trennung gerade möglich aber nicht vollständig.

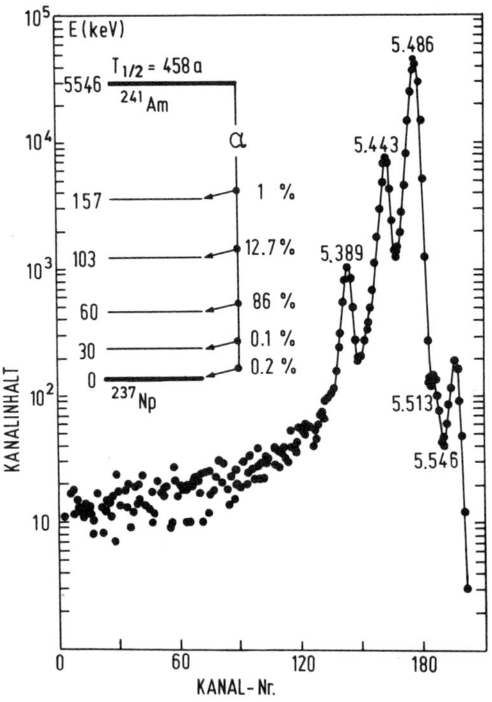

Bild 8.4
Energiespektrum der α-Teilchen und Zerfallschema von ^{241}Am (Americium, ein Transuran-Element).

c) Messung von Zeitkorrelationen

Die Aufgabe ist es festzustellen, ob die von zwei Detektoren gelieferten Zählimpulse eine bestimmte Zeitkorrelation zueinander haben, z. B. ob sie etwa gleichzeitig (koinzident) erfolgen. Bild 8.5a zeigt das Schaltungsprinzip. Wichtig ist der Zeitmarken-Einkanaldiskriminator. Der in Abschnitt 8.1.3 a besprochene Schwellendiskriminator liefert einen Einheitsimpuls am Ausgang stets dann, wenn eine bestimmte Spannungsschwelle überschritten wird.

Die Zeitspanne zwischen Impulsbeginn (Teilcheneinlauf in Detektor) und Schwellenüberschreitung hängt aber offenbar von der Gesamthöhe des Impulses ab (siehe Bild 8.2a). Diese Zeitunsicherheit wird mit einem Trick verhindert. Der Detektorimpuls wie ihn Bild 8.2a zeigt, ist so geformt, daß der Nulldurchgang unabhängig von der Impulshöhe

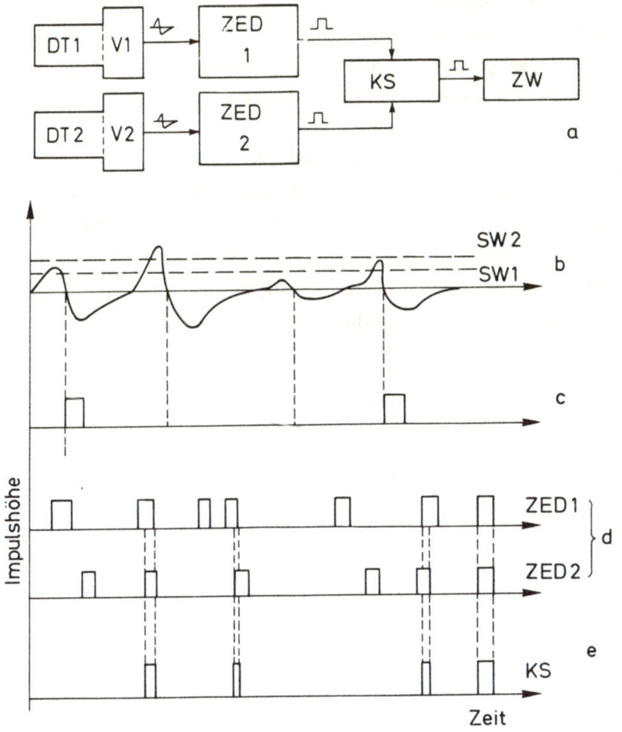

Bild 8.5 Messung der Zeitkorrelation zwischen den Nachweisimpulsen zweier Detektoren

a) Blockschaltung: DT 1 und DT 2 Kernstrahlungsdetektoren mit Verstärkern V1 und V2, ZED1 und ZED2 Zeitmarken-Einkanaldiskriminatoren, KS Koinzidenzstufe, ZW Zählwerk.

b) Eingangsimpulse am ZED: SW1 und SW2 sind die Diskriminatorschwellen.

c) Ausgangsimpulse des ZED.

d) Eingangsimpulse an der Koinzidenzstufe

e) Ausgangsimpulse der Koinzidenzstufe

nach einer festen Zeitspanne nach Impulsbeginn erfolgt. Der Zeitmarken-Einkanal diskriminator gibt seinen Ausgangsimpuls exakt dann ab, wenn der Nulldurchgang erfolgt. Um eine gleichzeitige Energiediskriminierung zu ermöglichen, ist die Schaltung so ausgelegt, daß der zeitrichtige Ausgangsimpuls dann und nur dann erscheint, wenn die Schwelle 1 überschritten, eine Schwelle 2 aber nicht überschritten wird. Ausgangsimpulse dieses sogenannten Einkanaldiskriminators erscheinen jetzt nur dann, wenn die Impulshöhe (= Teilchenenergie) zwischen Schwelle 1 und Schwelle 2 liegt (Bilder 8.5b und 8.5c). Diese Schwellendifferenz ist der nachgewiesene Energiekanal und kann willkürlich eingestellt werden.

Die Ausgangsimpulse der Diskriminatoren werden in der Koinzidenzstufe zusammengeschaltet. Ein Ausgangsimpuls erscheint nur dann, wenn sich die beiden Diskriminatorimpulse zeitlich überlappen (Bild 8.5d und 8.5e). Ist z.B. jeder der Diskriminatorimpulse 0,1 μs lang, so werden an der Koinzidenz-Stufe nur solche Ereignisse ein Ausgangssignal liefern, die innerhalb von $\Delta t = 0{,}2\ \mu s$ beide Detektoren zum Ansprechen bringen. Die Koinzidenzmessung hat also ein endliches zeitliches Auflösungsvermögen, ganz entsprechend der Energieauflösung in Abschnitt 8.1.3 b. Es ist zu beachten, daß die gezeigte Koinzidenzschaltung auch noch zusätzlich eine grobe Energieselektion in den beiden Nachweiskanälen erlaubt.

Man kann natürlich auf diese Weise eine Vielzahl von Detektoren logisch verknüpfen. Bild 8.6 zeigt ein einfaches Beispiel. Gezählt wird, wenn die Detektoren DT1 und DT2 gleichzeitig ansprechen, nicht aber DT3. Diese Bedingung weist offenbar nur solche Teilchen nach, die aus einem gewissen Winkelbereich auf die Probe P fallen und dort absorbiert werden (Strahl T_1). Die Laufzeit zwischen DT1 und DT2 ist klein gegen die Zeitauflösung. Teilchen T_2 kommt aus einer falschen Richtung, Teilchen T_3 durchläuft die Probe. Sie werden nicht gezählt.

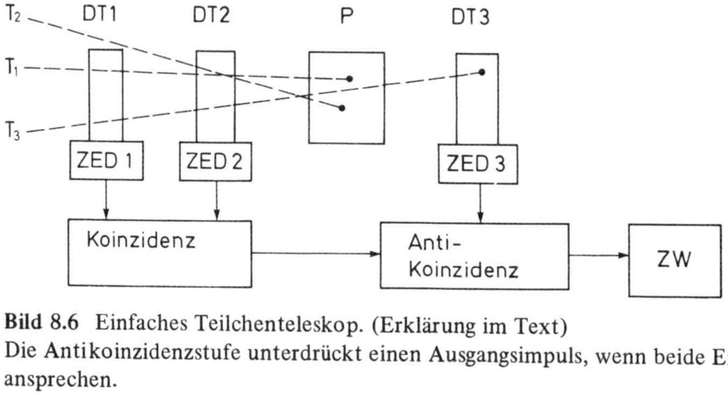

Bild 8.6 Einfaches Teilchenteleskop. (Erklärung im Text)
Die Antikoinzidenzstufe unterdrückt einen Ausgangsimpuls, wenn beide Eingänge gleichzeitig ansprechen.

8.1.4 Zählstatistik

Alle Messungen mit den gerade beschriebenen Anordnungen sind letztlich Bestimmungen der Zählrate. Infolge seiner statistischen Natur schwankt beim radioaktiven Zerfall die pro Zeiteinheit ausgesandte Anzahl von Teilchen zufällig um den durch die Zerfallskonstante $\lambda = \ln 2/T_{1/2}$ ($T_{1/2}$ Halbwertzeit) gegebenen Mittelwert. Werden im Zeitintervall t insgesamt N Teilchen nachgewiesen so ist die statistische Unsicherheit $\sqrt{N}$. Wir können als Ergebnis der Zählmessung dann nur die Rate R mit der Genauigkeit $\pm \Delta R$ angeben:

$$R \pm \Delta R = \frac{N}{t} \pm \frac{\sqrt{N}}{t} \quad . \tag{8.3}$$

Anders ausgedrückt: Der relative Fehler der Zählrate ist:

$$\frac{\Delta R}{R} = \frac{\sqrt{N}}{N} \quad . \tag{8.4}$$

Die statistische Schwankung der Zählrate ist z. B. in Bild 8.4 bei den tiefen Kanälen gut zu erkennen.

Zu beachten ist, daß die Meßgenauigkeit allein von der Gesamtzahl der nachgewiesenen Impulse abhängt. Um die statistischen Schwankungen klein zu halten muß die Meßzeit t erhöht werden. Eine Halbierung des Fehlers $\Delta R/R$ erfordert die vierfache Meßzeit, usw.! Diese unvermeidbare statistische Unsicherheit, zusammen mit dem endlichen Energie- und Zeitauflösungsvermögen, bestimmen die Aussagekraft einer kernphysikalischen Zählmessung.

8.2 Nachweis geladener Teilchen

8.2.1 Durchgang geladener Teilchen durch Materie

Zunächst stellt man fest, daß ein geladenes Teilchen beim Durchlaufen von Materie rasch seine kinetische Energie verliert, also abgebremst wird. Der Energieverlust des geladenen Teilchens erfolgt im wesentlichen durch Ionisationsprozesse, d. h., längs der Teilchenbahn werden die Atome z. T. in positive Ionen und freie Elektronen aufgebrochen. Den Teilchennachweis können wir über die Messung dieser primär erzeugten Ladung führen. Dazu ist Voraussetzung, daß wir einerseits die sofortige Rekombination der Ladungsträger verhindern und andererseits die Ladungsträger entgegengesetzter Polarität zu zwei entsprechenden Elektroden hinführen. Das Material, das das aktive Volumen des Teilchendetektors darstellt, muß daher eine lange Lebensdauer und eine hohe Beweglichkeit für die Ladungsträger besitzen. Dies ist z. B. in Edelgasen wie Argon der Fall, wo der einzelne Ionisationsprozeß $Ar \rightarrow Ar^+ + e^-$ ist. Im Mittel erfordert dort die Abtrennung des Elektrons etwa 30 eV, weitgehend unabhängig von der Energie des kollidierenden Teilchens. Den mittleren Energieverlust pro Wegeinheit für Teilchen mit der Ladung $z \cdot e$, der Ruhemasse m_0 und der Geschwindigkeit v kann man durch:

$$-\frac{\overline{dE}}{dx} = \frac{4\pi z^2 e^4}{m_0 v^2} \; N \cdot B(Z) \tag{8.5}$$

beschreiben. Hierbei ist N die Anzahl der Atome pro Volumeneinheit der bremsenden Materie und B(Z) das sogenannte Bremsvermögen ihrer Atome, das von deren Ordnungszahl Z abhängt und mit der Teilchenenergie (bzw. -geschwindigkeit) nur schwach veränderlich ist:

$$B(Z) = Z \left[\ln \frac{2 m_0 v^2}{K \cdot Z} - \ln (1 - \beta) - \beta \right], \tag{8.6}$$

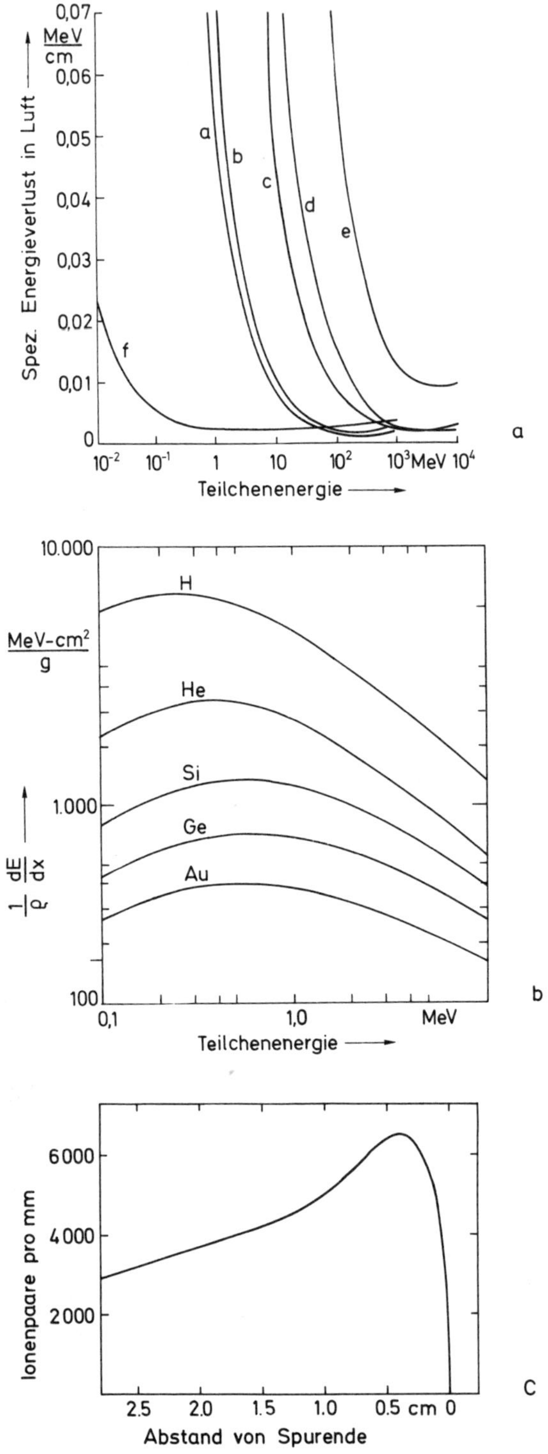

Bild 8.7

Abbremsung von Teilchen in Materie

a) Energieverlust pro Wegeinheit für verschiedene Teilchen als Funktion ihrer Energie: a Muonen, b Mesonen, c Protonen, d Deuteronen, e α-Teilchen, f Elektronen.

b) Spezifischer Energieverlust von α-Teilchen als Funktion ihrer Energie in verschiedenen Elementen. (Zu beachten ist die Division durch die Dichte ρ (g/cm^3) in der Ordinate H ($Z = 1$, $\rho = 0{,}9 \cdot 10^{-4}$), He ($Z = 2$, $\rho = 1{,}8 \cdot 10^{-4}$), Si ($Z = 14$, $\rho = 2{,}34$), Ge ($Z = 32$, $\rho = 5{,}46$), Au ($Z = 79$, $\rho = 19{,}25$).

c) Erzeugte Ionenpaare pro Wegeinheit für ein α-Teilchen längs seiner Bahn in Luft.

wobei $\beta = v^2/c^2$. Die Größe K ist eine experimentell zu bestimmende Materialkonstante. Sie liegt für leichte Elemente bei 15 und sinkt auf etwa 9 für schwere Elemente. Bei nichtrelativistischen Teilchen ($v \ll c$) findet man:

$$\frac{\overline{dE}}{dx} = \text{const} \frac{1}{v^2} . \tag{8.7}$$

Teilchen mit größerer Ladung (z. B. α-Teilchen mit $z = 2$) und Teilchen mit größerer Ruhemasse verlieren schneller ihre Energie, und Materie aus schweren Elementen bremst besser. Die Bilder 8.7a und 8.7b geben eine Übersicht. Gemäß Gl. (8.7) nimmt die Bremsung pro Wegeinheit und damit die Anzahl der erzeugten Ionenpaare/cm^3 gegen Ende des Teilchenweges rasch zu. Dies ist richtig, solange die Teilchenenergie nicht so niedrig wird, daß Ionisationsanregungen der Materie energetisch nicht mehr möglich sind. Die spezifische Ionisation sinkt deshalb ganz am Ende des Weges wieder ab. Den Verlauf der Ionisation längs des Bremsweges gibt die sogenannte Bragg-Kurve in Bild 8.7c wieder. Die Fläche unter der Bragg-Kurve ist der total erzeugten Ionenladung und damit der Energie des eingelaufenen Teilchen proportional.

Die totale Bremszeit ist sehr kurz. Sie liegt typischerweise unter 10^{-12} s und ist deshalb keine bestimmte Größe für das zeitliche Auflösungsvermögen des Detektors.

8.2.2 Gas-Ionisations-Kammern

Das Teilchen wird in einem Gasvolumen abgebremst und die erzeugte Ionisationsladung bestimmt. Wir benutzen einen mit dem Zählgas, z. B. Argon, gefüllten Plattenkondensator (Bild 8.8), den man als Ionisationskammer bezeichnet. Die an den Platten anliegende Hochspannung U_H saugt die im Gasvolumen erzeugten Ar^+-Ionen und Elektronen ab. Die Beweglichkeit der letzteren ist hoch, und es resultiert eine kurze elektronische Sammelzeit t_e (ca. 30 μs). An den Elektroden entsteht infolge der Elektronenwanderung eine rasch ansteigende Spannung. Die Ionenbeweglichkeit ist viel geringer. Deshalb ist die ionische Sammelzeit t_i lang (ca. 100 μs), und der entsprechende Spannungsanstieg ist träge und gering. Den zeitlichen Spannungsverlauf, wie ihn Bild 8.9a zeigt können wir am Punkt P (Bild 8.8) verfolgen, falls R so groß gewählt wird, daß $R \cdot C \gg t_i$ ist, d. h., die

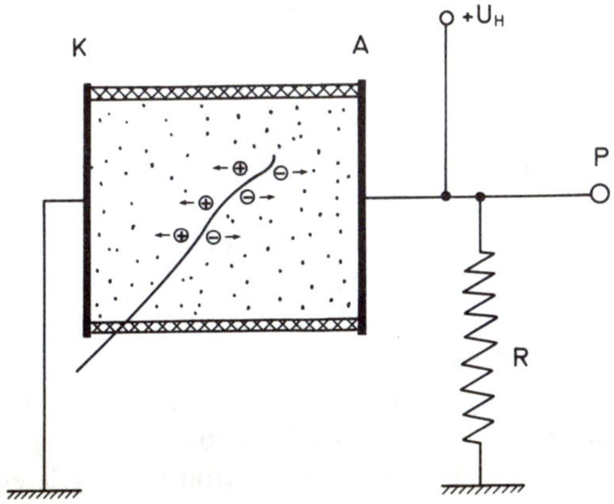

Bild 8.8
Gasionisationskammer
K Kathode, A Anode, U_H Hochspannung, R Arbeitswiderstand, P Impulsabnahme.

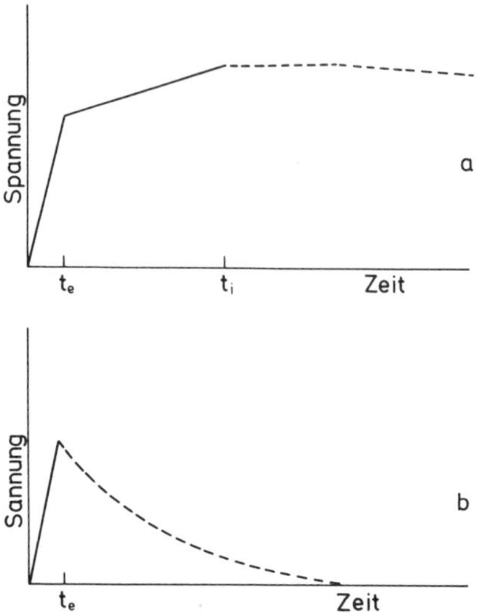

Bild 8.9

Form des Zählimpulses bei der Gasionisationskammer

a) großer Arbeitswiderstand

b) kleiner Arbeitswiderstand (Einzelheiten im Text). Der gestrichelte Kurventeil ist die Kondensatorentladung.

totale Kapazität C der Ionisationskammer wird nur langsam entladen. Man kann aber den Entladewiderstand auch so wählen, daß $t_e \ll RC \ll t_i$ ist. Dann entsteht der in Bild 8.9b gezeigte Spannungsverlauf. Benutzt wird nur der Elektronenimpuls. Seine Höhe ist der erzeugten Ionisation und damit der Teilchenenergie proportional. Wir können diesen Impuls als Zählimpuls weiterverarbeiten. Man spricht daher von Impulsionisationskammern. Ihr Nachteil ist, daß für leichte, einfach geladene Primärteilchen die erzeugte Ladungsmenge so gering ist, daß die typische Impulsspannungshöhe weit unter 1 μV liegt. Selbst gute Verstärker haben (bei der vergleichsweise hohen Kammerkapazität) am Eingang einen Rauschpegel dieser Größenordnung, es sei denn wir machen den Verstärker sehr schmalbandig, womit wir aber die gerade erzwungene Zeitauflösung wieder verlieren. Impulsionisationskammern sind also nur zum Nachweis extrem hoch ionisierender Teilchen einsetzbar. Ein Beispiel sind die Kernbruchstücke die bei der Kernspaltung (Spaltprodukte) entstehen. Sie haben eine höhere Ladung (z. B. $Z = \approx 5$) und sehr große Massen ($\approx$ 100 Kernmasseneinheiten). Wir kommen beim Neutronennachweis darauf zurück.

Im allgemeinen verzichtet man beim Betrieb der Ionisationskammer auf die Auflösung von Einzelereignissen. Wir machen $RC \gg t_i$ und messen den mittleren Entladungsstrom durch R, der im Falle eines monoenergetischen Teilchenstroms der mittleren Anzahl pro Zeiteinheit der im Nachweisvolumen gestoppten Teilchen entspricht. Haben die einfallenden Teilchen verschiedene Energien, so wird auch hierüber gemittelt. Zunächst erscheint deshalb die Ionisationskammer als ein wenig brauchbares Meßinstrument. Bedenkt man aber, daß die mit radioaktiver Strahlung verknüpfte gesundheitliche Schädigung der im Gewebe erzeugten Ionisation proportional ist, so erkennt man, daß die Ionisationskammer ein ideales Überwachungsgerät für den Strahlenschutz darstellt. Das bekannteste Beispiel sind die sogenannten Füllhalterdosimeter. Sie bestehen aus einer kleinen Ionisationskammer die auf eine feste Spannung aufgeladen wird. Wird sie einem Strahlungsfeld ausgesetzt so erfolgt langsame Entladung. Dies bedeutet, die Elektrodenspannung sinkt ab. Sie kann über ein Lupensystem mit einen eingebauten Fadenelektrometer abgelesen werden. Das Instrument ist bequem in einer Brusttasche zu tragen und ermöglicht z. B. einem unter Strahlenbelastung arbeitenden Kerntechniker eine laufende Kontrolle der von ihm empfangenen Strahlendosis.

Zum korrekten Betrieb einer Ionisationskammer müssen wir die Hochspannung so groß wählen, daß die Ladungen durch das elektrische Feld rasch genug getrennt werden, um spontane Rekombination zu vermeiden. Weiterhin müssen die Sammelzeiten t_e und t_i kurz gegenüber der mittleren Lebensdauer für freie Elektronen bzw. Ionen im Zählgas sein. In Bild 8.10 ist der Strom durch den Entladungswiderstand R der Ionisationskammer als Funktlion der angelegten Plattenspannung für zwei Strahlungsfelder unterschiedlicher Intensität gezeigt. Bei niedrigen Spannungen haben wir Rekombinationsverluste. Dann kommen wir in den Bereich wo alle strahlungsinduzierte Ladung gesammelt und der Strom deshalb unabhängig von der angelegten Spannung wird. Diesen Bereich bezeichnet man als das Plateau der Kammer; es erstreckt sich meist über mehrere 100 V. Am Plateauende nimmt der Strom wieder steil zu. Es treten neue Effekte auf, die wir gleich besprechen werden. Richtig ausgelegt ist die Ionisationskammer also auf kleinere Änderungen der Hochspannung nicht empfindlich. Dies ist z. B. beim beschriebenen Füllhalterdosimeter entscheidend.

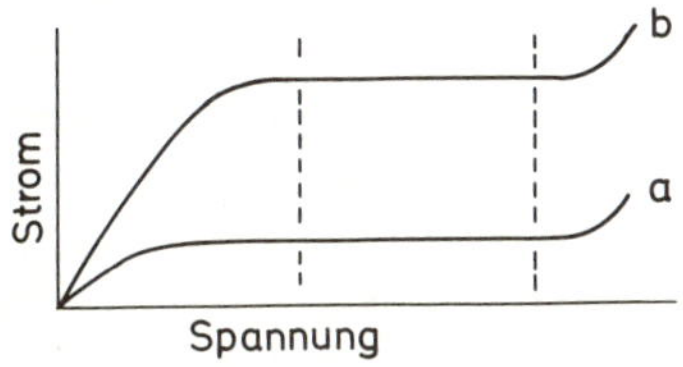

Bild 8.10
Strom-Spannungscharakteristik einer Ionisationskammer (mit hohem Arbeitswiderstand)
a) Strahlungsfeld niedriger Intensität,
b) Strahlungsfeld hoher Intensität
Die gestrichelten Linien geben den nutzbaren Arbeitsbereich der Kammer an.

8.2.3 Gas-Proportionalzähler

Wir gehen von einem edelgasgefüllten (Ar, Kr oder Xe) Zylinderkondensator aus. Seine positive Elektrode ist ein dünner, zentrisch gespannter Draht (typischerweise aus rostfreiem Stahl, Durchmesser etwa 0,1 mm. Die Kathode ist z. B. ein dünnes Aluminiumrohr. Die Teilchen treten durch ein sehr dünnes Kunststoffenster ein. Die Zeitkonstante RC sei kurz, also für den Impulsbetrieb ausgewählt. Bild 8.11 zeigt die Anordnung. Mißt

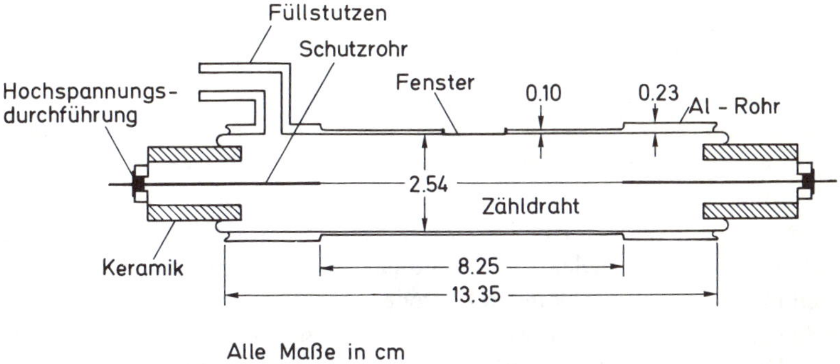

Bild 8.11 Aufbau eines Proportionalzählrohres

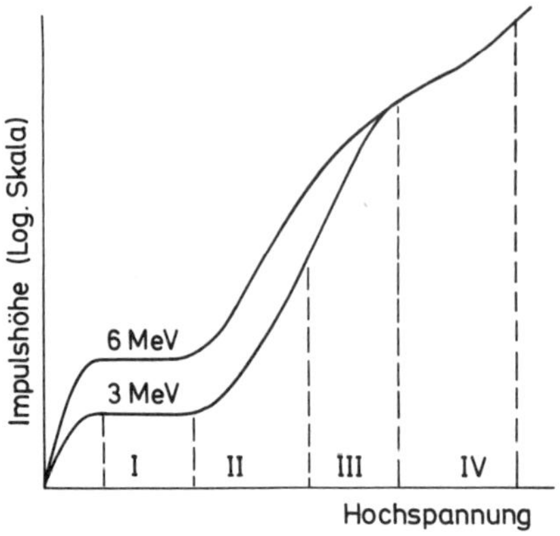

Bild 8.12
Spannungshöhe des Zählimpulses für einen Gaszähler als Funktion der Anodenspannung für α-Teilchen der Energie 3 MeV und 6 MeV. Die Bereiche I bis IV sind im Text erklärt.

man die Höhe U des Spannungsimpulses an der Anode als Funktion der angelegten Hochspannung U_H für monoenergetische geladene Teilchen, etwa von α-Teilchen der Energien 3 MeV und 6 MeV, so erhält man den in Bild 8.12 gezeigten Verlauf. Man erkennt zunächst das Gebiet I, das dem Ionisationskammerbetrieb mit seinem besprochenen Plateau entspricht. Bei Überschreiten der Plateaugrenze steigt die Impulshöhe rasch an und ist im Gebiet II bereits um mehrere Zehnerpotenzen gegenüber Gebiet I größer. Sie ist aber noch immer der Teilchenenergie proportional. Wir haben in II das Gebiet der sogenannten Gasverstärkung erreicht. Hierbei werden die primär bei der Teilchenabbremsung gebildeten Elektronen im elektrischen Feld so stark beschleunigt, daß sie Energien $\geqslant$ 30 eV erreichen und somit erneut Ionenpaare durch Stoß bilden können. Es entsteht also ein weiteres Elektron (und Gasion) das nun wieder beschleunigt wird und erneut den Stoßionisationsprozeß wiederholt. Für die Feldstärke in einem Zylinderkondensator gilt

$$\epsilon(r) = \frac{U_H}{r \cdot \ln(a/k)} , \qquad (8.9)$$

wobei a der Radius der inneren (Anode) und k der Radius der äußeren (Kathode) Elektrode ist. Da $a \ll k$ ist die Feldstärke nur in unmittelbarer Umgebung des Drahtes hoch genug, um die Stoßionisationsprozesse zu erwirken. In der Nähe des Drahtes steigt also die Anzahl der Ladungsträger lawinenartig an (Bild 8.13a) und damit die Impulshöhe. Sie ist jedoch noch energieproportional. Da der Gasvervielfachungsprozeß ganz dicht am Draht stattfindet, ist er bei gegebener Hochspannung weitgehend vom Ort der Primärionisation unabhängig. Durch die hohe Zugspannung ist nun auch die Elektronensammelzeit viel kürzer, die Impulsbreite beträgt typisch 1 μs.

Dem Zählgas (z.B. Ar) muß ein Löschgas (z.B. CH_4) in der Größenordnung von 5 ... 10 Atom-% beigegeben werden. Andernfalls setzt im Zählrohr eine Dauerentladung ein. Ursache hierfür ist die ultraviolette Strahlung die beim Stoß energiereicher Elektronen mit Atomen entsteht (Franck-Hertz-Versuch). Diese UV-Strahlung kann beim Auftreffen auf die Zählrohrwand Photoelektronen auslösen, die dann zum Zähldraht beschleunigt wandern und auf dem Wege Sekundärelektronen sowie erneute UV-Strahlung durch Stoß mit den Zählgasatomen erzeugen (Bild 8.13b). Das Löschgas besitzt eine hohe UV-Absorption wobei Moleküldissoziation stattfindet. Das UV-Licht erreicht die Kathode nicht mehr,

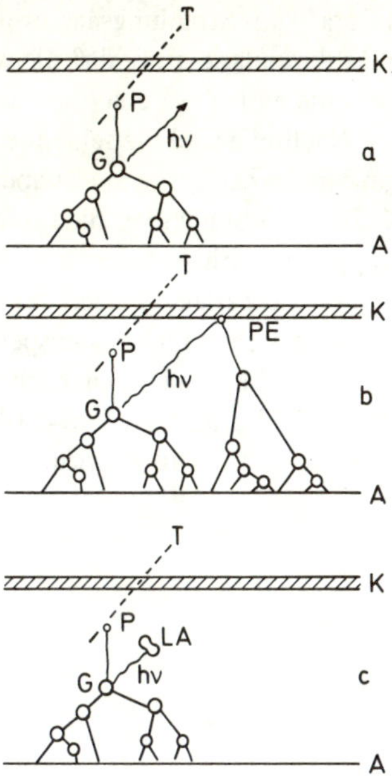

Bild 8.13

Gasverstärkungsprozeß im Zählrohr

a) Elektronenvervielfachung durch Stoß; K Kathode (Zählrohrwand), A Anode (Zähldraht), T Teilchenspur, P Primär vom Teilchen erzeugtes Elektron, G Zählgasatome die durch Stoß ionisiert werden.

b) Selbstentladung: hν beim Stoß erzeugtes UV Photon, PE an der Wand ausgelöstes Photoelektron.

c) Löschgaszusatz: LA Löschgasatom (dissoziert bei UV-Absorbtion).

allerdings wird das Löschgas langsam verbraucht (Bild 8.13c). Abgeschlossene, mit einer einmaligen Gasfüllung versehene Zählrohre besitzen daher eine endliche Lebensdauer.

Wie wir aus Bild 8.12 erkennen, hängt der Gasmultiplikationsfaktor sehr empfindlich von der angelegten Anodenspannung ab. Proportionalzählrohre zeigen deshalb kein Plateau wie die Ionisationskammer (Bild 8.10). Die Hochspannungsversorgung muß sowohl gegen kurzzeitige wie auch langzeitige Schwankungen extrem stabil sein ($\Delta U_H / U_H \leqslant 10^{-5}$). Ebenso müssen Stabilitätsforderungen von mindestens 10^{-3} an die nachgeschalteten Verstärkerstufen und Diskriminatoren gestellt werden, um die Energieauflösung nicht zu verschlechtern. Proportionalzählrohre werden zum Teilchennachweis heute selten benutzt. Sie dienen hauptsächlich zur Spektroskopie niederenergetischer Gamma- bzw. Röntgenstrahlung. Darauf gehen wir später noch ein.

8.2.4 Geiger-Müller-Zählrohre

Wir benutzen die gleiche Anordnung wie beim Proportionalrohr (Bild 8.11). Die Anodenspannung wird aber so stark erhöht, daß wir das in Bild 8.12 mit IV bezeichnete Gebiet erreichen, das man als den Auslösebereich bezeichnet. Die an der Anode eintreffende Ladungsmenge ist erneut um ein Vielfaches gestiegen, jedoch ist sie nun vom Energieverlust des Primärteilchens im Zählvolumen unabhängig. Die Primärionisation dient einzig dazu, die Ladungslawine um den Zähldraht herum auszulösen. Das Löschgas muß hier in größerer Konzentration zugegeben werden, um den Entladungsvorgang wieder zu stoppen, oder man muß eine elektronische Schaltung verwenden, die nach einer entsprechenden Impuslänge die Hochspannung kurz erniedrigt und so den Entladungsvorgang im Zählrohr unterbricht. Der Aufbau und das Löschen der Auslöselawine benötigt etwa 100 μs.

Das Geiger-Müller-Zählrohr ist ein einfaches Gerät zum Strahlungsnachweis. Infolge der sehr hohen Gasverstärkung ($\approx 10^7$) ist der Zählimpuls so groß, daß die weitere Impulsverarbeitung einfach ist. Die Impulse durchlaufen eine einfache Verstärkerstufe und werden auf das Zählwerk bzw. das Ratemeter gegeben. Nachteile sind die fehlende Energie-Information und die geringe Zeitauflösung. Geiger-Müller-Zählrohre sind daher als Strahlungsmonitore bei nicht zu hohen Zählraten ($\leqslant 10^4\ s^{-1}$) brauchbar. Sie finden Verwendung vor allem in tragbaren Strahlungsüberwachungsgeräten. Ein anderer Anwendungsbereich ist als Teilchendetektor in einem Spektrometer, wo die Zerlegung nach der Energie durch andere Methoden erzielt wurde, etwa in einem magnetischen Elektronenspektrometer oder in einem Massenseparator mit gekreuzten elektrischen und magnetischen Feldern. Eine alternative Ausführungsform des Geiger-Müller-Zählrohrs zeigt Bild 8.14. Es ist ein Endfensterzählrohr, wie es gerne zur Zählung von Elektronen benutzt wird.

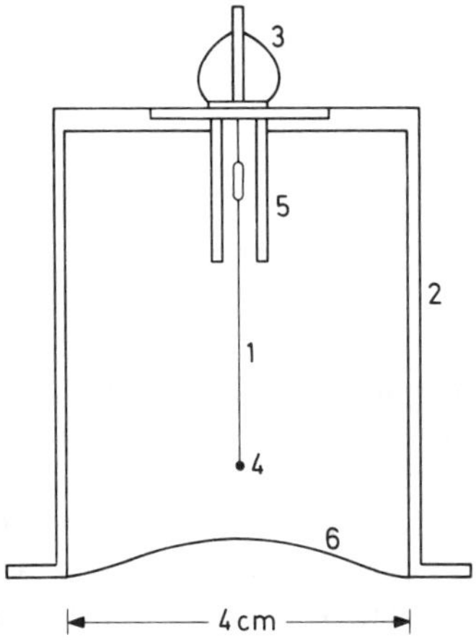

Bild 8.14
Endfenster-Zählrohr
1 Zähldraht, 2 Metallgehäuse, 3 Glasdurchführung, 4 Glaskugel, 5 Schutzrohr, 6 Glimmerfenster (3 mg/cm^2)

Erhöhen wir die Spannung am Zählrohr über den Bereich IV hinaus, dann tritt selbständige Entladung auf, d.h., durch die hohe Feldstärke wird den Gasatomen spontan ein Elektron entrissen, das dann sofort den lawinenartigen Multiplikationsvorgang und damit den Entladungsimpuls auslöst. Dieser Bereich darf bei einem Zählrohr nicht erreicht werden. Man kontrolliert die korrekte Spannungseinstellung durch eine Plateau-Messung, wie wir sie bereits bei der Ionisationskammer besprochen haben. Bei konstantem Teilchenstrom wird die Anzahl der registrierten Zählimpulse als Funktion der Hochspannung gemessen. Analog zu Bild 8.10 muß sich auch hier ein Bereich, der Arbeitsbereich, ergeben, wo die Zählrate unabhängig von der Anodenspannung ist. Für gute Zählrohre soll der Arbeitsbereich wenigstens einige 100 V betragen, so daß auch die Anforderung an die Qualität der Hochspannungsversorgung gering ist.

8.2.5 Halbleiterzähler

Der Nachteil von Gaszählern ist, daß das nachweisende Medium eine geringe Dichte aufweist. Für energiereiche Teilchen wird deshalb das zum Abbremsen benötigte Volumen sehr groß. In einem Festkörper ist die Dichte um den Faktor 10^3 größer, aber es ergeben sich Probleme mit der Wanderungsgeschwindigkeit und der Lebensdauer der Ladungsträger. Wir müssen voraussetzen, daß der Leser mit der elementaren Physik der festen Körper vertraut ist. Anderenfalls verweisen wir auf die am Schluß aufgeführte Literatur.

Ein Halbleiter ist durch ein gefülltes Valenzband und ein leeres Leitungsband mit einer nur wenige eV betragenden Bandlücke ΔE gekennzeichnet (Bild 8.15a). Für $T \to 0$ K ist so ein Material ein Isolator weil keine beweglichen Ladungsträger in den Bändern vorhanden sind. Bei höheren Temperaturen kann durch die thermische Energie ein Elektron über den Bereich ΔE aus dem Valenzband in das Leitungsband gehoben werden. Es setzt dann sowohl Elektronenleitung (Leitungsband) als auch Löcherleitung (Valenzband) ein. Der bei Teilchendurchgang eintretende Ionisierungsprozeß bedeutet ebenfalls die Erzeugung von Elektron/Loch-Paaren (siehe Bild 8.15a). Wenn wir an den Halbleiterkristall, z. B. reines Silizium oder Germanium, eine Spannung anlegen, können wir die freien Ladungen ganz analog zur Ionisationskammer absaugen. Einige typische Materialkonstanten für die erwähnten Halbleitermaterialien finden sich in Tabelle 8.2. Es lassen sich in solchen Materialien Feldstärken von einigen 10^3 V/cm aufrecht erhalten, womit die Zeit für die Ladungssammlung über die Dimension von cm in die Größenordnung von 0,1 μs kommt, was günstiger ist als für die meisten Gaszähler. Größere Schwierigkeiten treten nur bezüglich der Lebensdauer der freien Ladungsträger auf. Geringste Verunreinigungen fangen die Elektronen ein und verfälschen so die Energieproportionalität des Signals. In sehr reinem Germanium oder Silizium (sogenannten intrinsischen Materialen – hier beeinflussen Verunreinigungen die Leitfähigkeitsdaten praktisch nicht mehr und man beobachtet die „innere (intrinsische)“ Leitfähigkeit des Halbleiters –) liegen die mittleren Lebensdauern der freien Ladungsträger bei ca. 50 μs, was voll ausreichend ist. Die Forderung nach so

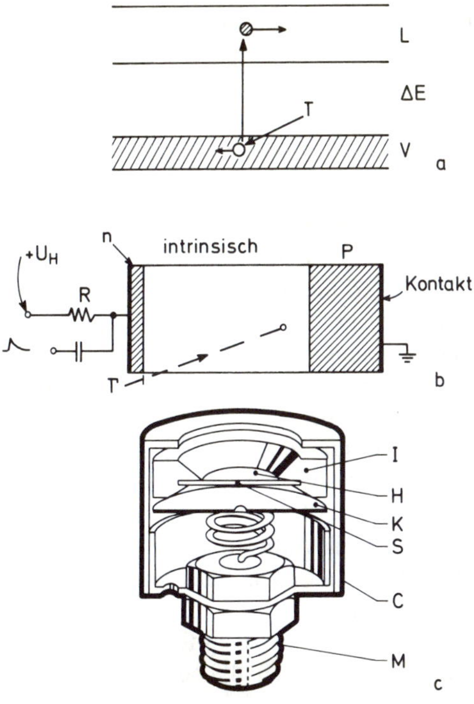

Bild 8.15
Halbleiterdetektor
a) Ionisationsvorgang: V Valenzband, L Leitungsband
ΔE Energielücke, T ionisierendes Teilchens,
⊘ negativer beweglicher Ladungsträger (Elektron),
○ positiver beweglicher Ladungsträger (Loch)
b) prinzipieller Aufbau
c) Ausführung für Teilchennachweis: M Stecker, S Siliziumkristall, I keramischer Ring mit eingelegten Kontaktbahnen, K Kontaktplatte. Die Oberseite von S ist über I mit dem Gehäuse (Erde) verbunden; die Unterseite über K und die Feder mit M (Hochspannung, Signalabgriff) ORTEC INC., Oak Ridge

Tabelle 8.2 Einige Eigenschaften von hochreinem Silizium und Germanium

	Einheit	Si	Ge
Ordnungszahl (Z)		14	32
relative Atommasse (A)		28,09	72,60
Dichte bei 300 K	g/cm^3	2,33	5,33
Atome/cm^3		$4,96 \cdot 10^{22}$	$4,41 \cdot 10^{22}$
Bandlücke bei 0 K	eV	1,165	0,746
Spez. Widerstand bei 300 K	Ω cm	$2,3 \cdot 10^5$	47
Elektronenbeweglichkeit bei 77 K	cm^2/Vs	$2,1 \cdot 10^4$	$3,6 \cdot 10^4$
Löcherbeweglichkeit bei 77 K	cm^2/Vs	$1,1 \cdot 10^4$	$4,2 \cdot 10^4$
Energie pro Elektron-Loch–Paar bei 77 K	eV	3,76	2,96

hochreinen Material macht aber natürlich diese Zähler wieder sehr teuer und beschränkt die erzielbaren aktiven Volumina.

Auch die reinsten Halbleiter besitzen bei Zimmertemperatur eine merkliche Leitfähigkeit. Dadurch fließt zwischen den Elektroden einer typischen Zähleranordnung ein merklicher Dauerstrom (Ruhestrom) was für Zählmessungen unzulässig ist. Man bildet deshalb die kontaktierten Oberflächen durch entsprechende Dotierung zu einem n-p-Kontakt aus. Dieser hat bekanntlich Gleichrichtereigenschaften. Die n-p-Schicht wird in Sperrrichtung betrieben (entsprechende Wahl der Spannung). Dann wird der Ruhestrom sehr klein (Bild 8.15b). Bei der Messung schwach ionisierender Teilchen (z. B. Elektronen) verringert man ihn noch zusätzlich durch Kühlung des Detektors mit flüssigem Stickstoff (77 K). Tiefere Temperaturen sind möglich, aber technisch schwieriger zu erzielen.

Eine Anordnung für die Messung von energiereichen Teilchen (z. B. α-Teilchen) bei Zimmertemperatur zeigt Bild 8.15c. Das in Bild 8.4 gezeigte Spektrum wurde so gewonnen.

8.2.6 Szintillationszähler

Hier wird ein weitgehend anders geartetes Nachweisverfahren benutzt. Das aktive Volumen besteht aus einem Isolator mit Lumineszenzeigenschaften, den man in diesem Zusammenhang als Szintillator bezeichnet. Die beim Teilchendurchgang erzeugten Elektronen gelangen nicht ins leere Leitungsband, sondern werden von Verunreinigungsatomen innerhalb der Energielücke ΔE eingefangen. Es tritt also keine strahlungsinduzierte Leitfähigkeit auf, und die Ionisationsladung kann nicht durch ein äußeres Feld abgesaugt werden. Man strebt im Gegenteil eine rasche Rekombination der eingefangenen Elektronen mit Löchern an. In Materialien mit Lumineszenzeigenschaften führt diese Rekombination zur Aussendung von Licht das üblicherweise im Blauen bis nahezu UV liegt (Bild 8.16a). Der eigentliche Lumineszenzvorgang ist komplex und soll hier nicht weiter besprochen werden. Gute Lumineszenzeigenschaften zeigen gewisse organische Materialen (auch in flüssiger Form), die Alkalihalogenide und ZnS. Oftmals läßt sich die Lichtausbeute durch dotieren mit einem Fremdion verbessern, das man als Aktivator bezeichnet. Das bekannteste Beispiel sind mit Tl aktivierte NaJ-Kristalle. Tabelle 8.3 zeigt eine Zusammenstellung wichtiger Eigenschaften gebräuchlicher Szintillatoren.

Für die weitere Diskussion ist also festzuhalten, daß als Folge des Teilchendurchganges im Szintillator ein kurzer Lichtblitz erzeugt wird (Bild 8.16b). Die Anstiegszeit des

Lichtimpulses ist sehr kurz (⩽ 1 ns). Die Lichtintensität klingt dann etwa exponentiell ab, wobei die charakteristische Zeitkonstante für die einzelnen Materialien stark variiert (Tabelle 8.3). Die totale Lichtimpulsdauer kann speziell in organischen Materialien extrem kurz sein (einige ns). Die totale Lichtmenge pro Impuls (Fläche unter der Kurve von Bild 8.16b) ist der vom Teilchen erzeugten Ionisationsladung, d. h. also dem Energieverlust des Teilchens im Szintillator, proportional.

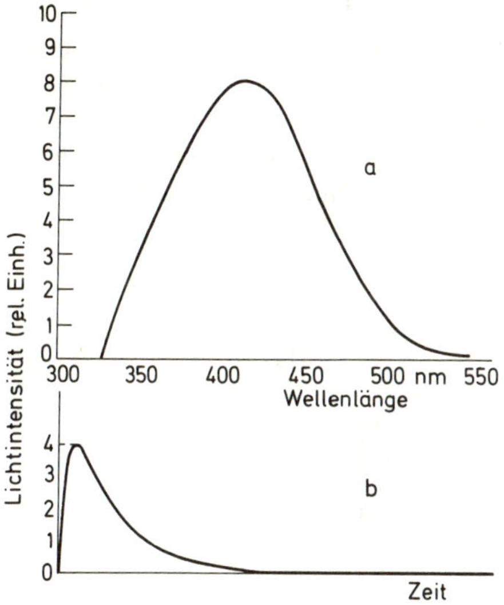

Bild 8.16
Szintillationslicht
a) Spektrum des Emissionslichtes von NaJ (Tl),
b) Zeitstruktur der Lichtemission (schematisch. Die Anstiegszeit ist stets kurz gegen die Abklingzeit.

Tabelle 8.3 Wichtige Eigenschaften einiger Szintillatoren (bei 300 K)

Szintillator	Type	Dichte g/cm³	Brechungsindex[1]	maximale Emissions Wellenlänge nm	relative Lichtausbeute %	Abklingzeit ns	Anwendung
Inorganische Materialien							
NaJ (Tl)[2]	kristallin	3,67	1,85	410	230	250	α, β, γ, p, ...
ZnS (Ag)	kristallin	4,09	2,36	450	~400	200	α, γ
Organische Materialien							
Anthracen	kristallin	1,25	1,62	447	100	30	α, β, n
Stilebene	kristallin	1,16	1,63	410	50	5	n, γ
NE110[3]	plastik	1,032[4]	1,58	434	60	3,3	β, n, α, γ
NE140 (5 % Sn)[3]	plastik	1,045	1,58	425	55	~ 2	γ
NE220[3]	flüssig	1,036[5]	1,442	425	65	3,8	α, β
NE224[3]	flüssig	0,877	1,505	425	80	26	γ, n

1) bei λ max
2) sehr hygroskopisch. Muß gekapselt werden.
3) Markenzeichen, Nuclear Enterprises INC.
4) Verhältnis von H Atomen zu C Atomen 1 : 1,1
5) Verhältnis von H Atomen zu C Atomen 1 : 1,7

Der Teilchennachweis durch Szintillationen (Lichtblitze) wurde bereits in den Urstunden der Kernphysik um die Jahrhundertwende benutzt. Die Beobachtung des Szintillators geschah im Dunkeln mit dem Auge. Auch die in den Röntgenmedizin verwendeten Bildschirme bestehen aus einem Szintillationsmaterial (meist ZnS). In der modernen Kernphysik trat der Szintillationszähler seinen Siegeszug an, als es gelang, den Lichtimpuls in ein schnelles elektrisches Signal umzuwandeln. Dies geschieht mit einem direkt an den Szintillationskristall angekoppelten Sekundärelektronenvervielfacher (Photomultiplier). Den Aufbau eines modernen Szintillationszählers zeigt Bild 8.17. Der durch die Teilchenabbremsung hervorgerufene Lichtblitz fällt voll auf die Photokathode des Multipliers. Dazu wird entweder (bei entsprechendem Brechungsindex) die Totalreflexion an den Szintillatorflächen ausgenutzt, oder der Kristall wird mit einer reflektierenden Schicht umgeben. In jedem Fall muß eine lichtdichte Schutzhülle angebracht werden. Wichtig ist die gute optische Kopplung zwischen Szintillator und Photokathode (keine Reflexionsver-

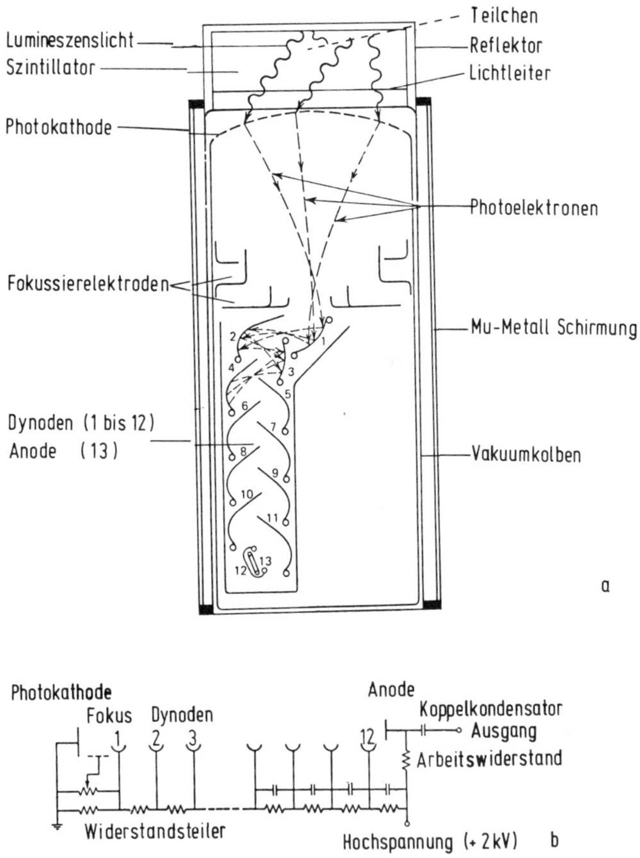

Bild 8.17 Szintillationszähler
a) Aufbau der Detektoranordnung mit Szintillationskristall und 12-stufigem Photovervielfacher,
b) Elektrische Schaltung

luste). Die Photokathode befindet sich innerhalb einer Vakuumröhre und ist in ihrer spektralen Empfindlichkeit dem Lumineszenzlicht angepaßt. An der Photokathode werden Elektronen ausgelöst. Sie werden elektrostatisch fokussiert und durchlaufen ein Spannungsgefälle von ca. 100 V. Die Elektronen treffen dann mit entsprechender Energie auf eine weitere Metallschicht mit sehr geringer Austrittsarbeit für Elektronen (Alkalischicht). Man bezeichnet diese und die folgenden Elektroden als Dynoden. An der Dynodenoberfläche lösen die auftreffenden Elektronen erneut Sekundärelektronen aus. Infolge der Beschleunigung mit etwa 100 V werden mehr Sekundärelektronen emittiert als Elektronen auf die Dynode treffen. Der Multiplikationsfaktor liegt typischerweise bei 4 bis 6. Die Sekundärelektronen werden erneut beschleunigt und auf eine weitere Dynode fokussiert wodurch sich die Elektronenvervielfachung wiederholt. Üblich sind 10 bis 14 Dynodenstufen. An die Anode gelangt so ein kräftiger Elektronenstrom (etwa 10^6 Elektronen/Photoelektron). Dieser erzeugt am Arbeitswiderstand (etwa 100 Ω) einen Spannungsimpuls von der Größenordnung 0,01 V, der der gesammelten Lichtmenge und damit dem Energieverlust des Teilchens proportional ist und leicht in elektronischen Verstärkerstufen weiterverarbeitet werden kann. Die vergleichsweise große Spannungshöhe am Multiplier-Ausgang stellt viel geringere Anforderungen an den Verstärker als dies bei Halbleiterdioden der Fall ist.

Der Elektronenmultiplikationsvorgang ist extrem schnell. Typische Laufzeiten des Elektronenimpulses durch den Multiplier liegen um 1 ns. Der Multiplier verschlechtert also die Zeitstruktur selbst der schnellsten Szintillationsimpulse nicht merklich.

Die Schaltung des Szintillationszählers zeigt Bild 8.17b. Zwischen den verschiedenen Elektroden des Multipliers (Kathode, Dynoden, Anode) muß jeweils eine entsprechende Spannungsdifferenz aufrecht erhalten werden. Man verwendet einen Widerstandsteiler, der von einem Hochspannungsgerät gespeist wird. Der Strom durch den Teiler muß groß gegen den Strom durch den Multiplier sein, damit dieser linear arbeitet. Es werden Teilerströme von einen mA benötigt. Die Verstärkung ist von der Teilerspannung extrem empfindlich abhängig. Es muß daher eine hochstabilisierte, leistungsfähige Hochspannungsversorgung verwendet werden. Wichtig ist auch, daß die Elektronen verlustfrei auf die nächste Dynode fokussiert werden. Da dies elektrostatisch erfolgt, können selbst kleine Magnetfelder eine empfindliche Störung darstellen. Der Multiplier ist deshalb mit einem Zylinder aus extrem weichmagnetischem Material (sog. Mumetall) umgeben. So eine Abschirmung versagt aber bei den Streufeldern in der Nähe großer Elektromagnete, wie sie häufig für die Teilchenstrahlfokussierung verwendet werden. Man muß dann den Multiplier weiter entfernt vom Strahl aufstellen und das Lumineszenzlicht mittels eines langen Lichtleiters vom Szintillator zum Multiplier übertragen.

Verschiedene Szintillationsmaterialien waren bereits in Tabelle 8.3 vorgestellt worden. Plastik-Szintillatoren geben kurze Lichtimpulse aber haben eine geringe Lichtausbeute/Ionenpaar. Bei NaJ (Tl) ist die Situation genau umgekehrt. Hinzu kommt, daß NaJ aus Atomen mit hoher Ordnungszahl Z aufgebaut ist und deshalb ein größeres Bremsvermögen besitzt. Die flüssigen Szintillatoren eignen sich vor allem zum Bau sehr großer Detektoren (oft mehrere 100 l aktives Volumen). Das Licht wird dann von einer großen Anzahl von Multipliern (etwa 100) an der Tankwand verarbeitet.

Die Umwandlung Ionisation→Lichtquanten→Photoelektronen einerseits, sowie die Elektronenvervielfachung andererseits, sind statistische Prozesse und mit den entsprechenden Schwankungen behaftet. Ein Szintillationsmaterial mit geringer Lichtausbeute liefert eine kleinere Anzahl von Elektronen mit einer größeren relative Schwankung. In praxi wirkt sich dies direkt auf das Energieauflösungsvermögen aus. Organische Szintillatoren liefern eine gute Zeit- aber eine schlechte Energieauflösung. Bei anorganischen Szintillatoren ist es umgekehrt und der Experimentator muß die Wahl entsprechend den Versuchsbedingungen treffen. Grundsätzlich ist aber die Energieauflösung um eine Größenordnung schlechter als die von Halbleiterzählern. Die Vorteile sind große Zählvolumina, hohe Zählratenfestigkeit, geringe mechanische Empfindlichkeit und einfacher Aufbau.

8.2.7 Čerenkov-Zähler

Hier wird ebenfalls ein Lichtsignal zur Anzeige des Teilchendurchgangs benutzt, das in einem oder mehreren Photomultipliern verarbeitet wird. Es werden jedoch keine lumineszierenden Materialien benutzt, und die Primärursache des Lichtblitzes ist nicht die vom Teilchen erzeugte Ionisation. Als Detektormaterial wird optisches Glas mit einem hohen Brechungsindex n benutzt. Sehr energiereiche Teilchen (Elektronen mit einigen MeV oder Protonen mit einigen GeV) bewegen sich praktisch mit Vakuumlichtgeschwindigkeit c. In den Gläsern mit hohem Brechungsindex bewegen sich die Teilchen also mit Überlichtgeschwindigkeit bezogen auf das Medium. (Die Grenzgeschwindigkeit der Relativitätstheorie ist die Vakuumlichtgeschwindigkeit!) Ähnlich wie ein Körper, der sich durch ein Medium (z. B. Luft) mit Überschallgeschwindigkeit bewegt und dabei kegelförmig Schallwellen abstrahlt (Überschall-Knall), strahlt das geladene Teilchen bei Überlichtgeschwindigkeit kegelförmig elektromagnetische Strahlung ab (Bild 8.18a). Das Licht liegt

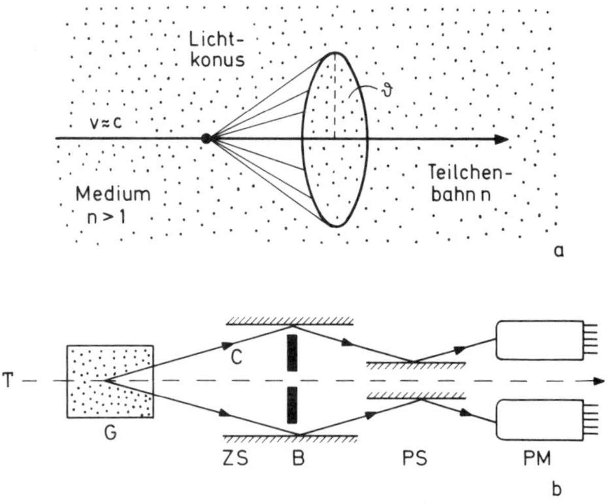

Bild 8.18 Čerenkov – Zähler
a) abgestrahlter Lichtkonus,
b) einfacher Schwellendetektor. ZS Zylinderspiegel, B Ringblende, G Glaskörper, C Cerenkov-Licht, PS Planspiegel, PM Photoverfielfacher (in Koinzidenz geschaltet), T Teilchenstrahl

hauptsächlich im blauen Bereich. Für Öffnungswinkel des konischen Strahlungsbündels gilt:

$$\cos \vartheta = \frac{1}{\beta \cdot n} \tag{8.9}$$

Er ist also mit der Teilchengeschwindigkeit verknüpft. Man kann deshalb leicht einen Schwellendetektor bauen der erst ab einer bestimmten Geschwindigkeit (Winkel ϑ) anspricht. So ein System zeigt Bild 8.18b. Der Energieverlust des Teilchens beim Durchgang durch den Zähler ist vernachlässigbar. Da die Lichterzeugung prompt ist, wird die Zeitstruktur des Zählimpulses allein durch den Photomultiplier bestimmt. Sie ist in jedem Fall sehr schnell.

8.2.8 Andere Nachweisverfahren

Die Aufzeichnung von radioaktiven Teilchen mittels photographischer Schichten geht in die Anfänge der Physik der Radioaktivität (Becquerel) zurück. Die Wirkung ionisierender Strahlung auf die Silberbromidkörner der Photoemulsion ist die gleiche wie die von Licht: Die Körner werden entwickelbar. Auf die Einzelheiten des Sensibilisierungsprozesses können wir nicht eingehen. Mit einer entsprechend dicken Photoschicht läßt sich, wenn auch mühsam, die Bahn eines Teilchens und der von ihm erzeugten Sekundärprodukte (Kernreaktionen!) nachweisen. In dieser Hinsicht entspricht sie den weiter unten zu behandelnden Nebel- und Blasenkammern. Man kann aber auch einfach die generelle Schwärzung der Schicht durch den kumulativen Effekt vieler Wechselwirkungen mit einzelnen Teilchen messen. Die Schwärzung ist ein Maß für die totale Dosis (d. h. für die in der Schicht erzeugte Ionisierung) über den gesamten Belichtungszeitraum. Den typischen Zusammenhang zwischen Strahlendosis und Filmschwärzung zeigt Bild 8.19. Photofilme eignen sich deshalb vorzüglich als Dosimeter zur Strahlenschutzüberwachung. (Plaketten). Sie sind einfach und sehr zuverlässig, erlauben aber keine momentane Ablesung wie das erwähnte Füllhalterdosimeter. In ähnlicher Weise arbeiten Thermolumineszenz-Dosimeter. Die energiereiche Strahlung erzeugt in gewissen Isolatoren (z. B. $CaF_2 : Mn$) Elektron-Löcher-Paare, die sofort an Fremdatomen (etwa Mn) oder Gitterfehlstellen eingefangen und so gespeichert werden. Nach Bestrahlung werden die Kristalle aufgeheizt. Die thermische Energie setzt die Elektronen und Löcher frei, die sofort rekombinieren. Dabei wird Licht ausgesendet, das in einem Photodetektorsystem registriert wird. Die gesamte freigesetzte Lichtmenge ist wieder ein Maß für die empfangene Strahlendosis.

Statt mit Photoemulsionen kann man Teilchenbahnen auch mit sogenannten „Track – Etch"-Detektoren permanent aufzeichnen. Dies sind meist Kunststoffscheiben. Das einlaufende energiereiche Teilchen bricht längs seines Weges Molekülbindungen auf.

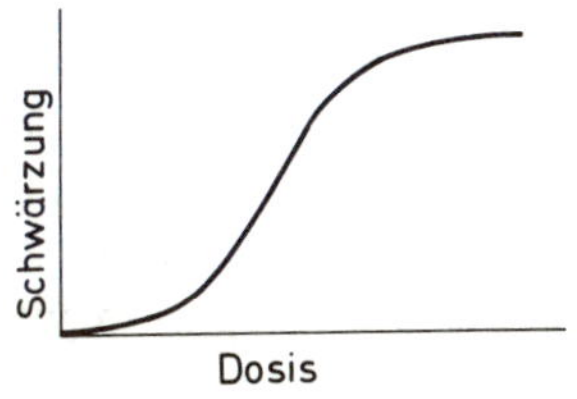

Bild 8.19
Abhängigkeit der Filmschwärzung von der Bestrahlungsdosis

Diese Schäden heilen bei Normaltemperatur zum Teil nicht aus. Die gebrochenen Bindungen werden von einem Lösungsmittel (Säure oder Base) stark angegriffen. Man kann also aus der Schicht den Teilchenweg (englisch: track) herausätzen (englisch: etch). Zurück bleiben Löcher die unter dem Mikroskop gut sichtbar sind.

Überwiegend werden Teilchenspuren jedoch mit Blasen-, Funken- oder Nebelkammern registriert. In einer Blasenkammer (Bild 8.20a) befindet sich eine Flüssigkeit unter Druck dicht unterhalb ihres Siedepunktes. Der Druck wird plötzlich reduziert. Da mit sinkendem Druck der Siedepunkt einer Flüssigkeit abnimmt, ist die Flüssigkeit nun überhitzt. Die initiale Bildung von kleinen Dampfblasen erfolgt vorzugsweise um kleinste Teilchen (Verdampfungskerne), die sich in der Flüssigkeit befinden, da es sonst schwierig ist, die Oberflächenspannung kleinster Blasen (hoher Innendruck) zu überwinden. Die längs einer Teilchenbahn erzeugten Ionen eignen sich im besonderen Maße als Verdampfungskerne. Längs der Teilchenbahn entsteht eine Blasenspur, die stereographisch photographiert wird. Durch erneutes Hochfahren des Druckes ist die Kammer wieder arbeitsbereit. Als Flüssigkeit benutzt man heute meist flüssigen Wasserstoff (Siedepunkt etwa 20 K). Die Kammer wird meist durch Čerenkov-Zähler, die den Teilcheneintritt registrieren, ausgelöst. Blasenkammern finden in der Hochenergiephysik weite Anwendung zur Beobachtung der Reaktionen von Elementarteilchen (Bild 8.20b). Die Kammer befindet sich meist in einem äußeren Magnetfeld. Aus der Bahnkrümmung und der Ionisationsdichte (Dichte der Blasen in der Spur) können Masse und Ladung des Teilchens bestimmt werden. Moderne Blasenkammern sind zusammen mit ihren Kälteeinrichtungen und Magneten riesige Instrumente von der Größe eines Einfamilienhauses.

Ein Vorläufer der Blasenkammer war die Nebelkammer. Sie arbeitet mit einer gesättigten Wasserdampfatmosphäre, die durch Expansion rasch unterkühlt wird. Die Ionen entlang des Teilchenweges dienen als Kondensationskerne. Es entsteht eine Nebelspur die photographisch registriert wird. Der Nachteil der Nebelkammer ist die geringe Dichte des aktiven Mediums. Sie ist daher für energiereiche Teilchen nicht geeignet.

Neuerdings werden zur Spurenregistrierung von energiereichen Teilchen gerne Funkenkammern benutzt. Die Funkenkammer besteht aus einer Anzahl von gegeneinander isolierten Metallplatten, die im Abstand einiger Millimeter parallel zueinander angeordnet sind. Zwischen den Platten befindet sich Neon-Gas. Jede zweite Platte ist geerdet. Beim Ansprechen eines Čerenkov-Detektors, der den Teilcheneintritt registriert, wird an die übrigen Platten ein kurzer ($\approx$ 100 ns langer) Hochspannungsimpuls gelegt. Längs der vom durchlaufenden Teilchen erzeugten Ionenspur kommt es zu einem Funkenüberschlag zwischen benachbarten Platten. Die Funkenspur wird wiederum photographiert. Ein Beispiel zeigt Bild 8.20c.

Eine weitere, erwähnenswerte Neuentwicklung sind Vieldraht-Detektoren. Im Prinzip handelt es sich um einen großen Gaszähler mit einer Vielzahl von Zähldrähten. Sie arbeiten meist im Gasverstärkungs-Proportionalbereich. Die längs der Spur erzeugten Elektronen werden auf den nächstliegenden Draht zu beschleunigt und erzeugen dort die Elektronenlawine. Je nachdem welche Drähte ansprechen, erhält man eine Information über den Teilchenweg. Durch Messung der Laufzeit der Ladung längs des Zähldrahtes kann man überdies noch feststellen, an welcher Stelle des Drahtes die Elektronenlawine eingetroffen ist. Somit ist eine recht präzise Ortsbestimmung möglich. Die impulsverarbeitende Elektronik ist natürlich extrem aufwendig und erfordert die Ankopplung an einen großen Pro-

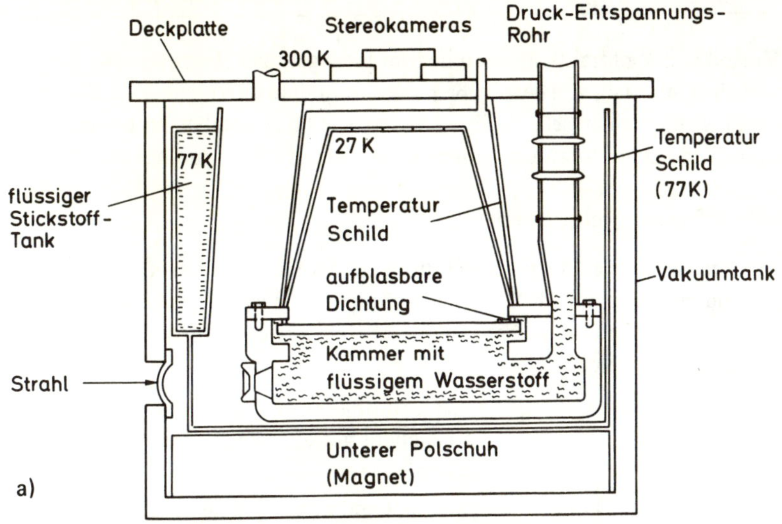

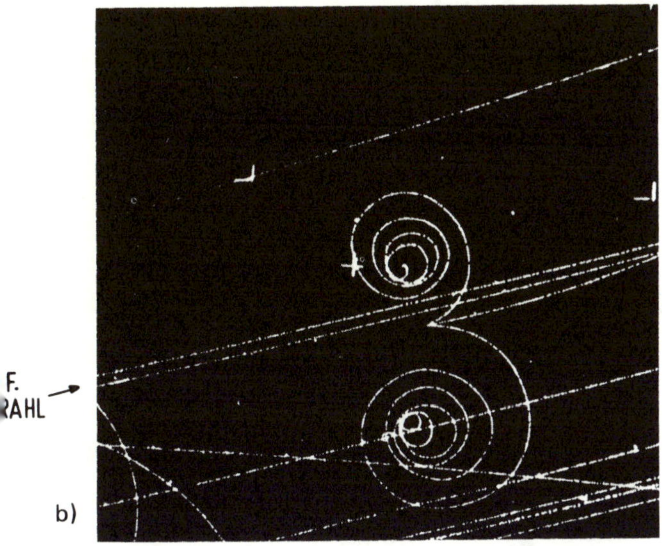

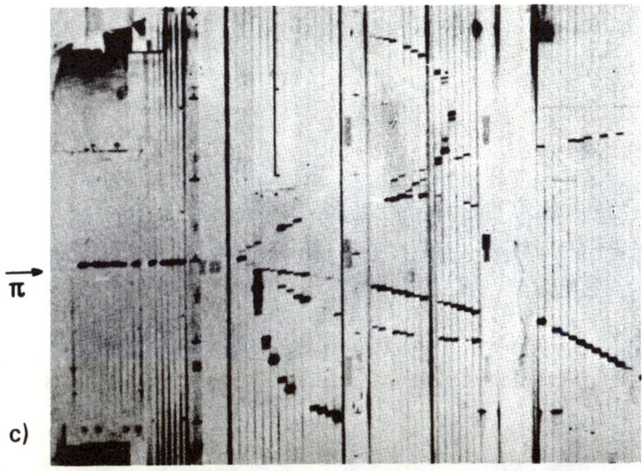

Bild 8.20

Teilchenspurdetektoren

a) Schnitt durch die 1,8-m-Blasenkammer in Berkeley (Cal.),

b) Blasenkammeraufnahme des Paarerzeugungsprozesses,

c) Funkenkammeraufnahme des Stoßes eines hochenergetischen π-Mesons mit einem Proton und der Nachfolgereaktionen. Die Teilchenbahnen sind durch äußere Magnetfelder gekrümmt

zeßrechner. Der Vorteil von Vieldrahtkammern liegt in ihrer geringen Totzeit (etwa der eines Gas-Proportionalzählers, d. h. von der Größe μs) insbesondere im Vergleich zu Blasenkammern. Weiter sind sie über einen sehr breiten Energiebereich einsetzbar. In der Hochenergiephysik haben solche Detektoren die Dimension von $10 \times 10 \times 1$ m angenommen.

8.2.9 Teilchenidentifizierung mit Zählern

Die in den vorausgehenden Kapiteln beschriebenen Teilchendetektoren können ebenfalls zur Teilchenidentifikation benutzt werden ohne daß die exakte Teilchenspur gemessen wird. Diese Verfahren sind in der Nieder- und Mittelenergiekernphysik verbreitet. Zwei Verfahren seien kurz erwähnt:

a) Mit der Kombination eines Čerenkov- und eines Szintillations-Zählers kann man die Geschwindigkeit und die kinetische Energie des Teilchens getrennt bestimmen. Daraus läßt sich die Masse ermitteln und das Teilchen identifizieren.

b) Das andere Verfahren (Bild 8.21) verwendet zwei energieproportionale Zähler (Szintillations- oder Halbleiterzähler). Der erste Zähler ist sehr dünn, das Teilchen verliert nur wenig Energie. Das Signal dieses Zählers ist dann proportional zu $-(dE/dx)$. Der zweite Zähler ist dick, das Teilchen wird voll gestoppt. Die Summe der Signale aus Zähler 1 und Zähler 2 ergibt die Gesamtenergie E des Teilchens. Wir kennen also $-(dE/dx)$ und E und können damit mittels der in Bild 8.7a gezeigten Kurven das Teilchen identifizieren. Dies kann u. U. direkt in einem angekoppelten Prozeßrechner vollzogen werden.

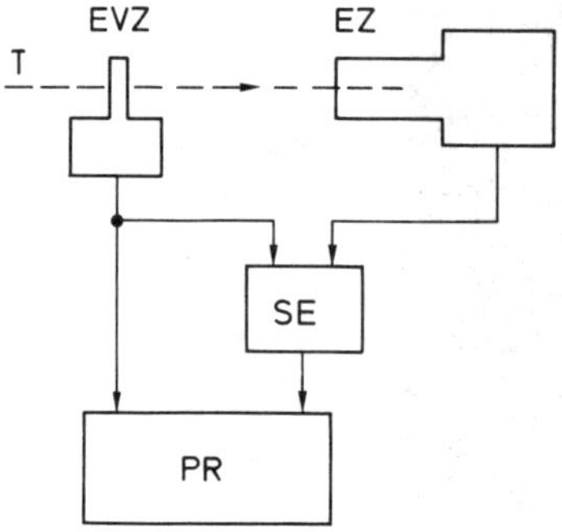

Bild 8.21
Teilchenidentifizierung mit zwei energieproportionalen Zählern
EVZ Energieverlustzähler (dünner Si-Detektor), EZ Energiezähler (NaJ-Szintillationszähler), SE Summierelektronik, PR Prozeßrechner.

8.3 Nachweis ungeladener Teilchen

8.3.1 Grundlegende Bemerkungen

Die beschriebenen Detektoren sprechen primär nur auf den Durchgang geladener Teilchen an. Mit Ausnahme des Čerenkov-Zählers dient die bei der Bremsung der Teilchen erzeugte Ionisation als Nachweisreaktion. Auch ungeladene Teilchen führen in der Regel zu einer Ionisation, wenn sie in Materie einlaufen. Allerdings stammt diese Ionisation aus Sekundärreaktionen. Falls eine solche Ionisation auftritt, können die bereits diskutierten Detektortypen eingesetzt werden. Für proportional arbeitende Zähler ergibt sich die Schwierigkeit, daß nur die Energie der geladenen Sekundärteilchen bestimmt wird. Aus ihr muß auf die Energie des ungeladenen Teilchens geschlossen werden. Der Zusammenhang ist oft recht komplex. Insbesondere können monoenergetische, ungeladene Primärteilchen ein ganzes Energiespektrum von Sekundärteilchen erzeugen. Die Antwortfunktion des Detektors ist daher in vielen Fällen kompliziert.

8.3.2 Nachweis von Neutronen

Als Reaktionen, die geladene Teilchen mit ausreichender Energie zum Nachweis erzeugen, kommen hauptsächlich in Frage:

a) Elastische Streuung von Neutronen an Protonen. Im zentralen Stoß wird die gesamte Energie E_n des Neutrons übertragen. Im allgemeinen Fall jedoch kommen beliebige Streuwinkel vor, und es werden Protonen mit einem kontinuierlichen Energiespektrum von Null bis E_n erzeugt. Dieser Nachweis über sogenannte Rückstoßprotonen ist vor allem für schnelle Neutronen (MeV) von Bedeutung. Man erzeugt z. B. die Rückstoßprotonen direkt in einem Plastikszintillator, wo sie dann auch nachgewiesen werden. Die Spektroskopie von Neutronen ist möglich, aber aus den genannten Gründen schwierig.

b) Neutroneninduzierte Kernrekationen, z. B.:

$$^{10}B + n \rightarrow {}^{7}Li + \alpha \; (\approx 2{,}5 \text{ MeV}),$$

$$^{3}He + n \rightarrow {}^{3}H + p \; (\approx 750 \text{ keV}).$$

Sie werden von thermischen Neutronen mit großer Wahrscheinlichkeit (großem Wirkungsquerschnitt) ausgelöst und dienen deshalb zum Nachweis bereits moderierter Neutronen. Man verwendet mit $^{10}BF_3$- oder ^{3}He-Gas gefüllte Proportionalzählrohre. Die kinetische Energie des geladenen Folgeteilchens (α oder p) ist im Wesentlichen durch die Reaktionsenergie (2,5 MeV bzw. 750 keV) bestimmt und BF_3- bzw. ^{3}He-Zählrohre sind zur unmittelbaren Neutronenspektroskopie wenig geeignet. Sie können aber in entsprechenden Spektrometern (z. B. Flugzeit-Spektrometer, siehe weiter unten) eingesetzt werden.

c) Die Kernspaltung, und zwar sowohl die thermische (^{233}U, ^{235}U, ^{239}U) als auch die schnelle (^{231}Pa, ^{232}Th, ^{234}U, ^{238}U) Spaltung. Die energiereichen ($\approx$ 200 MeV) und hochgeladenen Spaltprodukte werden nachgewiesen, z. B. in einer Impulsionisationskammer in die eine dünne Folie aus spaltbarem Material eingebaut ist. Als Folgeprodukte entstehen jedoch radioaktive Kerne, die Untergrundstrahlung erzeugen. Der Vorteil der Impulsionisationskammer ist, daß sie auf die Strahlung der radioaktiven Spaltprodukte, die aus vergleichsweise schwach ionisierenden Teilchen besteht, nicht meßbar anspricht.

Neutronendetektoren spielen naturgemäß eine wichtige Rolle in der Kontrolle von Kernreaktoren. Weitere Einzelheiten finden sich daher an anderen Stellen dieses Buches. Für die Spektroskopie langsamer Neutronen, speziell in der angewandten Neutronenphysik, verwendet man gerne Flugzeitspektrometer (Bild 8.22a): Der Neutronenstrahl, wie er etwa von einem Forschungsreaktor geliefert wird, wird mittels eines mechanischen Zerhackers (Chopper) in kurze Bündel unterteilt. Der Zerhacker besteht aus einem Satz von parallelen rasch rotierenden Cd-Blechen im Abstand einiger mm. Cd hat eine sehr hohe Einfangswahrscheinlichkeit für langsame Neutronen, d. h., die Neutronen können den Chopper nur passieren, wenn die Cd-Bleche parallel zur Strahlrichtung stehen. In diesem Moment wird ein Startsignal zum Prozeßrechner gegeben, der anfängt das Adressenregister seines Speichers durchzuschalten. Wenn einer der BF_3-Zähler am Ende der Flug-

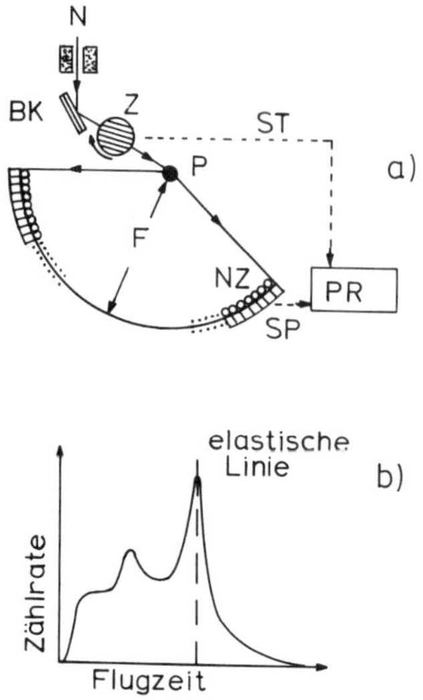

Bild 8.22

Neutronenflugzeitspektrometer

a) Anordnung zur Messung der inelastischen Neutronenstreuung. Der vom Reaktor eintreffende Strahl N wird an einem Bragg-Kristall BK monochromatisiert, durchläuft den Zerhacker Z und fällt auf die Probe P. Mit einer Batterie von BF_3-Zählern NZ wird die Laufzeit längs der Flugstrecke F bei verschiedenen Streuwinkeln registriert. Die Start-(ST) und Stop-(SP) Impulse werden im Prozeßrechner PR auf ihre Zeitkorrelation analysiert

b) Flugzeitspektrum der an einem flüssigen Kristall unter 25° gestreuten Neutronen.

strecke anspricht, wird in die gerade aufgerufene Adresse (Kanal) ein Ereignis eingeschrieben, wie wir das schon beim Impulshöhenanalysator besprochen haben. Im Falle einer BF_3-Zählerbatterie, wie sie Bild 8.22 zeigt, wird in einem anderen Teil des Rechnergedächtnisses noch eingespeichert, welcher der einzelnen Zähler das Stopsignal geliefert hat. Nach entsprechender Meßzeit enthält also der Speicher die Verteilungen der Flugzeiten der Neutronen (was ihrer kinetischen Energie entspricht) als Funktion des Streuwinkels. Ein Beispiel zeigt Bild 8.22b. Die Flugstrecken sind typisch einige Meter, die Flugzeit einige Mikrosekunden. Die Zeitauflösung ist in der Regel um 0,1 μs.

8.3.3 Nachweis von Gammastrahlung

Im Teilchenbild der modernen Physik wird elektromagnetische Strahlung als ein Strom von Photonen, jedes mit der Energie

$$E = h \cdot \nu = hc/\lambda \qquad (8.10)$$

aufgefaßt. Die Gammastrahlungsintensität kann dann als Anzahl von Photonen pro cm^2 und s ausgedrückt und über eine Zählratenmessung bestimmt werden. Im Gegensatz zur Optik charakterisiert die Kernphysik elektromagnetische Strahlung ausschließlich über die Photonenenergie in keV bzw. MeV. (Aus Gl. 8.10 ergibt sich E(keV) = 1,24/λ(nm)). Der hier interessierende Energiebereich erstreckt sich von einigen keV (charakteristische Röntgenstrahlung) bis zu einigen MeV (typische Kern-Gamma-Strahlung).

Die Intensität I eines Gammastrahles wird beim Durchlaufen von Materie geschwächt. Nehmen wir einen Parallelstrahl an, der sich in x-Richtung durch einheitliche Materie ausbreitet, so gilt:

$$I(x) = I_0 \cdot e^{-\mu x}. \qquad (8.11)$$

Man nennt μ den linearen Absorptionskoeffizient (cm^{-1}), x ist die durchlaufene Strecke (cm) und I_0 die Intensität bei x = 0. Für praktische Zwecke ist es günstiger die durchlaufenen Schichtdicke in Form einer Flächendichte $d = x \cdot \rho$ in den Einheiten g/cm^2 anzugeben, wobei ρ die Massendichte (g/cm^3) ist. Man schreibt dann $I = I_0\, e^{-\mu^* d}$, wobei $\mu^* = \mu/\rho$ der Massenabsorptionskoeffizient (cm^2/g) ist.

Die Absorption von Gammastrahlung beim Durchgang durch Materie hat die Bildung von Ionenpaaren zur Folge. Diese Ionisierung der Materie ist es ja gerade, die die Schädigung von Gewebe etwa durch Röntgenstrahlung bewirkt und die z. B. in der Strahlenmedizin gezielt eingesetzt wird. Wir wollen als erstes die physikalischen Prozesse der Absorption von Photonen diskutieren und uns dabei klar machen, wieso hierbei als Sekundärprodukte energiereiche geladene Teilchen (Elektronen) entstehen.

a) Wechselwirkung von Photonen mit Materie

In dem erwähnten Bereich von Photonenenergien sind drei Wechselwirkungsprozesse von Bedeutung: der Photoeffekt, der Compton-Effekt und die Paarbildung. Diese drei Prozesse laufen unabhängig von einander ab, was bedeutet, daß wir schreiben dürfen:

$$\mu = \mu_{\text{Photo}} + \mu_{\text{Compton}} + \mu_{\text{Paar}}.$$

Jeder Prozeß hat seine eigene Energieabhängigkeit, und deshalb dominieren je nach Photonenenergie verschiedene Absorptionsmechanismen, wie dies Bild 8.23 als Beispiel zeigt

Der Photoeffekt

Das Gammaquant wechselwirkt mit einem gebundenen Hüllenelektron und löst dieses aus dem Atomverband. Das so erzeugte freie Elektron hat die kinetische Energie

$$E_e = E_\gamma - E_B, \tag{8.12}$$

wobei E_B die Bindungsenergie des Elektrons im Atom ist. Offenbar muß $E_\gamma > E_B$ sein. Wie wir später noch kurz begründen werden, findet der Photoeffekt vorzugsweise an Elek-

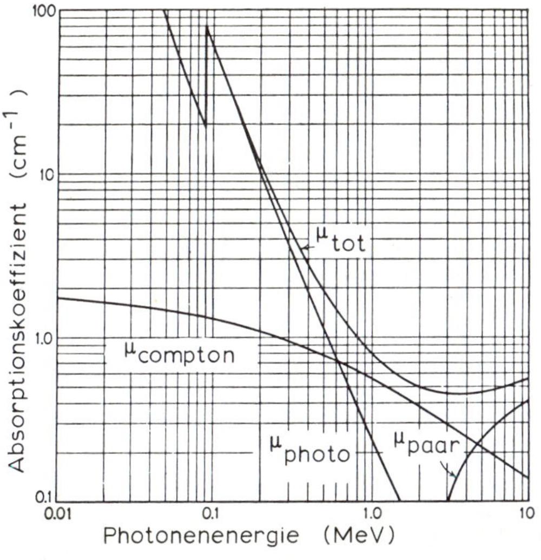

Bild 8.23
Energieabhängigkeit des totalen Absorptionskoeffizienten von Pb für Gammastrahlung. Eingezeichnet sind ebenfalls die partiellen Koeffizienten für Photoabsorption, für Compton-Streuung und für Paarerzeugung. Bei 90 keV tritt die K-Kante in Erscheinung.

tronen der inneren Atomschalen (K oder L) statt. Das Elektronenloch in der inneren Schale wird bekanntlich rasch durch ein weiter außen liegendes Hüllenelektron aufgefüllt. Die Energiedifferenz wird als charakteristische Röntgenstrahlung ausgesandt, d. h., durch subsequente Prozesse wird die in Gl. (8.12) dem Photoelektron noch fehlende Bindungsenergie E_B in Röntgenstrahlung umgewandelt, wobei dann wiederum ein Photoeffekt auftritt. So wird meist in sehr kurzer Zeit ($< 10^{-12}$ s) die gesamte Photonenenergie E_γ in kinetische Energie E_e von Elektronen umgewandelt. Ein zur Röntgenemission konkurrierender Prozeß ist der sogenannte Auger-Effekt, bei dem bei der Füllung des Lochs in der inneren Schale direkt ein Elektron mit der Differenz der Bindungsenergien aus der höheren Schale geworfen wird. Das Endergebnis ist dasselbe: Wir finden in beiden Fällen E_γ nahezu vollständig als kinetische Energie von Elektronen wieder. Der Absorptionskoeffizient μ_{Photo} nimmt rasch mit der Energie der Photonen ab (etwa mit E^{-3}) und sehr stark mit der Ordnungszahl der absorbierenden Atome (etwa mit Z^5) zu. In Bild 8.23 ist die typische Energieabhängigkeit von μ_{Photo} für Pb (einem Schirmungsmaterial) zu sehen. Bei niedrigen Energien zeigt sich eine Diskontinuität, die sogenannte Absorptionskante. Wir unterschreiten dort mit der Photonenenergie die Bindungsenergie der Elektronen in der K-Schale, die deshalb zur Absorption nicht mehr beitragen können (K-Kante). Die bei sehr tiefen Energien liegende L-Kante ist in Bild 8.23 nicht mehr zu sehen. Infolge der Spin-Bahnkopplung gibt es drei L-Unterschalen, und die L-Kante zeigt die entsprechende Struktur.

Compton-Effekt

Das Photon wechselwirkt mit einem freien Elektron. Die Erfüllung des (relativistischen) Energie- und Impulssatzes verlangt, daß das Photon dabei nur einen Teil seiner Energie auf das Elektron übertragen kann. Es wird um den Winkel φ aus seiner Ausbreitungsrichtung abgelenkt (Bild 8.24a). Es gilt:

$$E_e = E_\gamma \left[\frac{a(1-\cos\varphi)}{1 + a(1-\cos\varphi)}\right], \qquad (8.13)$$

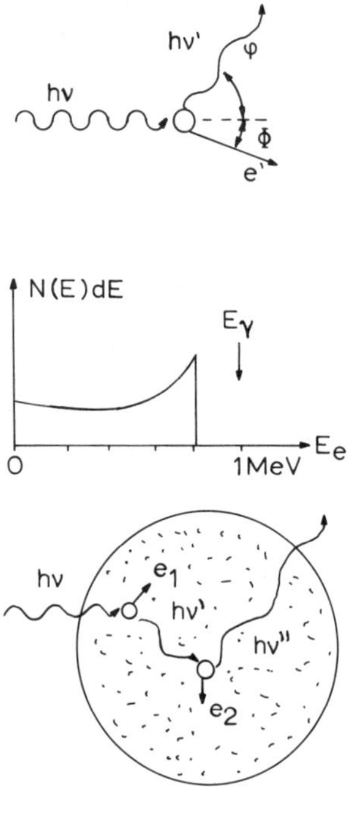

Bild 8.24

Compton Effekt

a) Geometrie des Compton-Streuprozesses: hν einfallendes Photon, hν' gestreutes Photon, e Compton-Elektron, φ, Φ Streuwinkel.
b) Energieverteilung der Compton-Elektronen für ein einfallendes Photon mit 500 keV Primärenergie.
c) Mehrfach-Compton-Streuung.

wobei $a = E_\gamma/m_0c^2$ ist. Wie man sofort sieht, wird auch bei maximalen Streuwinkel (φ = 180°, Rückwärtsstreuung) nicht alle Energie dem Elektron übergeben. Es bleibt auch dann noch ein Photon mit $E'_\gamma = E_\gamma - E_e$ bestehen. Fällt ein Strom monoenergetischer Photonen auf Materie so finden Compton-Prozesse mit den unterschiedlichsten Streuwinkeln statt. Demgemäß finden wir Elektronen mit verschiedenen kinetischen Energien. Die Energieverteilung der Elektronen bei Beobachtung einer Vielzahl von Compton-Prozessen zeigt Bild 8.24b. Die Kurvenform hängt im einzelnen von der Größe der einfallenden Photonenenergie ab, aber die grundlegende Form von Bild 8.24b findet sich stets wieder. Vor allem ist stets die deutliche Lücke zwischen der Energie der einfallenden Photonen E_γ und der maximalen Elektronenenergie (entsprechend Streuung um 180°) vorhanden. In Mehrfachprozessen kann natürlich noch ein Teil dieser fehlenden Energie auf Elektronen übertragen werden, aber es ist unwahrscheinlich, daß durch sukzessive Compton-Effekte praktisch die gesamte Photonenenergie als kinetische Energie von Elektronen wiedergefunden wird. Es entweicht meist noch ein Photon aus dem Nachweisvolumen (Bild 8.24c). Eine gewisse Wahrscheinlichkeit besteht dafür, daß das Comptongestreute Quant E'_γ anschließend noch Photoabsorption erleidet. Dann liegt wieder der Fall vor, daß die gesamte eingefallene Photonenenergie in Energie von Elektronen umgewandelt wurde. Wir haben also dasselbe Ergebnis wie vorher beim reinen Photoeffekt. Aus Bild 8.23 entnehmen wir daß μ_{Compton} bei mittleren Energien (einige hundert keV bis etwa 2 MeV) dominiert.

Man mag sich noch die Frage stellen, was eigentlich der Begriff „freie" Elektronen in Materie bedeutet. Gemeint ist hier, daß die Bindungsenergie der Elektronen klein gegen die Photonenenergie ($E_B \ll E_\gamma$) ist. Bei niedrigen Photonenenergien ist dies für die Leitungselektronen in einem Metall und für die Valenzelektronen in einem Isolator erfüllt. Bei höheren Energien gilt dies für alle Elektronen, und das Photon „sieht" keine gebundenen Elektronen mehr. Der Photoeffekt verschwindet. Schließlich noch die Frage: Wieso kann beim Photoeffekt das Photon seine gesamte Energie verlieren, während beim Compton-Effekt als Folge des Energie- und Impulssatzes stets ein niederenergetischeres Photon E'_γ ausläuft? Der Grund liegt in der Bindung des Elektrons an das Atom im Falle des Photoeffektes. Dadurch steht ein dritter Wechselwirkungspartner, der Atomkern, zur Verfügung, der einen Teil des Impulses aufnimmt und dadurch einen Rückstoß erleidet. Streng genommen müßten wir diese Rückstoßenergie in Gl. (8.12) mit berücksichtigen. Sie ist jedoch für alle praktischen Gesichtspunkte vernachlässigbar. Wir verstehen aber nun, daß innere Elektronen, speziell die K-Elektronen, vorzugsweise am Photoeffekt beteiligt sind, denn der Impulsübertrag zum Kern ist besser möglich.

Paarbildung

Übersteigt die Photonenenergie die doppelte Ruheenergie (Ruhemasse) des Elektrons ($E_\gamma > 1{,}02$ MeV) so kann sich im Coulombfeld eines Atomkerns das Photon in ein Elektron-Positron-Paar umwandeln. Die Bildung eines einzelnen Elektrons verbietet die Ladungserhaltung. Ein Atomkern wird wiederum als Impulspartner benötigt. In dem Energiebereich unter Diskussion erhalten Positron und Elektron etwa dieselbe kinetische Energie. Bei Vernachlässigung der Rückstoßenergie des Kernes finden wir also ein Elektron-Positron-Paar, wobei jedes Teilchen die Energie:

$$E_e = (E_\gamma - 2m_ec^2)/2 = (E_\gamma - 1{,}02 \text{ MeV})/2 \qquad (8.14)$$

hat. Im Bild 8.23 erkennen wir, daß der Absorptionskoeffizient μ_{paar} oberhalb der Schwelle von 1,02 MeV rasch ansteigt und von etwa 5 MeV an dominiert.

b) *Gammastrahlungsdetektoren*

Für den Nachweis der γ-Strahlung müssen wir nur die bei der Bremsung der Photo-, Compton-, oder Paarbildungs-Elektronen (bzw. Positronen) entstehende Ionisation in einen Zählimpuls umwandeln. Dies kann prinzipiell mit jedem der besprochenen Teilchendetektoren erreicht werden. Der totale Absorptionsquerschnitt μ für Gammastrahlung steigt in jedem Fall mit Z an, und insbesondere im Falle hochenergetischer Strahlung möchte man schwere Zählmedien verwenden.

Für den reinen Nachweis genügt ein Geiger-Müller-Zählrohr. Die Gammaabsorption findet in der Zählrohrwand statt. Die Wanddicke muß so ausgelegt werden, daß einerseits eine ausreichende Absorption von Photonen stattfindet, andererseits die erzeugten Elektronen die Wand verlassen und mit ausreichender Energie in das Zählgasvolumen einlaufen können. Generell ist die Nachweiswahrscheinlichkeit von Photonendetektoren meist deutlich geringer als eins. Für hohe Energien kann man selten mehr als einige Prozent erreichen.

Komplizierter als der reine Nachweis ist die Spektroskopie der Photonen. Hierzu verwendet man vorzugsweise Szintillations- oder Halbleiterdetektoren. Wir wollen zunächst die ersteren diskutieren. Als Szintillationskristall verwendet man wegen seines hohen Absorptionskoeffizienten und seiner guten Lichtausbeute NaJ (Tl). Falls wir unterhalb der Schwelle für Paarerzeugung (d. h. $E_\gamma \leqslant 1$ MeV) bleiben, erfolgt die Absorption der Photonen über den Photoeffekt und den Compton-Effekt. Im Photoeffekt wird die gesamte Photonenenergie in kinetische Energie von Elektronen umgewandelt. Da alle Elektronen in einer Zeitspanne die kurz gegenüber der Zeitauflösung des Szintillators ist, erzeugt werden, erhalten wir einen einzigen Zählimpuls, dessen Höhe der Summe der kinetischen Energie aller Photoelektronen und damit der Energie des einfallenden Photons entspricht. Dies ist nicht so, falls die einfallenden Photonen Compton-Prozesse im Szintillator erleiden. Dann wird jeweils nur ein Teil der Energie auf das Compton-Elektron übertragen und wir beobachten eine Verteilungskurve für die Energie der Elektronen gemäß Bild 8.24b. Dies bedeutet, unser Zähler liefert Impulse unterschiedlicher Höhen, die die Verteilungskurve von Bild 8.24b widerspiegelt. Durch das Auftreten von Vielfachprozessen wird die scharfe Kante bei der Maximalenergie ($\varphi = 180°$) etwas verwaschen. Lassen wir also einen monoenergetischen Gammastrahl in einen Szintillationszähler einlaufen, so erhalten wir ein komplexes Impulshöhenspektrum wie es Bild 8.25 zeigt. Man erkennt deutlich den „full-energy-peak" der durch Photoabsorption erzeugt wird. Seine endliche Breite ist durch das begrenzte Energieauflösungsvermögen des Detektors bedingt. Bei niedrigen Energien (kleineren Impulshöhen) schließt sich die breite Verteilung der Compton-Elektronen an. Bei sehr niedrigen Energien ist noch eine kleine Linie zu sehen. Dies ist die sogenannte Rückstreulinie. Sie stammt von Photonen, die eine 180°-Compton-Streuung in Materialien in unmittelbarer Umgebung des Szintillatorkristalles erlitten haben. Das rückgestreute Photon mit der Energie $E'_\gamma = E_\gamma - E_e^{max}$ löst im Szintillator einen Photoeffekt aus, der zu einem „full-energy-peak" bei E'_γ führt.

Die Verwendung von Plastikszintillatoren für Photonenspektroskopie ist nicht angezeigt. Infolge ihrer niedrigen Ordnungszahl ist die Wahrscheinlichkeit für Photoeffekt klein und die für Compton-Effekt groß. Man sieht also nur eine breite Impulshöhenver-

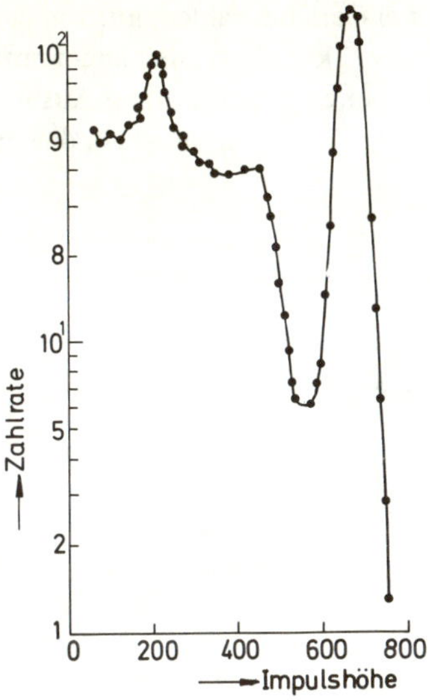

Bild 8.25
Szintillationsspektrum des monoenergetischen 663-keV-Gammastrahls von ^{137}Cs.

teilung. Man kann dem etwas abhelfen (falls die gute Zeitauflösung wichtig ist), indem man in das organische Szintillatormaterial einige Prozent Pb oder Sn einbaut. Dadurch wird aber im wesentlichen nur die Nachweiswahrscheinlichkeit für Photonen erhöht, das spektrale Auflösungsvermögen ist (schon wegen der geringen Lichtausbeute) immer noch sehr schlecht.

Andere proportional arbeitende Detektoren wie Proportional-Zählrohre und Halbleiterdetektoren liefern ähnliche Spektren wie das in Bild 8.25 gezeigte. Zählrohre haben nur bei sehr niedrigen Energien eine ausreichende Nachweiswahrscheinlichkeit. Ge-Detektoren können Volumina von einigen 10 cm^3 besitzen und lassen sich bis zu Energien um einige MeV einsetzen. Sie haben ein besseres energetisches Auflösungsvermögen als NaJ (Tl)-Detektoren, was aber mit einer großen Wahrscheinlichkeit für Compton-Prozesse erkauft werden muß (d.h., die breite Energieverteilung unterhalb des „full-energy-peaks" ist stärker ausgeprägt). Bild 8.26 zeigt das mit einem Ge-Detektor aufgenommene Gammaspektrum von ^{60}Co das zwei Gammalinien von 1,174 MeV und 1,333 MeV aussendet. Mit NaJ (Tl) können diese Linien nicht voll aufgelöst werden. Man erkennt aber deutlich wie sich der 1,174-MeV-„full-energy-peak" auf dem Compton-Untergrund der 1,333-MeV-Linie aufbaut. Auch die Rückstreulinie ist neben anderen, schwachen, niederenergetischen Linien gut zu sehen.

Bisher hatten wir Gammastrahlung betrachtet, deren Energie für die Erzeugung eines Elektron-Positron-Paares nicht ausreicht. In Bild 8.27a ist das mit einem NaJ-Szintillationsdetektor aufgenommene Impulshöhenspektrum des 4,43-MeV-Gammastrahles, der beim Beschuß von ^{15}N-Kernen mit schnellen Protonen auftritt, zu sehen. Man erkennt über dem breiten Compton-Untergrund drei Linien. Sie entstammen der Paarerzeugung durch die 4,43-MeV-Photonen im NaJ. Die Dreilinienstruktur versteht man, wenn man das Schicksal des Positrons im Szintillatorkristall verfolgt. Zunächst wird das Positron wie das Elektron abgebremst, wobei proportional zur kinetischen Energie eine Anzahl von Ionenpaaren erzeugt wird. Das ruhende Positron ist in Materie aber nicht stabil, es vereinigt sich mit einem Elektron und wandelt sich in zwei Gammastrahlen um, von denen jeder die Ruheenergie $m_ec^2 = 511$ keV trägt und die 180° korreliert zueinander auslaufen. Die Zerstrahlung in zwei Photonen gleicher Energie aber entgegengesetzter Ausbreitungsrichtung ist wieder eine Forderung der Impulserhaltung. Es ist nun möglich, daß entweder

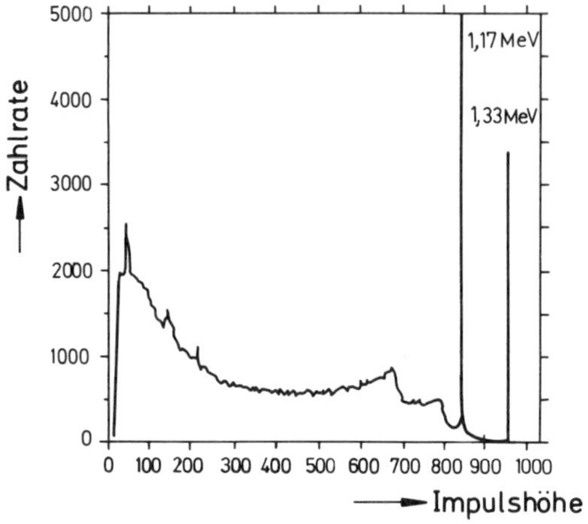

Bild 8.26
Gammaspektrum von ^{60}Co aufgenommen mit einer Ge-Diode (Erklärung im Text). Der Nullpunkt der Energieskala ist unterdrückt.

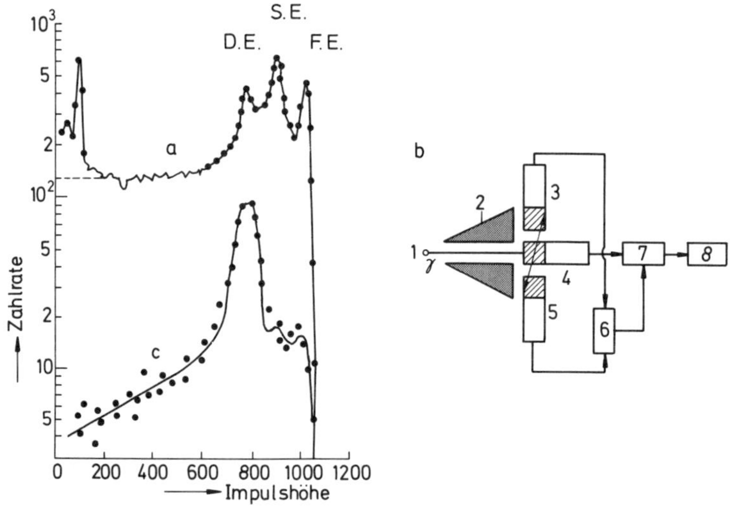

Bild 8.27 Photonennachweis durch Paarerzeugung
a) Szintillationsspektrum eines 4,43-MeV-Gammastrahls. FE „full energy peak", SE „single escape peak", DE „double escape peak" (Erklärung im Text)
b) Drei-Kristall-Paarspektrometer: 1 einfallender γ-Strahl, 2 Bleiblende, 4 zentraler Zähler, 3,5 Koinzidenzzähler (alle Zähler sind NaJ(Tl)-Szintillationsdetektoren), 6 Koinzidenzstufe, 7 lineares Gatter, 8 Impulshöhenanalysator.
c) Spektrum von a) mit b) aufgenommen. Es wird nur der „double escape peak" registriert.

eines dieser Zerstrahlungs-Photonen im Szintillator noch einen Photoeffekt auslöst oder alle beide. Wir haben also verschiedene Möglichkeiten, wieviel der ursprünglichen Photonenergie auf kinetische Energie der Elektronen im Szintillator übertragen wird.

1. Paarbildung, Positron zerstrahlt, beide Zerstrahlungsphotonen laufen aus dem Szintillator aus. Es gibt nur die kinetische Energie des Elektron-Positron-Paares:

$$E_e = E_\gamma - 1{,}02\ \text{MeV} \qquad \text{(douple escape peak).}$$

2. Paarbildung, Positron zerstrahlt, ein Zerstrahlungsphoton löst Photoeffekt aus. Zusätzlich zur Energie des Paares haben wir ein Photoelektron mit 511 keV. Also:

$$E_e = E_\gamma - 0{,}511\ \text{MeV} \qquad \text{(single escape peak).}$$

3. Paarbildung, Positron zerstrahlt, beide Vernichtungsphotonen erleiden Photoeffekt im Szintillator. Wir haben zusätzlich zum Paar zwei Photoelektronen mit je 511 keV. Also:

$$E_e = E_\gamma \qquad \text{(full energy peak).}$$

Das Impulshöhenspektrum zeigt also 3 Linien, die jeweils um 511 keV verschoben sind. Die oberste entspricht der vollen Photoenergie. Man kann die Viellinienstruktur vermeiden, indem man mittels der in Bild 8.27b gezeigten Zähleranordnung in Koinzidenzschaltung allein diejenigen Ereignisse registriert, bei denen beide Zerstrahlungsphotonen auslaufen. Dazu dient ein lineares Gatter, das den Proportionalimpuls zum Impulshöhenanalysator nur dann weiterleitet, wenn gleichzeitig ein Steuerimpuls anliegt. Letzterer beinhaltet die notwendigen Koinzidenzbedingungen. Bild 8.27c zeigt das resultierende Spektrum. „Full energy peak" und „single escape peak" sind nahezu völlig unterdrückt (unvollständig wegen zufälliger Koinzidenzen), ebenso der Compton-Untergrund. Erkauft wird diese Verbesserung der spektralen Form durch eine Erniedrigung der Nachweiswahrscheinlichkeit, denn die Seitendetektoren erfassen nicht den gesamten Raumwinkel um den Zentraldetektor und nur ein Teil der Paarbildungsereignisse erfüllt die Koinzidenzbedingung.

8.3.4 Nachweis von Neutrinos

Für die Kerntechnik ist die Neutrinodetektion ohne Bedeutung. Wir gehen trotzdem ganz kurz darauf ein, da sie einerseits ein typisches Beispiel für moderne, komplexe Nachweis- und Teilchenidentifikationsverfahren darstellt, und sie andererseits in der Elementarteilchenphysik eine große Rolle spielt. Als Nachweisreaktion benutzt man z. B. den inversen β-Zerfall (d. h. die schwache Wechselwirkung):

$$\bar{\nu}_e + p^+ \rightarrow n + e^+. \tag{8.15}$$

Streng genommen wird hier nur das Elektron-Antineutrino erfaßt. Die Wahrscheinlichkeit, daß dieses von einem Proton eingefangen wird, wobei es sich in ein Neutron und ein Positron umwandelt, ist extrem klein, etwa das 10^{-20}-fache der üblichen Kernreaktionen wie Neutroneneinfang. Eine Ausführung eines Neutrinodetektors zeigt Bild 8.28. Es handelt sich um drei Tanks mit flüssigen Szintillatoren. Im zentralen Tank ist dem Szintillator eine CdCl-Lösung beigemischt. Erfaßt werden die folgenden Prozesse: Das beim inversen β-Zerfall (Gl. 8.15) gebildete Positron wird im Szintillator abgebremst und erzeugt dort einen Nachweisimpuls. Anschließend zerstrahlt es mit einem Elektron, wobei zwei Photonen mit je 511 keV Energie entstehen, die diametral entgegengesetzt auseinander laufen. Sie treten in die beiden Seitentanks ein und werden dort nachgewiesen. Das ebenfalls gemäß Gl. (8.15) entstehende schnelle Neutron wird im Zentraltank moderiert. Hat das Neutron niedrige Geschwindigkeiten erreicht, so ist die Wahrscheinlichkeit sehr groß, daß das Neutron vom Cd eingefangen wird. Die freiwerdende Bindungsenergie von 9,1 MeV wird als Gammastrahlung abgestrahlt, meist als mehrere Photonen verschie-

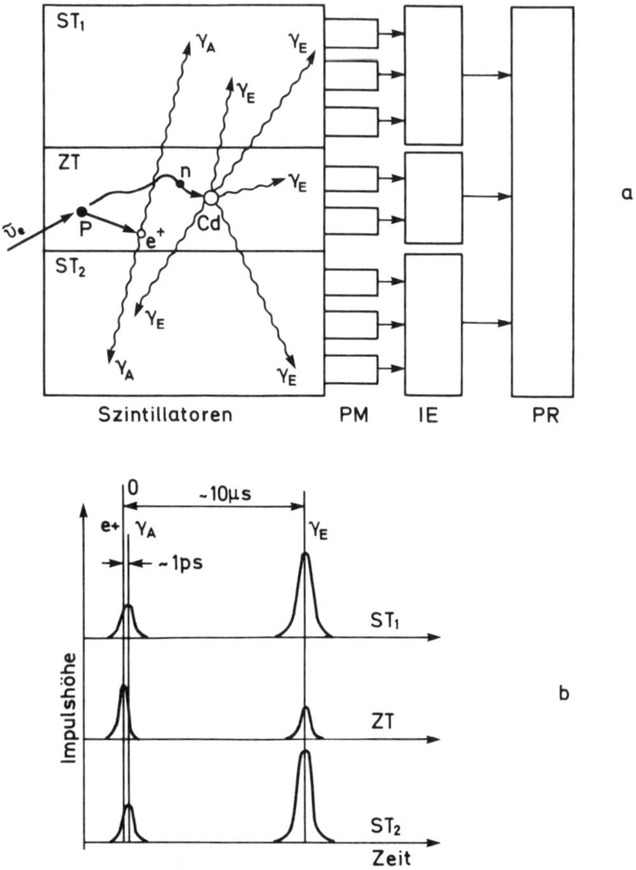

Bild 8.28 Neutrinonachweis

a) Schematische Darstellung der Detektoranordnung. ZT zentraler Szintillatortank, ST1, ST2 Seitenszintillatortanks, PM Photovervielfacher, IE Impulselektronik, PR Prozeßrechner, $\overline{\nu}_e$ einlaufendes Neutrino, γ_A Vernichtungsstrahlung, n Neutron, Cd Cadmiumatom, γ_E Einfanggammastrahlung, e^+ Positron, p Proton

b) Impulssequenz in den verschiedenen Szintillatortanks, die einen Neutrinoeinfang anzeigt

dener Energie. Während die Abbremsung und Zerstrahlung des Positrons nach sehr kurzer Zeit erfolgt ($\leqslant$ 1 ns nach dem inversen Betazerfall), benötigt das Neutron etwa 10 μs um in den Geschwindigkeitsbereich zu gelangen, wo es vom Cd mit großer Wahrscheinlichkeit eingefangen wird.

Zum Nachweis haben wir somit die Signale dreier Reaktionen

a) Abbremsung von e^+,

b) Zerstrahlung $e^+ + e^- = 2\gamma$ mit 511 keV und 180°-Korrelation,

c) Neutroneneinfang $n + {}^{111}Cd \rightarrow {}^{112}Cd$ + mehrere γ_s' (zusammen 9,1 MeV).

Die Signatur eines Neutrinoeinfangs ist also (Bild 8.28b): Der zentrale Tank liefert einen Positronenbremsimpuls. Nahezu gleichzeitig gibt jeder der Seitentanks einen Zählimpuls für 511-keV-Gammastrahlung. Etwa 10 μs später liefern alle Tanks Gammaimpulse deren Summe $\approx$ 9,1 MeV betragen muß. Der Prozeßrechner prüft alle Signale auf diese Bedingungen hin und speichert diejenigen die der erwähnten Sequenz genügen. Die Tanks haben Faßgröße, dennoch ist die typische Nachweisrate für Neutrinos nur einige pro Stunde, selbst in der Nähe starker Kernreaktoren. Antineutrinos entstehen u. a. beim β-Zerfall:

$$n \rightarrow e^- + p^+ + \bar{\nu}_e.$$

Die Produktkerne der Uranspaltung haben einen hohen Neutronenüberschuß, den sie durch sukzessiven β-Zerfall abbauen. Starke Neutrinoströme treffen aber auch von der Sonne auf die Erde. Sie entstammen den Kernfusionsreaktionen im Sonneninneren.

8.4 Ausblick

Es war die Absicht, dem Leser einen Einblick in den hohen Entwicklungsstand der Detektortechnik der Kernphysik zu geben. Für die Kerntechnik ergibt sich daraus folgende Schlußfolgerung: Wie jeder technische Prozeß ist auch die Kerntechnik mit einer Umweltbelastung verbunden. Festzuhalten bleibt, daß der Nachweis einer eventuellen radioaktiven Belastung der Umwelt leicht schon bei allergeringsten Intensitäten geführt werden kann, mit erprobter Technik und ohne extremen finanziellen Aufwand. Die Nachweisgrenze liegt weit unterhalb der natürlichen Radioaktivität unserer Umwelt. Man sollte sich z. B. klarmachen, daß wir von den schwersten künstlichen Elementen ($Z \approx 100$) oft nur etwa 10 Kerne erzeugt haben, diese Kerne aber mit den geschilderten Zählverfahren über verschiedene chemische Reaktionen verfolgen konnten, so daß viele Eigenschaften dieser Elemente bekannt sind. Für viele schon lange eingeführte technische Prozesse, etwa in der chemischen Industrie, wird die Umweltgefahr erst langsam erkannt, und es fehlt entweder an empfindlichen Nachweisverfahren, um die Umweltbelastung zu kontrollieren und unterhalb der gesundheitlichen Risikoschwelle zu halten, oder aber sie sind extrem aufwendig und teuer. Für die mögliche radioaktive Belastung der Umwelt als Folge technisch oder medizinisch genutzter Kernprozesse ist die rasche, routinemäßige und exakte Überprüfung ohne Probleme.

8.5 Weiterführende Literatur

[1] *H. Neuert* „Kernphysikalische Meßverfahren", G. Braun, Karlsruhe, 1966

[2] *G. Hertz* „Lehrbuch der Kernphysik" Bd. I, B. G. Teubner, Leipzig, 1966

[3] *G. F. Knoll* „Radiation Detection and Measurement", John Willy and Sons, New York, 1979

[4] *K. Siegbahn* „Alpha-Beta- and Gamma-Ray Spectroscopy" North Holland Publ. Comp. Amsterdam, 1965 (hauptsächlich Band I).

[5] *Ch. Kittel* „Einführung in die Festkörperphysik" R. Oldenbourg, München 1973 (Halbleiter, Lumineszenz)

[6] *T. Mayer-Kuckuk* „Physik der Atomkerne" B. G. Teubner, Stuttgart, 1970 (allgem. Grundlagen der Kernphysik)

[7] *E. Segrè* „Nuclei and Particles" Second Edition Benjamin/Cummings Publ. Comp. Reading. Mass. 1977 (Elementarteilchenphysik)

9 Konzepte zur Energienutzung[1])

G. Alefeld

9.1 Energievorräte und Energieverbrauch

Die Hauptenergieträger sind derzeitig Erdöl, Erdgas, Kohle, Uran und Wasser.

Weltenergieverbrauch: ca. 6,5 Mrd. Tonnen Öläquivalent/Jahr (1976), also ca. 1 Tonne Öläquivalent/Person und Jahr. Der Verbrauch ist regional sehr unterschiedlich:

USA:	8 000 l/Person und Jahr	(ca. 10 kW/Person)
Europa:	4 000 l/Person und Jahr	(ca. 5 kW/Person)
UdSSR:	4 000 l/Person und Jahr	(ca. 5 kW/Person)
China:	400 l/Person und Jahr	(ca. 0,5 kW/Person)

Stromerzeugung in der Bundesrepublik: ca. $300 \cdot 10^6$ MWh/Jahr, also ca. 0,5 kW/Person (bei kontinuierlichem Tag- und Nachtbetrieb). Die mittlere Anschlußleistung beträgt jedoch ca. 2 kW/Person.

Um die richtigen Ansatzpunkte zur Verbesserung der Energienutzung zu finden, muß man die Verteilung der Endenergie auf die unterschiedlichen Hauptverbraucher kennen. Der Endenergieverbrauch in der Bundesrepublik verteilt sich 1978 zu 45 % auf Haushalte und Kleinverbraucher, zu 34 % auf Industrie und zu 21 % auf Verkehr. Der Verkehr teilt sich nochmals auf in 13 % Privatverkehr und 8 % industriellen und öffentlichen Verkehr. Bei den Haushaltungen entfällt etwa 2/3 auf Privatverbrauch und 1/3 auf Kleingewerbe. Insgesamt zeigt sich also, daß der größte Anteil des Energieverbrauchs auf den privaten Sektor fällt. Auch die Zuwachsraten spiegeln eine solche Tendenz wider:

	1952	1968	1978
Haushaltungen	35 %	43 %	45 %
Industrie	50 %	39 %	34 %
Verkehr	15 %	18 %	21 %

Da sich der Privatverbrauch, insbesondere im Heizungsbereich, sättigen oder sogar reduzieren wird, ist ein weiteres Wachstum des Sozialprodukts ohne notwendigen Anstieg des Gesamtenergieverbrauchs denkbar.

Der größte Beitrag zum Verbrauch im Haushalt resultiert in Mitteleuropa aus dem Heizbetrieb, in USA aus Heiz- und Kühlbetrieb. Für Heizwärme werden selten Temperaturen über 80 °C benötigt. Wenn man den industriellen Verbrauch hinzunimmt, wird

[1]) Dieser Beitrag ist einem Vorlesungsskriptum der TU München zu dem Thema „Umwandlung, Speicherung und Transport von Energie" entnommen.

für Niedertemperaturwärme mit maximal 150 °C fast 2/3 des totalen Energiebedarfs benötigt. Diese Aussage liefert sicherlich Ansatzpunkte zu einer besseren Energienutzung.

9.2 „Verschwendung" bei thermischen Kraftwerken

Bei thermischen Kraftwerken wird derer Wärme, die aus chemischer oder nuklearer Energie gewonnen wird, nur Arbeitsfähigkeit entzogen. Der ideale Carnot-Wirkungsgrad η lautet

$$\eta = \frac{\text{Arbeit W}}{\text{Wärme Q}} = \frac{T_2 - T_1}{T_2} \quad (9.1)$$

Bei einer gebräuchlichen Maximaltemperatur von 560 °C und einer effektiven Carnot-Temperatur von ca. 350 °C wird etwa ein Drittel der Wärme in Arbeit umgewandelt. Der Rest geht als Abwärme an die Umwelt (Bild 9.1). Energieüberschüsse, die bei Nacht anfallen, werden zum Teil wieder in Wärme zurückverwandelt, und z. B. in Elektrospeicheröfen zur Heizung verwendet (Bild 9.2).

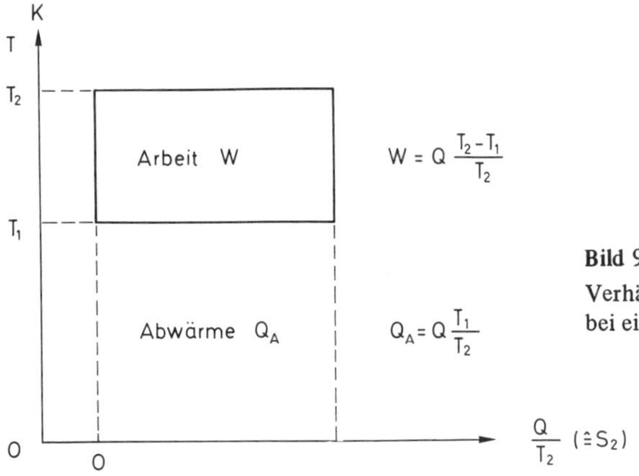

Bild 9.1
Verhältnis von Arbeit zu Abwärme bei einem thermischen Kraftwerk

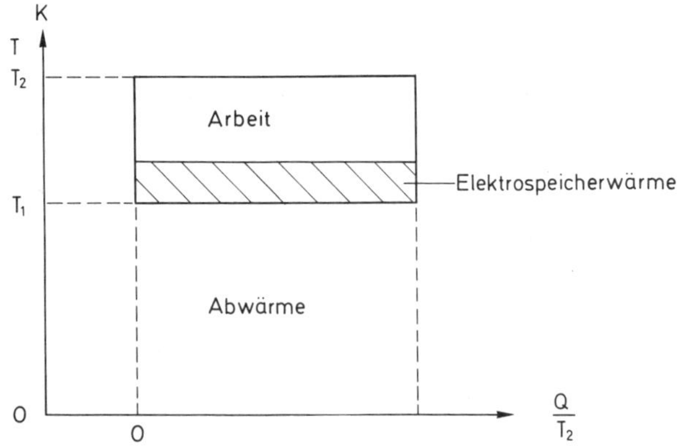

Bild 9.2
Verhältnis von Arbeit zu Nutzwärme und Abwärme bei der Erzeugung von Elektrospeicherwärme

Die Verluste bei thermischen Kraftwerken werden somit einerseits dadurch verursacht, daß man nur die Arbeitsfähigkeit der Wärme und davon nur einen Teil ausnutzt und andererseits dadurch, daß die Nachfrage nach Elektrizität starken zeitlichen Schwankungen unterliegt. Folgende Speicherverfahren zum zeitlichen Ausgleich von Angebot und Nachfrage werden bisher angewandt oder diskutiert:

a) Pumpspeicher (Wirkungsgrad: aufgenommene Elektrizitätsmenge/zurückgewonnene Elektrizitätsmenge $\approx$ 0,6 ... 0,7).

b) Komprimierte Luft in Salzstöcken, Zurückgewinnung der Arbeit in einem Gasturbinenkraftwerk.

c) Elektrochemische Speicher, z. B. Bleibatterien oder Natrium/Schwefel- bzw. Lithium/Schwefel-Batterien (Wirkungsgrad $\approx$ 0,6).

d) Keramikspeicher für Hausheizung zur Nachtstromnutzung.

e) Thermochemischer Speicher (Eine Verdampfungs- oder chemische Reaktion wird zur Wärmespeicherung verwendet. Genaugenommen handelt es sich bei diesem Verfahren um Speicherung von Arbeitsfähigkeit. Solche Speicher können zum Heizen, Kühlen oder zur Entlastung bei Spitzenstromerzeugung verwendet werden.)

f) Elektrowärmepumpe für Nachtstrombetrieb, die mit einem Heißwasserspeicher ausgestattet ist.

g) Kältespeicher für Länder mit Kühlbedarf.

Auch die Milderung des Abwärmeproblems, d. h. die Aufheizung von Flüssen oder Seen, führt zur Reduzierung des Wirkungsgrads bei Kraftwerken. Statt Wasserkühlung strebt man Wärmeabgabe in Trockenkühltürmen an, wodurch Kondensatortemperaturen von 40 ... 45 °C erforderlich werden. Gerade das Anheben der unteren Temperatur führt zu einer starken Reduzierung des Wirkungsgrads. Ein anderes Projekt zur umweltfreundlichen Beseitigung der Abwärme besteht darin, die Abwärme großflächig an das Erdreich abzugeben (Agrotherm). Die Wärmebelastung mit etwa 100 Watt/m^2 ist erheblich geringer als die Leistung der Sonneneinstrahlung, so daß man geringere schädliche Wirkungen erhofft. Die Steigerung von Ernteerträgen durch die Bodenbeheizung wird den Landwirten als Kompensation angeboten. Fischmast in abwärmebeheizten Gewässern (Limnotherm) verspricht nicht nur wirtschaftlich und ökologisch sinnvoll zu werden, sondern würde auch zur Energieeinsparung beitragen. (Die Beschaffung von 1 Tonne Hochseefisch erfordert ca. 1 Tonne Öl).

9.2.1 Bessere Nutzung durch Heizkraftwerke

In Heizkraftwerken wird sowohl ein Teil der Arbeitsfähigkeit als auch die Abwärme genutzt. Man hebt die Kondensatortemperatur etwa von $T_1 \approx 30$ °C auf $T_S \approx$ 120 °C an. Die Verschlechterung des Wirkungsgrades von relativ 10 ... 20 % für Stromerzeugung nimmt man gern in Kauf, da die Abwärme jetzt beim Verbraucher als Fernwärme zum Heizen genutzt werden kann.

Bild 9.3 zeigt, daß man durch das Anheben des unteren Temperaturniveaus nicht nur einen Teil, sondern die gesamte Abwärme auf einem für Heizzwecke nutzbaren Temperaturniveau gewinnt. Mit der in der Bundesrepublik existierenden Kraftwerkskapazität ließe sich nahezu der gesamte Heizbedarf der Haushaltungen abdecken. Das Konzept der

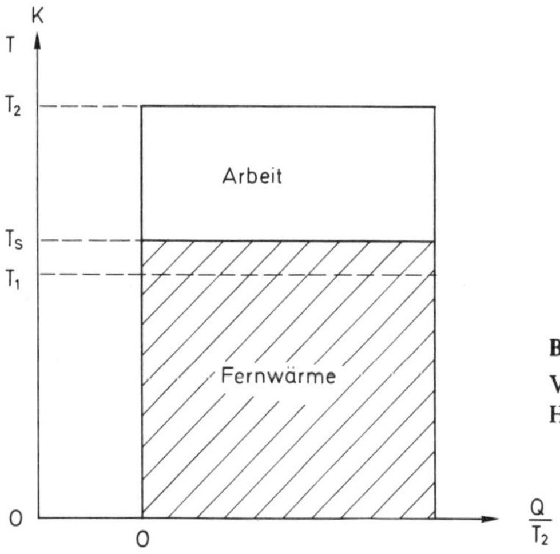

Bild 9.3
Verhältnis von Arbeit zu Nutzwärme für Heizkraftwerke

Heizkraftwerke ist keineswegs neu, hat jedoch anläßlich der Energieverknappung an Bedeutung gewonnen. Einer weiten Verbreitung (Bundesfernwärmeschiene) steht jedoch der Preis für das Fernwärmenetz entgegen. Heißwasserrohrleitungen sind außerordentlich teuer, so daß nur Gebiete mit großer Energiedichte und kleinen Entfernungen zum Kraftwerk versorgt werden können. Neue Rohrverlegungstechniken und steigende Primärenergiepreise werden jedoch zu einer Ausweitung der Fernwärmeversorgung beitragen. Mit der Entwicklung von Wärmepumpen zu Heizzwecken ist das Konzept der „kalten" Fernwärme interessant geworden. Hierbei wird am Kraftwerk der elektrische Wirkungsgrad nur wenig reduziert, die dementsprechend niedertemperierte Abwärme in einfachen Rohrleitungen in die Nähe des Verbrauchers transportiert und dort mittels Wärmepumpen auf ein für Heizzwecke nutzbares höheres Temperaturniveau gehoben. Die Abwärme dient also als Wärmequelle für Wärmepumpen, so daß man einerseits auch an kalten Tagen für die Fernwärmepumpe eine gute Leistungsziffer erzielt und andererseits die Abwärme umweltfreundlich beseitigt bzw. nutzt.

Es sei einschränkend bemerkt, daß wegen des Teillastbetriebs der Heizkraftwerke der über das Jahr gewonnene mittlere Wert zur Nutzung der Primärenergie erheblich weniger günstig ausfüllt, als man zunächst erwarten würde.

9.2.2 Bessere Nutzung durch Vorschaltprozesse

Theoretisch könnte die Wärme, die bei Verbrennung von fossilen und nuklearen Brennstoffen anfällt, nahezu 100 %ig in Arbeit umgewandelt werden. Der niedrige Wirkungsgrad von ca. 30 ... 40 % wird dadurch verursacht, daß alle technischen Materialien nur bis zu bestimmten Temperaturen und Drücken einsatzfähig sind. Die effektive obere Carnot-Temperatur bei einem fossil beheizten Dampfkraftwerk ist nicht höher als ca. 350 °C, bei einem Kernkraftwerk unter 300 °C. Wirkungsgradverbesserungen lassen sich durch Prozesse, die dem Wasserdampfprozeß vorgeschaltet sind, erzielen. Der einfachste Vorschaltprozeß ist ein Gasturbinenprozeß, dessen Eintrittstemperatur bei 900 ... 1200 °C liegen kann und dessen Abwärme dazu verwendet wird, Hochdruckdampf zu erzeugen, der dann wie üblich in einer Dampfturbine entspannt wird. Es werden auch Vorschaltprozesse mit Arbeitsmitteln wie Kalium oder Diphenyl anstelle von Wasser diskutiert, wodurch sich höhere Eingangstemperaturen bei geringeren Dampfdrücken erzielen lassen.

9.3 „Verschwendung" in Haushaltungen

Diese Verbrauchergruppe nutzt Wärme nur als Niedertemperaturwärme. Die Arbeitsfähigkeit, die in der Differenz zwischen Verbrennungstemperatur und Heiztemperatur liegt, wird ungenutzt vergeudet.

Viel effektiver ist es, zuerst der Wärme die Arbeitsfähigkeit zu entziehen und dann die Abwärme zum Heizen zu nutzen. Beispielsweise kann man das Heizmaterial Gas oder Öl in einem Motor verbrennen und erhält dabei Arbeit, mit der man einen Generator betreiben kann. Der hierbei erzeugte Strom würde einen großen Teil des Gesamtbedarfs dekken. Das Konzept scheitert heute für Einfamilienhaushaltungen noch daran, daß kleine Motoren (ca. 10 kW) mit der benötigten Lebensdauer nicht zur Verfügung stehen. Motoren aus Nutzfahrzeugen haben Lebensdauern, die im Dauerbetrieb selten über einem Jahr liegen. Um wirtschaftlich zu sein, müßte ein Motor aber 10 Jahre halten, eine Lebensdauer, die heute eventuell von großen Dieselmotoren für Schiffsantrieb erreicht wird.

Realistischer sind Pläne für Kleinheizkraftwerke, die z. B. Wohngebiete mit ca. 1000 Personen versorgen sollen. Man würde aber auch diese zentralen Wärme-Kraft-Stationen möglichst nicht mit einem großen Motor betreiben, sondern eher mit mehreren kleinen mit der gleichen Gesamtleistung. Diese Variante hat folgende Vorteile:

1. Regelung vereinfacht durch Zu- und Abschalten von Motoren,
2. Einzelmotor läuft immer im wirtschaftlichen Lastbereich,
3. Reparaturmöglichkeiten werden vereinfacht.

Ein weiteres Problem ergibt sich aus den Regelungsschwierigkeiten beim Einspeisen vieler kleiner Elektrizitätsquellen in das Verbundnetz. Ein anderes Konzept sieht daher vor, daß der Motor seine Arbeit nicht an einen Generator, sondern an eine Wärmepumpe abgibt. Bei üblichen Motoren gilt ganz grob folgende Energieaufteilung:

$$\frac{1}{3}\,\text{Arbeit;} \qquad \frac{1}{3}\,\text{Kühlung;} \qquad \frac{1}{3}\,\text{Auspuff.}$$

Wenn man mit dem Motor eine Wärmepumpe mit der Leistungsziffer $\epsilon = 4$ betreibt, erhält man aus der Arbeit die vierfache Wärme und zusammen mit Kühlung und Auspuff das Doppelte an Gesamtwärme. Diese Vermehrung wird erreicht, indem die Wärme der Umwelt entzogen und auf ein höheres Temperaturniveau gepumpt wird. Man muß also der Umgebung genug Niedertemperaturwärme entziehen können.

Die Arbeitsfähigkeit von Wärme läßt sich ohne den Umweg über direkte Arbeit auch durch den Bau von Absorberwärmepumpen nutzen. Diese Geräte werden fossil beheizt, wobei sich die Nutzwärme durch einen integrierten Wärmepumpeffekt z. B. um 50 % vermehrt. Solche Absorberwärmepumpen können mit den Stoffkombinationen, z. B. Ammoniak/Wasser, Wasser/Lithiumbromid oder Methanol/Lithiumbromid betrieben werden. Realistische Wirkungsgrade, bei denen schon ein Brennerwirkungsgrad eingerechnet ist, liegen bei etwa 1,25, so daß sich gegenüber der normalen Ölheizung ($\eta \approx 0{,}8$) eine Einsparung von 30 % ergibt. Absorberwärmepumpen haben, auf Primärenergie bezogen, einen besseren Wirkungsgrad als elektrisch betriebene Kompressorwärmepumpen (Kraftwerkswirkungsgrad X Wirkungsgrad der Kompressorwärmepumpe beträgt etwa 1). So attraktiv das Konzept der Kleinheizkraftwerke und der Absorberwärmepumpe klingt, so muß doch einschränkend festgestellt werden, daß sich Fissions- und Fusionsenergie in Haushaltungen nicht direkt einsetzen lassen. Ähnliches gilt für Braunkohle und aus Gründen des Umweltschutzes auch für Steinkohle. Die elektrisch betriebenen Kompressorwärmepumpen haben deshalb trotz des schlechteren Primärenergienutzungsgrads ganz sicher ihre Existenzberechtigung.

9.4 „Verschwendung" im Verkehr

Beim Individualverkehr mit Verbrennungsmotoren wird wie bei den Kraftwerken nur die Arbeitsfähigkeit und nur ganz wenig die Heizfähigkeit der Verbrennungswärme genutzt. Wenn z. B. die städtischen Busse der Stadt München einen Wassertank von 1 m^3 Inhalt mitführen würden, um diese mit ihrer Abwärme aufzuheizen, könnte man mit dem derart erzeugten Heißwasser den Wärmebedarf der Schwimmbäder ganzjährig decken. Die zusätzliche Belastung für die Busse ist vertretbar, da diese außerhalb des Berufsverkehrs nur zu 30 % besetzt sind.

Ein weiterer Ansatzpunkt zur besseren Energienutzung gerade im Stadtverkehr bietet sich bei Beschleunigungs- und Bremsvorgängen. Man könnte beispielsweise die U-Bahn so anlegen, daß die Stationen an der Oberfläche liegen und die Verbindungsstrecken ähnlich der Achterbahn auf geschwungenen Bahnen in die Tiefe hinein- und wieder herausführen. Bei Bergbahnen und auch bei Eisenbahnen auf Bergstrecken, wie z. B. im Gotthardtunnel wird die potentielle Energie der abwärtsfahrenden Wagen schon lange genutzt, indem man diese mit bergauffahrenden Wagen mechanisch oder elektrisch koppelt.

Eine ganz andere Nutzungsmöglichkeit der Abwärme von Autos bietet sich vor allem in USA und Japan dadurch, daß Klimaanlagen, die als Absorberwärmepumpen arbeiten und die mit Abwärme angetrieben werden, installiert werden.

9.5 „Neue" Energiequellen

9.5.1 Sonnenenergie

Die Intensität der in Deutschland einfallenden Sonnenstrahlung beträgt im Mittel etwa 100 W/m^2. Wollte man den gesamten Energiebedarf der Bundesrepublik durch Sonnenenergie decken, so wäre für die Kollektoren eine Fläche nötig, die etwa 100 Nord-Süd-Autobahnen entspricht.

Heute wird die Sonnenenergie hauptsächlich zur Gewinnung von Wärme in Form von Heißwasser ausgenutzt. Die direkte Umwandlung der Sonnenenergie in Elektrizität mittels Solarzellen ist bisher noch nicht wirtschaftlich. Hingegen kann man erwarten, daß bis zum Jahr 2000 die Erzeugung von Elektrizität in Solartürmen unter Anwendung von Gas- und Dampfprozessen wirtschaftlich wird, allerdings nur in bestimmten Ländern, z. B. Südspanien, Griechenland oder Nordafrika. Der Preis für die Primärenergie Sonne wird sich allerdings dann am Ölpreis bzw. Kohlepreis orientieren. In unseren Breiten kann Sonnenenergie am schnellsten und effektivsten dadurch genutzt werden, daß man diese in irgendeiner Form als Wärmequelle für Wärmepumpen verwendet. Dementsprechend wird an Konzepten wie Energiedächern, Energiewänden, Energiezäunen gearbeitet.

9.5.2 Hochtemperaturreaktoren

Bei diesem Reaktortyp erzeugt man die Wärme auf einem Temperaturniveau von 950 °C statt 300 °C bei konventionellen Reaktoren. Als Kühlmittel verwendet man Helium, das direkt eine Turbine antreiben soll und so wegen der hohen Anfangstemperatur einen guten Wirkungsgrad verspricht.

Man kann auch solche Hochtemperaturwärme chemisch speichern und zum Verbraucher bringen. Ein Beispiel dafür ist die Methanspaltung

$$CH_4 + H_2O + Q_{Reaktor} \longrightarrow CO + 3H_2 \qquad (9.2)$$

$$(T = 950\,°C, \quad Q = 52\ kcal/mol).$$

Da die Rückreaktion kinetisch gehemmt ist, können die Gase CO und H_2 zusammen in Erdgasleitungen zum Verbraucher transportiert werden, wo dann die Rückreaktion katalytisch unter Freisetzung der Wärme stattfindet.

Eine andere Nutzungsmöglichkeit für Reaktorwärme bietet die Kohlevergasung, die ebenfalls die wichtigen Grundstoffe CO und H_2 liefert

$$C + H_2O + Q_{Reaktor} \longrightarrow CO + H_2 . \qquad (9.3)$$

Aus diesen Gasen können dann bei geeigneten Molverhältnissen weitere Kohlenwasserstoffe synthetisiert werden (Verfahren von Fischer-Tropsch)

$$nCO + (2n + 1)H_2 \longrightarrow C_nH_{2n+2} + nH_2O. \qquad (9.4)$$

Der Vorteil des Reaktors liegt darin, daß keine Kohle verbrannt werden muß, um die für die Reaktion nötige Prozeßwärme zu erzeugen.

9.5.3 Fusionsreaktor (siehe Kap. 7)

Falls der Fusionsreaktor einmal funktionieren sollte, könnte er die Energieversorgung der Zukunft sicherstellen. Ein wichtiges Kriterium für die Fusion ist das Lawson-Kriterium, das angibt, wie groß das Produkt aus Plasmatemperatur, Teilchendichte und Einschlußzeit mindestens sein muß, damit der Fusionsreaktor kritisch wird. Man kommt experimentell der Erfüllung dieses Kriteriums näher, es fehlt jedoch noch immer eine Größenordnung. Zusätzlich zu diesem plasmaspezifischen Ziel werden noch außerordentlich schwierige Materialprobleme zu lösen sein. Die innerste Wand steht nicht nur in starker Wechselwirkung mit dem Wasserstoffplasma, sondern ist zusätzlich sehr intensiver, energiereicher Strahlung ausgesetzt. Die bei dem Fusionsreaktor zu erwartende Menge radioaktiven Abfalls/kWh elektrischer Energie dürfte von der gleichen Größenordnung sein wie für den Spaltreaktor.

Neuerdings diskutiert man ein Konzept, das als Verbindung eines Fusionsreaktors mit einem Spaltreaktor angesehen werden kann. Hierbei müßte der Fusionsreaktor nicht kritisch werden, sondern würde mittels der Fusionsneutronen aus Th^{232} bzw. U^{238} spaltbares Material erzeugen, das dann in einem Spaltreaktor verbrannt werden kann. Die Energieflußdichte durch die innere Wand ist eine Größenordnung kleiner als beim reinen Fusionsreaktor. Das Konzept klingt zwar technisch attraktiv, ist jedoch verbunden mit dem Problem einer noch weiter verbreiteten Erzeugung von Bombenmaterial.

9.5.4 Energieeinsparungen in Haushaltungen und Industrie

Durch Energieeinsparungen und durch Rückgewinnung von Abwärme lassen sich die Energievorräte strecken.

In Haushaltungen spart man zunächst am meisten Wärme durch bessere Isolierung der Wände. Durch Einsatz von Wärmepumpen lassen sich weitere Einsparungen erzielen. Da der Energiepreis schneller steigt als Material- und Lohnkosten (in den letzten 100 Jahren war die Zuwachsrate für den Energiepreis durchschnittlich immer um einen Faktor zwei höher als für sonstige Kosten), wird der Einsatz von Wärmepumpen auch bald wirtschaftlich sein. In der Industrie gibt es große Mengen Abwärme, deren Temperaturniveau durch Wärmepumpen auf einen für die Nutzung brauchbaren Wert angehoben werden kann.

Sachwortverzeichnis